KB115678

탈모, 발모 머리카락 세포

탈모, 발모 머리카락 세포

초판 1쇄 인쇄 2013년 04월 03일
초판 1쇄 발행 2013년 04월 09일

지은이 박철원
펴낸이 손형국
펴낸곳 (주)북랩
출판등록 2004. 12. 1(제2012-000051호)
주소 서울시 금천구 가산디지털 1로 168,
우림라이온스밸리 B동 B113, 114호
홈페이지 www.book.co.kr
전화번호 (02)2026-5777
팩스 (02)2026-5747

ISBN 978-89-98666-44-6 03470

이 책의 판권은 지은이와 (주)북랩에 있습니다.
내용의 일부와 전부를 무단 전재하거나 복제를 금합니다.

난치성 질환
세포치료제 연구 2탄

탈모, 발모 머리카락 세포

박철원 지음

book Lab

머리말

머리카락을 포함한 털의 생물학적 기능은 아주 오랜 옛날에 혹한으로부터 또는 우주에서 날아오는 자외선 등으로부터 생존을 보장받기 위해 반드시 필요하였을 것이다. 하지만 인간의 경우 털의 기능이 퇴화되어 현재 대다수 털은 솜털로 변해버렸고 지금은 두피를 포함해 몇몇 군데 성모로 그 명맥을 유지하고 있다.

두피의 털, 즉, 머리카락은 이러한 생물학적 기능 이외에도 사회적 기능이 있다. 사회 구성원으로서 인간은 상대방 머리카락의 색 또는 스타일 등으로 상대방의 품위, 교육정도 또는 사회적 지위 등을 판가름하는 척도로 암암리에 사용하였고 만약 탈모가 이루어졌을 경우 실제 나이보다 더 늙어 보이거나 또는 이성으로부터 덜 매력적으로 보이는 현실 때문에 탈모가 비록 생명에 전혀 위협을 주지 않는다하더라도 젊은 사람은 물론 중장년층과 노년층의 탈모인에게 이루 말할 수 없이 많은 스트레스를 주고 있다.

이러한 스트레스를 해소하기 위해 우리 주위에 양방, 한방, 샴푸와 두피관리에 초점을 둔 미용학 또는 탈모인의 직접적인 경험 등을 토대로 이루 말할 수 없이 다양한 탈모정보가 수록된 많은 책들이 출간되었다. 하지만 실제로 난치성 탈모 대부분은 유전자와 안드로겐 호르몬 또는 모낭 세포의 이상에 의해 야기됨에도 불구하고 현재 그것들에 대한 정보가 일반대

중들에게 매우 미미하게 노출되어 있는 실정이다. 따라서 이 책에서는 기존의 탈모와 발모해결 접근방식보다는 유전자, 호르몬 그리고 세포의 기능을 통해 탈모와 발모개념에 대해 새로운 패러다임을 제시하려고 노력하였다. 이런 이유로 이 책에서 현재까지 전 세계적으로 발표된 탈모와 발모 연구결과를 체계적으로 다루었으며 전문지식이 없는 독자도 쉽게 이해할 수 있도록 그리고 연구결과와 해석의 훼손 없이 집대성하는데 심혈을 기울였다. 제1부에는 이 책에서 강조하고 있는 유전자, 호르몬 그리고 세포의 기능을 통한 탈모와 발모개념 이해 시도에 요구되는 기본지식이 언급되어 있다. 제2부에는 모낭과 머리카락의 구조 및 특성에 대해 언급하였다. 제3부에서는 우리 주위에서 흔히 접할 수 있는 여러 유형의 탈모와 백발형성 이유에 대해 언급하였다. 마지막으로 제4부에서는 기존의 탈모치료제는 물론 앞으로 개발될 주요 탈모치료제 방향과 한계에 대해서도 언급하였고 이와 더불어 기존 탈모치료제 한계를 극복할 수 있는 새로운 패러다임의 탈모 세포치료제 접근도 힘주어 강조하였다. 이 책을 무난하게 소화할 수 있다면 유전자, 호르몬 그리고 세포의 기능을 통해 탈모와 발모에 대한 새로운 패러다임의 개념이 정착될 수 있고 특히 탈모클리닉에서 기존의 탈모치료제 한계를 경험한 탈모인에게 우리 주위에 매우 많이 소개되어 있는 민간요법의 현명한 선택을 유도해 주지 않을까 사료된다.

생명현상을 다루는 생물에는 흑백 논리로 설명되는 현상이 거의 없다. 항상 예외가 있을 수 있다. 따라서 이 책에서 다루는 내용을 엄격한 잣대로 들여다본다면 필자의 주장이 모든 연구결과를 포괄하기에는 어느 정도 한계가 있음을 발견할 수 있다. 독자의 너그러운 양해를 구한다. 또 이 책의 내용은 전 세계적으로 다른 많은 연구진들에 의해 연구되고 발표된 결과를 토대로 토론되었음을 밝히며 학계에서 인정하고 정립된 연구결과를 토론할 경우 연구논문 인용을 자제하였지만 필자가 강조하려는 개념이나 또는 학계에서 아직 정립과정에 있는 연구결과는 객관성을 보장하기 위해 연구논문을 인용하려고 최대한 노력하였다.

새로운 패러다임의 탈모와 발모개념에 관심이 있는 일반대중과 탈모인, 탈모예방에 관심이 있는 독자, 양방, 한방 그리고 미용관련 분야에 종사하는 전문가, 탈모와 발모 발생기전을 배우는 학생, 더 나아가 이 분야에 관심이 있는 과학자에게 탈모와 발모의 정확한 개념 그리고 탈모치료 한계를 전체적으로 소화해 내는데 이 책이 조금이나마 도움이 되기를 희망한다.

마지막으로 미국의 세포과학을 포함한 생명의과학을 주도적으로 이끌어 나간다고 해도 과언이 아닌, 전 세계에서 청운의 꿈을 품고 미국으로 모여든 모든 젊은 연구펠로우들의 노고에 감사드리며, 특히 미국 하버드

의대의 세포학과와 의학과 그리고 데나-파버 암연구소Dana-Farber Cancer Institute에서 필자와 함께 생사고락(?!)을 같이 하고, 또 한 개의 유전자 염기서열 변이로 발생될 수 있는 생물학적 중요성에 대해 밤을 지새우며 토론하고 생명의과학의 영감을 서로 일깨워준 모든 연구펠로우들에게 감사드린다. 이 책의 근간을 제공하였기 때문이다. 그리고 이 책이 나오기까지 물심양면으로 도와주신 바이오위더스(주) 권오중 박사와 더 나아가 필자에게 생명과학의 영원한 선생이신 이스라엘 와이즈만 연구소The Weizmann Institute of Science의 마이클 디 워커Michael D. Walker 교수님에게 진심으로 감사드린다. 끝으로 이 책이 나오기까지 인내와 뜨거운 격려를 아끼지 않은 사랑하는 우리 가족 민제, 민서 그리고 평원에게 무한한 감사를 표한다.

2013년 4월

박철원 세포치료연구소에서

책 내용의 이해를 극대화하는 방법

필자는 전문적인 지식이 없는 독자라 할지라도 탈모와 발모에 대해 이해하기 쉽게 서술하려 노력하였다. 하지만 여기서 다루는 내용은 최근인 2013년 초까지 전 세계에서 발표된 기초 및 임상 연구결과를 다루었기 때문에 아무 부담 없이 음미하며 읽어 내려가는 일반 소설이나 수필과는, 책 내용 이해의 용이성을 위해, 차별화가 있어야 할 것으로 판단되었다. 이런 이유 때문에 책의 본문과 본문 중간 중간에 제시되어 있는 그림 그리고 본문 후미에 제시되어 있는 본문 요약문에서 필자가 전달하려고 하는 내용을 반복적으로 서술하려 의도적으로 노력하였다.

따라서 본문을 읽기 전에 간단하게 그림과 본문 요약문을 먼저 읽고 본문내용의 윤곽을 파악한 다음 본문을 접한다면 필자가 전달하려고 하는 내용을 보다 용이하게 파악할 수 있고, 이로 인해 독자는 우리 주위에서 쉽게 접할 수 있는 탈모와 발모에 대한 정보의 쓰나미tsunami로부터 현명하게 대처할 수 있는 지혜를 터득할 수 있으리라 사료된다.

제3부 주요 탈모유형과 백발 · 181

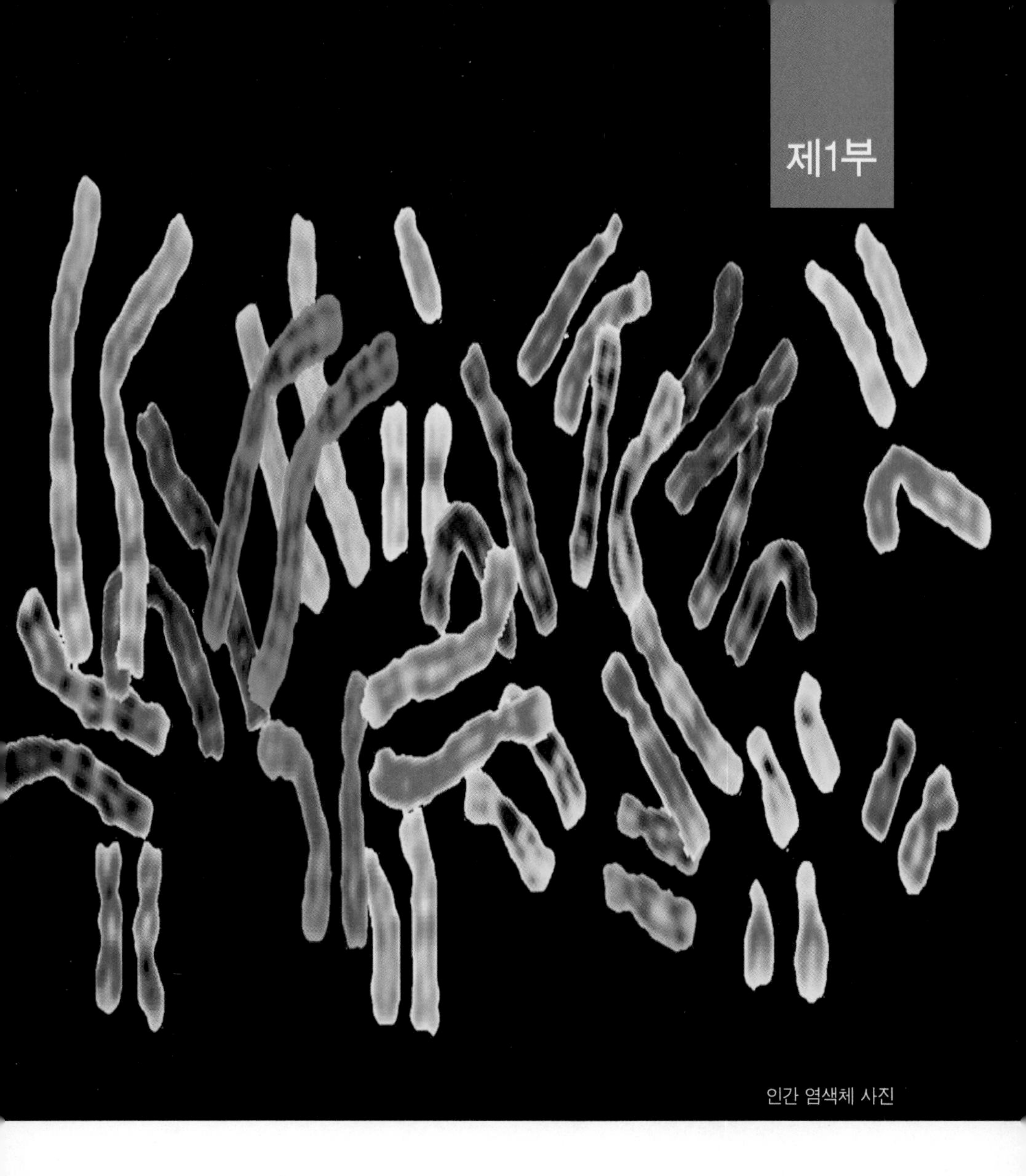

인간 염색체 사진

탈모와 발모 기초상식

탈모 유전자는 어느 염색체에 숨어 있을까?

자료제공: Jane Ades/ 미국 국립 보건연구원(National Human Genome Research Institute, National Institutes of Health)

생명탄생과 피부조직 발생과정

인간과 원숭이를 포함한 포유류의 피부는 털을 만들어 낸다. 아마도 의복문화가 정착되지 않았을 옛날 그 옛날에 털의 기능은 혹한으로부터 또는 태양을 포함한 우주에서 무자비하게 날아오는 자외선으로부터 생존을 보장받기 위해 보호막으로서 반드시 필요하였을 것이다. 또 동물의 경우 생존을 위해 천적인 포식자로부터 공격을 피하기 위한 위장막으로도 사용되었을는지도 모른다. 그 이후 영특한 인간은 아마도 의복문화의 발달 때문에 털의 기능은 퇴화되어 대다수 털은 힘없는 솜털로 변해버렸고 지금은 두피를 포함해 몇몇 군데 성모로 그 명맥을 유지하고 있다. 이런 이유 때문에 지금의 인간을 "벌거벗은 유인원naked ape"이라고도 표현한다.

두피의 털, 즉, 머리카락은 이러한 생물학적 기능 이외에도 매우 중요한 기능이 있다. 사회적 기능이다. 사회 구성원으로서 인간은 상대방 머리카락의 색, 길이, 풍성함, 스타일 그리고 머리카락의 건강 상태 등으로 상대방의 사회적 지위와 인격 또는 인생철학 등을 판가름하는 척도로 암암리에 사용한 것에 대해 부인할 수 없다. 이 이외에도 만약 탈모가 이루어졌을 경우 실제 나이보다 더 늙어 보이거나 또는 이성으로부터 덜 매력적으로 보이는 현실 때문에 특히 젊은 사람의 경우 생명에 전혀 위협을 주지 않는 탈모로 매우 큰 정신적 고통을 경험한다. 따라서 지금은 머리카락 기능 중 생물학적 기능보다는 사회적 기능이 훨씬 더 큰 비중을 차지하고 있다고 할 수 있다.

이렇게 중요한 머리카락은 피부의 모낭hair follicle에서 만들어지고 모낭은 우리가 태어나기 전 엄마 뱃속에서 정자와 난자가 수정된 7주 후부터 피부에 생성되기 시작한다. 이러한 모낭 형성과정의 이해는 이 책에서 중점적으로 다룰 탈모와 발모과정 그리고 기존 탈모치료제 한계를 극복하기 위한 치료제 개발에 반드시 필요하다. "엎어진 김에 쉬어 간다", "활 당기는 김에 콧물 씻는다" 또는 "떡 본 김에 제사 지낸다"는 옛말이 있듯이 우리도 여기서 머리카락을 만드는 모낭의 형성과정과 머리카락 그리고 머리카락 세포의 생리에 대해 알아보기 전에 먼저 부계와 모계로부터 받은 정자와 난자가 만나 수정되고 한 개의 수정란 세포가 된 후에 어떻게 온전한 한 개체로 형성되는지 그 과정을 간단하게 알아보기로 하자. 이 과정, 즉, 한 개의 수정란 세포가 증식하고 분화하여 성체가 되는 과정을 우리는 발생development이라 하는데 이 발생과정을 염두에 두고 머리카락을 만드는 모낭의 형성과정과 머리카락 그리고 머리카락 세포의 생리에 대해 알아본다면 책의 내용을 더 쉽게 이해를 할 수 있으리라 사료된다.

수정: 생명탄생 시초

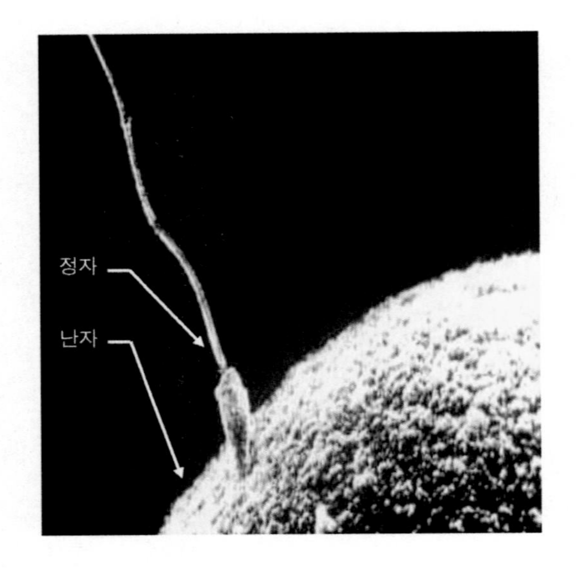

그림 1 생명탄생의 시초는 정자와 난자의 만남에서 시작된다. 정자는 나팔관 끝자락에서 배란되는 난자를 수정한다. 1개의 수정란 세포는 증식하고 분화하여 우리 몸은 약 100조 개의 세포로 이루어진다. 분화를 통해 만들어진 세포 종류만도 약 320가지에 이른다.

1. 수정과 착상

난자가 만들어지는 난소에서 난자는 나팔관 끝자락에 배란된다. 배란 후 24시간 이내에 그곳에서 수정되어야 한다. 난자와 정자의 평균수명은 각각 12~24시간과 12~48시간이다. 생명탄생 초기에 상당히 긴박한 상황이다. 만약 수정할 정자가 없다면 난자는 약 24시간 그곳에서 머물고 있다가 자궁으로 내려와 분해되고 호르몬 변화를 야기하여 다시 생리가 시작된다.

정자는 나팔관 끝자락에서 배란되는 난자를 낚아채기 위해 기다리고 있다. 생명탄생을 위한 수정을 위해서이다. 일단 수정이 이루어지면 수정란 세포는 아기의 집인 자궁으로 내려온다. 이 과정에서 수정으로 인해 온전한 한 개의 세포로서 자격을 갖춘 수정란은 증식되기 시작하여 마침내 자궁에 착상하게 된다. 이 과정까지 걸리는 시간은 수정 후 약 7일 정도 소요된다.

수정 후 착상과정

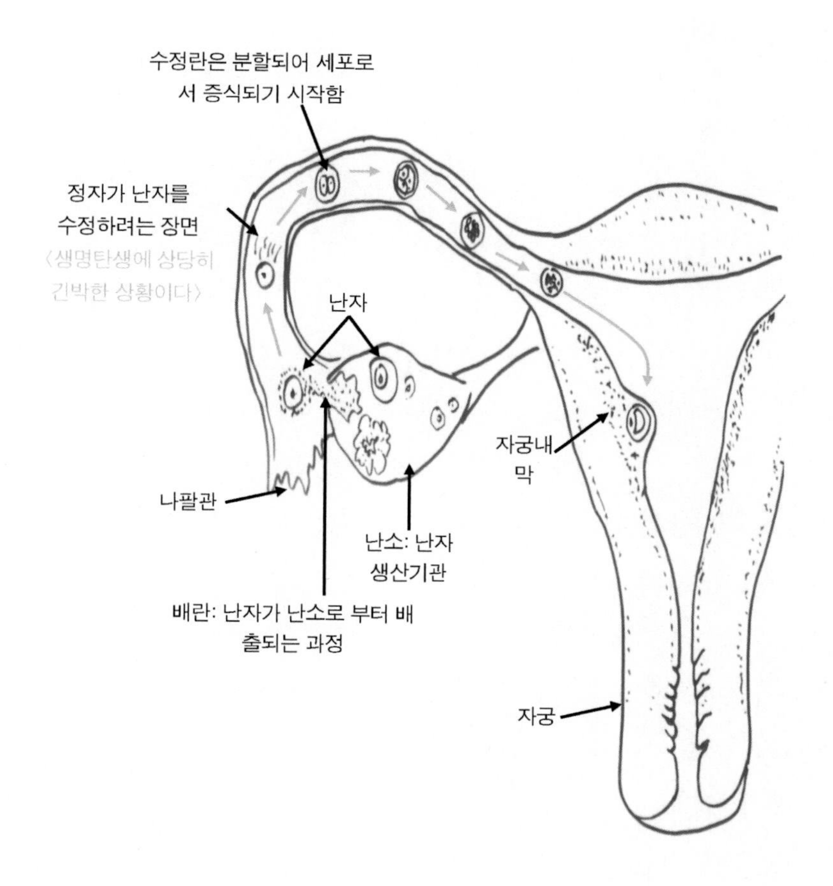

그림 2 난자가 만들어지는 난소에서 난자는 나팔관 끝자락에 배란된다. 배란 후 24시간 이내에 그곳에서 수정되어야 한다. 난자와 정자의 평균수명은 각각 12-24시간과 12-48시간이다. 생명탄생 초기에 상당히 긴박한 상황이다. 만약 수정할 정자가 없다면 난자는 약 24시간 그곳에서 머물고 있다가 자궁으로 내려와 분해되고 호르몬 변화를 야기하여 다시 생리가 시작된다. 수정이 이루어지면 수정란은 분할되기 시작하여 세포로서 증식하기 시작하며 자궁으로 내려와 자궁내막에 착상하게 된다. 수정 후 약7일 정도 소요된다.

2. 수정란의 대변신: 세포 증식과 분화

착상 후에도 수정란 세포는 계속 증식하고 또 분화하기 시작한다(세포 분화의 뜻은 제4장 참조). 이로 인해 어느 시점서부터 심장, 간, 허파와 같은 기관이 생겨나기 시작하고 그 이후 성숙하여 완전한 기관으로 바뀌게 된다.

이런 과정, 즉, 증식과 분화가 반복되고 또 성숙하는 과정이 수정 후 38주 또는 266일 동안 엄마 뱃속에서 이루어져 마침내 온전한 기관을 모두 갖춘 한 생명이 태어나게 된다. 만약 마지막 생리기간을 기준으로 계산한다면 임신기간은 40주 또는 280일이다. 이러한 과정을 통해 한 개의 수정란 세포가 약 100조 개의 세포로 이루어지며, 분화를 통해 만들어진 세포 종류만도 약 320가지에 이른다. 여기서 뜻을 같이 하는 종류의 세포들이 모여서 총 4개의 주요조직tissue(상피, 결합, 근육, 신경조직)을 이루며 그 조직은 다시 모여 기관organ(간, 심장, 신장, 췌장 등)을 이룬다. 기관은 두 개 이상이 모여 계system(근골격계, 순환계, 내분비계, 신경계, 호흡기계 등)를 이룬다. 어마어마한 변신이다. 요약하면 한 개의 수정란 세포가 증식과 분화를 통해 세포-조직-기관-계를 이루며 총 약 100조개의 세포로 이루어진 신생아가 태어나게 되는 것이다.

3. 발아기

그럼 다시 발생에 대해 조금 더 자세하게 알아보자. 자궁의 끝자락인 나팔관에서 수정한 한 개의 수정란 세포는 수정 후 첫 2주까지 발아기 germinal stage를 거친다. 수정, 착상 그리고 엄마 자궁벽에 태반이 형성되는 때이다. 이러한 과정 속에서도 수정란 세포는 계속 증식한다.

4. 배아기

수정 후 3주쯤 되어서 이렇게 자라나는 세포는 3개 층을 이루게 된다. 외배엽, 중배엽 그리고 내배엽이다. 이 시점까지는 단순히 세포가 분열 증식하여 3개 층으로 이루어진 상태이므로 외견상으로는 차이가 없어 보인다. 그러나 엄밀하게 세포학 관점에서 볼 때 이 3개 층의 세포는 서로 다른 운명을 가진 세포들이다. 외배엽은 털을 생성하는 세포, 피부의 상피세포, 손발톱, 땀샘, 뇌, 척수, 신경, 감각기관 등을 만들어 낼 수 있는 줄기세포가 줄지어 있다. 중배엽은 뼈, 근육, 피부의 진피, 혈관 및 지방조직과 같은 결합조직, 대부분의 내장 등을 만들어 낼 수 있는 줄기세포가 줄지어 있는 곳이다. 마지막으로 내배엽은 내장의 상피세포와 췌장 그리고 외분비세포 등을 만들어 낼 수 있는 줄기세포가 줄지어 있는 곳이다.

수정 후 3주부터 8주 사이에 외배엽, 중배엽 그리고 내배엽으로부터 주요 조직과 기관 그리고 계가 형성되기 시작한다. 이 시기를 배아기 embryonic stage라 하며 이 시기에 산모가 술을 마신다면 배아의 초기 기관형성에 영향을 주어 기형아 출산 확률이 크다. 내적으로 심장, 신장, 폐, 간, 신경계 그리고 내장의 기관이 나타나기 시작하고, 외적으로는 팔, 다리, 손가락, 발가락 등이 관찰된다. 배아기 끝자락쯤 되어서 배아의 외형은 태아의 형태를 띠게 된다.

발아기, 배아기 그리고 태아기

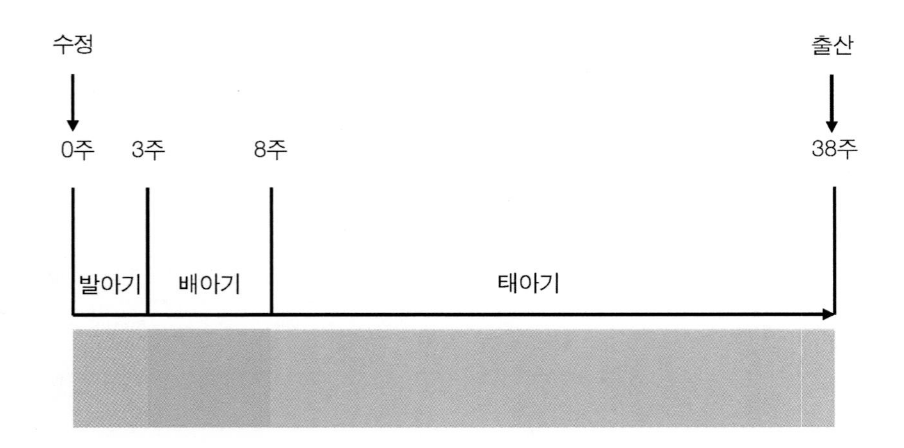

그림 3 수정 후 38주 또는 266일 동안 수정란은 산모 자궁에서 발아기, 배아기 그리고 태아기를 거쳐 한 생명체로 탄생된다.

5. 태아기

1) 수정 후 3번째 달: 9주부터 출산할 때까지를 태아기fetal stage라 하며 수정 후 3번째 달에 팔, 다리, 손가락, 발가락 등이 완전히 성숙된다. 이때 눈의 외형도 완전히 이루어진다. 이 시기에 처음으로 태아는 움직이기 시작하나 너무 작아 산모는 태아의 움직임을 느낄 수 없다. 아직 형성되지 않은 기관이 계속 형성되는 기간이며 수정 후 12주째 모두 형성된다.

2) 수정 후 4번째 달: 뼈가 형성되는 시기이다. 태아가 차거나 움직일 때 산모가 느끼기 시작한다. 피부 안쪽에 있는 혈관이 보이기 시작하고, 눈썹과 속눈썹은 관찰되며, 두피와 피부에 솜털이 나기 시작한다. 이 시기에 태아는 엄지손가락을 빨기 시작한다.

3) 수정 후 5번째 달: 태아의 귀가 성숙되어 산모의 음성과 심장박동 소리를 들을 수 있다. 이때부터 산모는 말을 가려서 해야 태아에 좋은 영향을 미칠 것이라 사료된다. 이 시기에 발생되는 흥미로운 일 중 하나는 태아의 땀샘이 성숙되어 양수 속에 태아가 있더라도 땀을 흘릴 수 있다. 뇌가 신경세포의 분화로 말미암아 더욱 성숙하는 시기이다.

4) 수정 후 6번째 달: 눈꺼풀이 열리기 시작하여 완전한 눈의 형태를 띠게 된다. 성대가 생겨 울거나 소리를 지를 수 있다. 태아는 삼키는 연습도 하고 딸꾹질도 한다.

5) 수정 후 7번째 달: 이 시기부터 조산한다 할지라도 병원에서 특별 관리

를 받는다면 한 생명으로 탄생하여 일생을 살아갈 수 있는 시기이다. 뼈가 완전히 성숙하며, 출산을 위해 태아의 지방층이 많이 생겨난다.

6) 수정 후 8번째와 9번째 달: 태아의 지방층이 계속 생겨나 쭈글쭈글한 피부는 더욱 펴지고 태아가 통통해진다. 심장을 포함한 각 기관의 활동은 더욱 증가한다. 몸의 솜털은 거의 없어지고 태아의 머리는 출산을 위해 자궁경부 쪽으로 이동한다. 이렇게 산모 뱃속에서 수많은 발생과정을 통해 한 개의 수정란 세포는 약 100조 개로 이루어지고 마침내 한 생명은 탄생하게 된다.

수정란, 삼배엽 형성 그리고 인간배아 발생

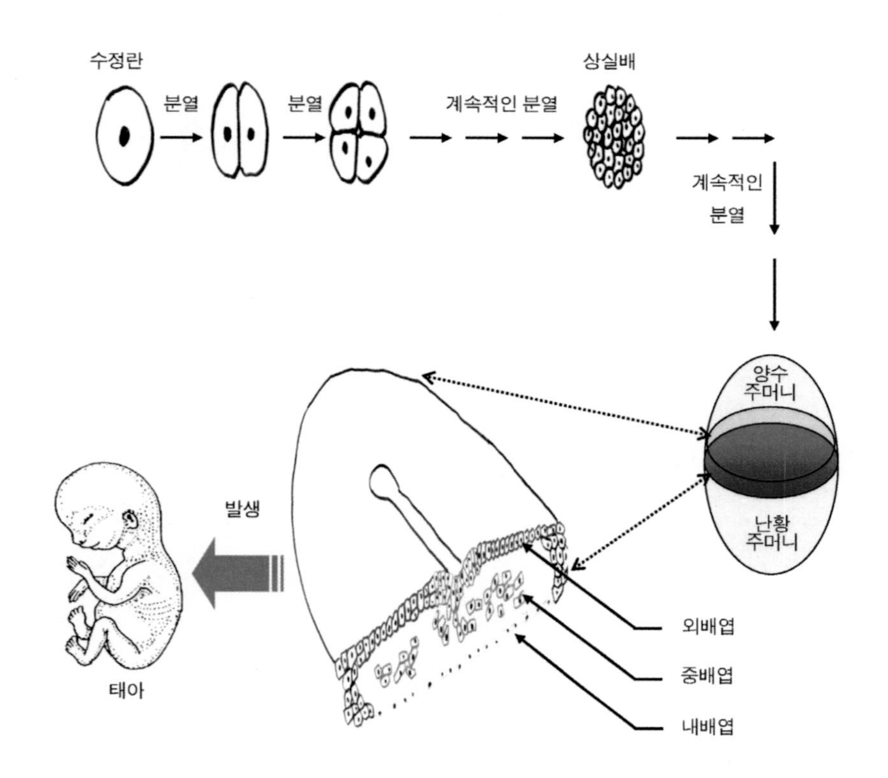

그림 4 수정란은 분열하여 많은 세포로 증식되고 뽕나무 열매인 오디 모양의 형태(상실배)를 이룬다. 계속 증식하여 상실배 속에 위 아래 두개의 공간이 형성되고 그 사이에 원판 모양의 세포 덩어리가 관찰된다. 이 세포 덩어리는 인간의 모든 기관을 만들어 내는 3개의 세포층, 즉, 외배엽, 중배엽 그리고 내배엽으로 이루어져 있다. 외배엽은 털을 생성하는 세포, 피부의 상피세포, 손발톱, 땀샘, 뇌, 척수, 신경, 감각기관 등을 만들어 낼 수 있는 줄기세포, 중배엽은 뼈, 근육, 피부의 진피, 혈관 및 지방조직과 같은 결합조직, 대부분의 내장 등을 만들어 낼 수 있는 줄기세포, 그리고 내배엽은 내장의 상피세포와 췌장 그리고 외분비세포 등을 만들어 낼 수 있는 줄기세포가 줄지어 있는 곳이다.

6. 피부발생

우리 피부는 상피, 진피 그리고 피하로 나눌 수 있다. 이러한 피부가 어떻게 발생되는지에 대해 간단히 알아보자. 우선 상피형성의 초기과정에 대해 알아보자. 수정 후 4주쯤 되어서 배아의 외배엽에서 유래된 세포가 배아를 감싸버린다. 피부를 만들기 위해서이다. 여기서 이 세포는 아직까지 단층을 이루며 앞으로 여러 층의 세포로 이루어진 상피를 탄생시킬 수 있는 상피줄기세포이다. 머리카락을 만드는 세포의 줄기세포도 이 상피줄기세포에서 유래된다. 그 아래에는 중배엽에서 유래된 세포가 진피를 형성하기 시작한다.

수정 후 약 6주쯤 되어서 단층의 상피줄기세포로부터 납작한 모양의 패리덤세포가 생겨난다. 이 세포는 양수에 포함되어 있는 영양분을 상피줄기세포에 전달하는 역할을 한다고 알려져 있으며, 수정 후 21주쯤 되어서 그 역할을 다하고 없어지는 세포이다. 그 외의 세포는 상피줄기세포이고 모양은 동글동글하다. 그 아래 중배엽에서 유래된 줄기세포의 일부는 수정 후 11주쯤 되어서 섬유아세포fibroblast로 분화하여 콜라겐과 같은 섬유성 단백질을 많이 분비하고 또 혈관내피세포로도 분화하여 혈관을 형성한다. 이로 인해 성숙한 진피조직의 기틀이 만들어지게 된다. 또 이때 발생되는 중요한 이벤트 중 하나는 피부나 머리카락 색을 결정해 주는 멜라닌세포의 줄기세포가 인근 지역인 신경능neural crest에서 상피줄기세포가 있는 곳으로 이동하여 합류한다. 피부나 머리카락 색을 결정하기 위해 반드시 필요한 세포이다. 여기서 신경능이라 함은 뇌와 척수를 형성하는 초기기관이 튜브와 비슷한 모양을 하고 있으며 그 튜브 위가 산 능선과 비슷하다 하여 이 구조의 윗부분을 일컫는 말이다. 이 과정이 수정 후 약 10주쯤 되어서 일어난다. 이렇게 피부조직의 기초는 이루어지고 그 후부터 수정 후 21~24주 때까지 상피줄기세포는 계속 증식하고 분화하여 최종적으로 4개의 층으로 이루는 보다 성숙한 진피조직이 형성된다.

피부조직 발생

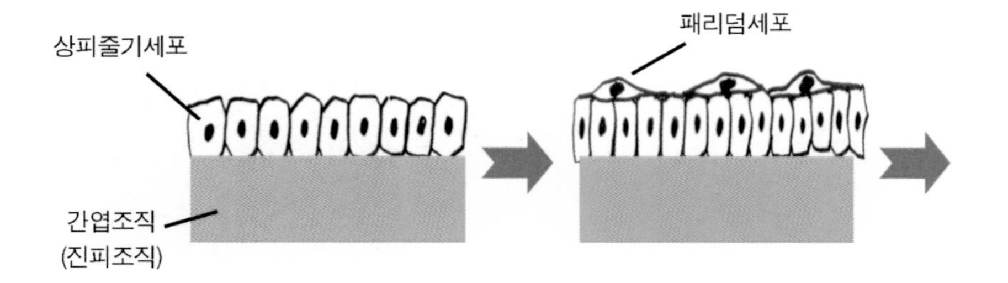

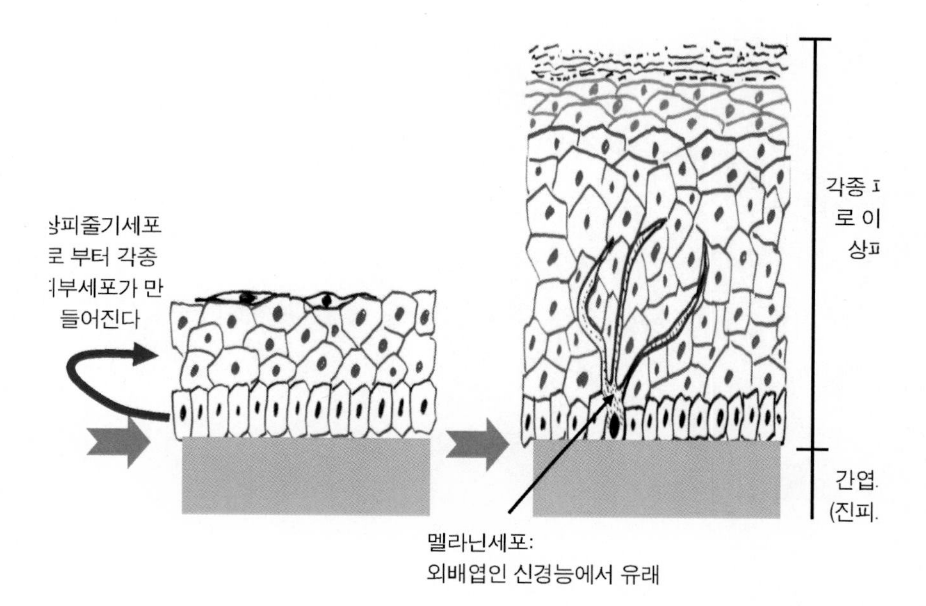

그림 5 수정 후 4주 쯤 되어서 배아의 외배엽에서 유래된 세포가 배아를 감싸버린다. 피부를 만들기 위해서이다. 여기서 이 세포는 아직까지 단층을 이루며 앞으로 여러 층의 세포로 이루어진 상피를 탄생시킬 수 있는 상피줄기세포이다. 머리카락을 만드는 세포의 줄기세포도 이 줄기세포에서 유래된다. 이 줄기세포는 증식과 분화과정을 거쳐 각종 피부세포로 이루어진 상피조직을 만들어 낸다. 수정 후 21-24주 째 완전한 상피조직이 형성된다. 모낭형성은 수정 후 7주 째 부터 시작되며 16주 쯤 되어서 온몸에서 솜털이 관찰되기 시작한다. 모낭 발생과정은 다음 장에 자세하게 언급되어 있다.

7. 태아의 털

털을 생성하는 기관인 모낭이 제일 먼저 관찰되는 시기는 수정 후 7주째이며, 장소는 물론 피부조직, 엄밀하게 표현한다면 상피와 진피조직이다.

수정 후 10~13주쯤 되어서 두피에 털이 보이기 시작하고, 16주쯤 되어서 온 몸에 솜털이 관찰되기 시작한다. 눈썹과 속눈썹도 보이기 시작한다. 20주쯤 되어서 이 털들은 매우 뚜렷하게 관찰되고 32주쯤 되어서 몸의 솜털은 빠지기 시작해서 33~37주쯤 되어 팔 위쪽과 어깨 부위를 제외하곤 모두 없어진다. 그러나 머리카락은 더욱 뻣뻣해져 최고에 달한다. 털을 생성하는 기관인 모낭에 대해 다음 장에서 더 자세하게 알아보기로 하자.

8. 요점

1) 머리카락은 생물학적 기능과 사회적 기능이 있다. 이 중 사회적 기능이 훨씬 더 큰 비중을 차지한다.

2) 생명탄생의 시초는 정자와 난자의 만남에서 시작된다. 정자는 나팔관 끝자락에서 배란되는 난자를 수정한다. 수정란은 자궁으로 내려와 착상하게 된다. 수정 후 약 7일 정도 소요된다.

3) 수정란은 증식하고 분화하여 수정 후 38주 또는 266일 동안 약 100조 개의 세포로 이루어지며, 분화를 통해 만들어진 세포 종류만도 약 320가지에 이른다. 뜻을 같이하는 여러 종류의 세포들이 모여서 총 4개의 주요조직(상피, 결합, 근육, 신경조직)을 이루며 그 조직은 다시 모여 기관(간, 심장, 신장, 췌장 등)을 이룬다. 기관은 두 개 이상이 모여 계(근골격계, 순환계, 내분비계, 신경계, 호흡기계 등)를 이룬다.

4) 자궁의 끝자락인 나팔관에서 수정한 한 개의 수정란 세포는 수정 후 첫 2주까지 발아기를 거친다. 수정, 착상 그리고 엄마 자궁벽에 태반이 형성되는 때이다.

5) 수정 후 3주쯤 되어서 이렇게 자라나는 세포는 3개 층을 이루게 된다. 외배엽, 중배엽 그리고 내배엽이다. 외배엽은 털을 생성하는 세포, 피부의 상피세포, 손발톱, 땀샘, 뇌, 척수, 신경, 감각기관 등을 만들어 낼 수 있는 줄기세포가, 중배엽은 뼈, 근육, 피부의 진피, 혈관 및 지방조직과 같은 결합조직, 대부분의 내장 등을 만들어 낼 수 있는 줄기세포가 그리고 내배엽은 내장의 상피세포와 췌장 그리고 외분비세포 등을 만들어 낼 수 있는 줄기세포가 줄지어 있는 곳이다.

6) 수정 후 3주부터 8주 사이에 외배엽, 중배엽 그리고 내배엽으로부터 주요 조직과 기관 그리고 계가 형성되기 시작한다. 이 시기를 배아기라 한다.

7) 수정 후 3번째 달부터 출산할 때까지를 태아기라 한다. 아직 형성되지 않은 기관이 형성되는 시기이며 형성된 기관은 정상적인 기능을 발휘하기 위하여 성장하는 시기이다.

8) 피부발생을 위해 수정 후 4주쯤 되어서 배아의 외배엽에서 유래된 세포가 배아를 감싸버리며 상피줄기세포를 이룬다. 이 세포로부터 피부와 모낭형성이 이루어진다. 상피줄기세포 아래에 존재하는 중배엽에서 유래된 줄기세포의 일부는 수정 후 11주쯤 되어서 섬유아세포로 분화하여 콜라겐과 같은 섬유성 단백질을 만들어 내며 또 혈관내피세포로도

분화하여 혈관을 형성한다. 이렇게 피부조직의 기초는 다져지고 그 후부터 수정 후 21~24주 때까지 상피줄기세포는 계속 증식하고 분화하여 최종적으로 4개의 층으로 이루는 보다 성숙한 진피조직이 형성된다.

9) 피부나 머리카락 색을 결정해 주는 멜라닌세포의 줄기세포는 인근인 신경능에 거주하며 피부조직이 형성될 시기에 상피줄기세포가 있는 곳으로 이동하여 합류한다. 나중 피부나 머리카락 색을 결정하기 위해 반드시 필요한 세포이다.

10) 털을 생성하는 기관인 모낭이 제일 먼저 관찰되는 시기는 수정 후 7주째이다. 수정 후 10~13주쯤 되어서 두피에 털이 보이기 시작하고, 16주쯤 되어서 온 몸에 솜털이 관찰되기 시작한다. 눈썹과 속눈썹도 보이기 시작한다. 20주쯤 되어서 이 털들은 매우 뚜렷하게 관찰되고 32주쯤 되어서 몸의 솜털은 빠지기 시작해서 33~37주쯤 되어 팔 위쪽과 어깨 부위를 제외하곤 모두 없어진다. 그러나 머리카락은 더욱 빳빳해져 최고에 달한다.

모낭 발생과정

모낭은 머리카락을 생성하는 기관이며 머리카락 생성에 관여하는 모든 세포가 모낭 안팎에 집결해 있다. 사전적 의미의 모낭은 머리카락을 생성하는 장소의 울타리 또는 주머니이지만 실질적으로 모낭이라 함은 그 안팎에 털을 생성하는 모든 세포를 포함하는 구조를 의미한다.

우리 피부에 존재하는 모낭의 수는 인종은 물론 개인의 차이가 존재하지만 몸 전체에 약 500만 개이며 그 중 두피의 모낭은 약 10만 개로 추산하고 있다. 모낭이 한번 파괴되면 예외는 다소 있기는 하지만 재생되지 않는다. 따라서 화상이나 심한 염증으로 피부가 손상되고 이로 인해 모낭도 손상된다면 모낭이 영원히 파괴되어 더 이상 그곳으로부터 털이 나지 않는다. 예를 들어보자. 우리나라에서 수십 년 전에는 머리 두피에 모낭충 감염이 적지 않았다. 이로 인해 심한 염증이 생기고 모낭조직이 파괴되어 머리카락이 더 이상 나지 않아 그 부위에 흉터가 남곤 하였다. 그 당시 KBS 방송국에서 "여로"라는 인기 드라마가 방영되었는데 태현실과 장욱제 배우가 주연이었다. 이때 장욱제가 약간 모자라는 영구 역을 맡았고 그에 걸맞게 머리 두피에 구멍이 뻥 뚫려 있는 반흔이 있었는데 이것이 바로 그 당시 유행하였던 모낭충 감염으로 인해 생긴 흉터라 사료된다. 그 이후 KBS2의 유머 일번지의 코너 "영구야 영구야"에서 심형래가 바보스러운 영구 역을 패러디하기도 하였다. 여기서 모낭 형성과정과 모낭이 파괴되면 왜 머리카락이 다시 만들어지지 않는지에 대해 알아보기로 하자.

1. 모낭 발생과정: 플라코드, 헤어점, 페그 그리고 더말파필라세포

앞 장에서 언급한 바와 같이 배아피부의 상피를 구성하는 상피줄기세포는 아직 단층을 이루고 있으며 그 아래 진피조직이 존재한다. 이러한 상황에서 모낭을 형성하기 위해 제일 먼저 진피조직에 거주하는 세포가 상피줄기세포에 첫 신호를 보낸다. 이 신호는 앞으로 서로 소통을 잘하여 여기에 모낭을 만들자는 양해각서MOU 성격을 띤 신호이다. 이 신호를 흔쾌하게 받아들인 상피줄기세포는 이 제의를 수락한다는 의미에서 도톰하게 세포가 재배열되는데 이것을 플라코드placode라고 한다. 플라코드는 모낭의 시조라고 해도 과언이 아닌 구조물이다. 플라코드를 이룬 상피줄기세포는 성숙한 모낭을 형성하자는 신호를 진피조직에 거주하는 그 세포에게 답신으로 보낸다. 이 신호를 접수한 진피조직의 세포는 뭉치기 시작한다. 이를 더말파필라세포dermal papilla cell라 한다. 여기서 더말파필라세포는 제일 먼저 상피줄기세포에 신호를 보냈던 세포들이다.

이제 더말파필라세포도 성숙한 모낭형성을 위해 본격적으로 상피줄기세포에 더 강렬한 신호를 보낸다. 플라코드를 이룬 상피줄기세포는 이에 대한 답변으로 더 큰 구조물을 만들며 진피 쪽으로 더 깊게 내려가기 시작한다. 이 구조물을 헤어점hair germ이라 한다. 이 구조물은 다시 양쪽에서 계속되는 소통을 통해 더 큰 페그peg 구조물을 형성하여 마침내 일생동안 털을 생성할 수 있는 모낭이 형성된다. 이때 눈여겨보아야 할 것은 적지 않은 수의 더말파필라세포가 페그 아래 부위에 감싸여져 있는 것을 관찰할 수 있다. 페그가 형성될 때 더말파필라세포도 세력을 확장하였기 때문이다. 이렇게 더말파필라세포와 페그 구조물은 찰떡궁합으로 서로 밀착하여 평생 동안 발모를 위해 소통을 계속 유지한다.

이런 과정을 통해 몸 전체에 약 500만 개, 그 중 두피에 약 10만 개의 모낭이 형성된다. 몸 전체의 모낭은 태아가 태어나기 전에 모두 형성되며, 태어난 후부터는 더 이상 모낭은 형성되지 않는다. 이런 이유 때문에 태어나서 모낭이 파괴되면 그 자리에 모낭이 다시 형성되지 않아 털이 생성되지 않는다.

모낭 발생과정

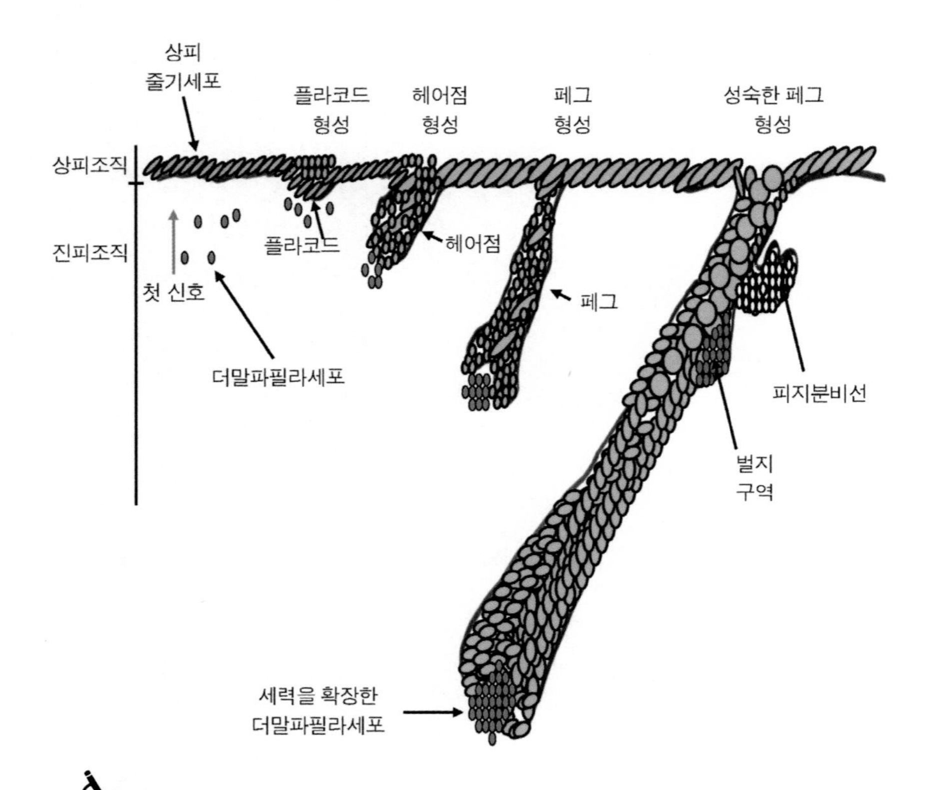

그림 1 배아피부의 상피를 구성하는 상피줄기세포 아래 존재하는 진피조직의 세포는 그위의 상피줄기세포에 모낭형성을 위한 첫 신호를 보낸다. 이 신호를 흔쾌하게 받아들인 상피줄기세포는 진피조직의 세포와 신호를 주거니 받거니 하여 차례로 플라코드, 헤어점, 그리고 페그 구조물을 형성하여 마침내 일생동안 털을 생성할 수 있는 모낭을 형성한다. 신호를 제일 먼저 보낸 진피조직의 세포도 그 세력을 확장하여 더말파필라세포를 형성한다. 더말파필라세포와 상피세포의 페그 구조물은 서로 밀착되어 평생 동안 발모를 위해 소통을 계속 유지한다. 이것이 모낭의 기본 구조이다. 모낭이 형성될 때 줄기세포를 보관하는 벌지구역과 피지를 분비하는 피지분비선 조직도 함께 관찰된다.

2. 모낭에 부속되어 있는 주요 구조물: 피지분비선과 벌지구역

모낭은 털을 생성하는 유일무이한 기관이지만 모낭에 피지분비선과 벌지구역이 부속되어 있어 각각 건강한 머리카락 상태를 유지시켜 주며 머리카락을 생성하는 세포의 줄기세포를 공급한다.

벌지구역은 줄기세포 보관창고이다

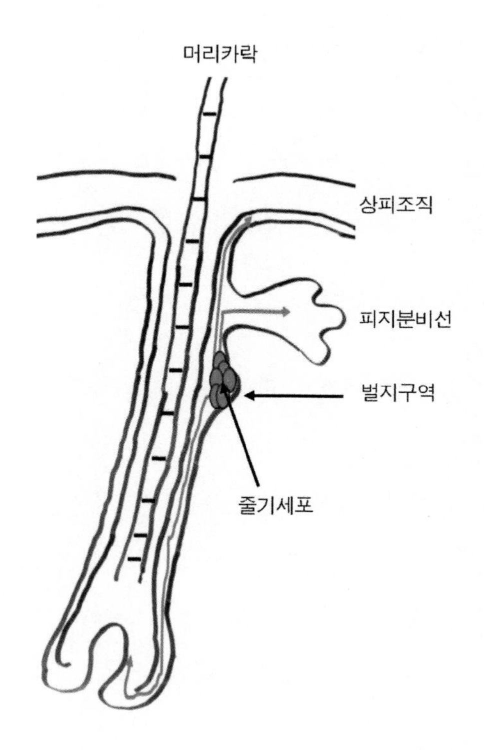

그림 2 피지분비선 아래 위치한 벌지구역의 줄기세포는 상피조직, 피지분비선, 그리고 모낭하부로 이동하여 각각 피부상피를 구성하는 세포, 피지를 분비하는 세포,

그리고 머리카락세포로 분화된다. 따라서 벌지구역은 줄기세포가 보관되어 있는 매우 중요한 장소이다.

1) 피지분비선sebaceous gland: 피지분비세포가 빼곡하게 있는 곳이다. 피지분비세포는 피지 즉, 피부의 기름을 분비하는 세포이다. 피지는 중성지방, 왁스 그리고 스쿠알린 등으로 구성되어 있다. 피지는 냄새가 없지만 박테리아가 서식할 경우 박테리아의 피지 대사에 의해 피지에서 냄새가 발생된다. 피지의 기능은 피부와 모발에 광택, 유연성, 탄력성을 주며, 특히 피부의 경우 방어벽을 형성하여 외부로부터 미생물 침입을 억제하는 역할을 하기도 한다. 그러나 피지가 많이 분비될 경우 여드름이나 지루성 피부염을 유발하여 머리카락 건강에도 악영향을 미칠 수 있다. 모낭이 형성될 시기에 피지선분비선도 함께 형성되어 머리카락 건강에 좋은 영향을 미친다.

2) 벌지구역: 벌지bulge는 영어의 한 단어이다. 벌지란 불룩하게 튀어 나온 부위를 뜻한다. 이 단어와 관련해 "벌지전투Battle of the Bulge"가 연상된다. '벌지전투'는 제2차 세계 대전 중 1944년 12월부터 이듬 해 1월까지 벨기에, 룩셈부르크 그리고 프랑스를 가로 지르는 서부전선에서 벌어진 독일군 최후의 대반격에 대해 연합군이 붙여 준 이름이다. 이때 독일군의 진격으로 인해 전선의 일부가 연합군 측으로 항아리처럼 불룩 돌출되었는데 이 형태를 형상화하여 이곳에서 벌어진 전투를 '벌지전투'라 명명하였다. 1965년 미국에서 제작된 영화 "벌지전투" 공개 이후 이 전투가 대중에게 많이 알려지기 시작하였다.

벌지구역은 피지분비선 아래 위치하며 피지를 분비하는 세포, 피부상피를 구성하는 세포 그리고 머리카락 세포의 줄기세포가 오순도순 살고 있는 곳이다. 이런 이유로 만약 모낭충으로 인해 벌지구역을 포함한 모낭이 파괴되면 줄기세포까지 파괴되어 더 이상 털이 생성되지 않는다. 앞에서 예를 들은 KBS "여로" 연속극의 주인공 영구는 모낭충 감염으로 인해 두피모낭의 벌지구역이 파괴되지 않았나 쉽게 추측할 수 있다.

3. 모낭형성을 위해 상피줄기세포와 더말파필라세포가 주고받은 주요 소통신호

모낭형성을 위해 상피줄기세포와 더말파필라세포는 소통을 위해 상당히 많은 생리인자를 주고받았다. 여기서 이 모든 것을 토론한다는 것은 독자가 세포생리를 통해 탈모와 발모개념의 윤곽을 이끌어 내는데 그리 중요치 않다고 판단되어 소통과정의 이해를 돕기 위해 오고 간 소통 생리인자 몇 개를 소개하고자 한다. 이 중에서 최소한 윈트와 BMP 생리인자는 모낭형성과 발모에 가장 중요한 인자이기 때문에 반드시 기억해 두기를 바란다. 또 여기서 각각의 생리인자 기능을 이해하는데 전사인자 언급이 요구된다. 전사인자는 유전자발현을 활성화하는 단백질이며 그 기능은 제6장에서 자세하게 언급되어 있다.

1) 윈트Wnt: 윈트 생리인자는 상피줄기세포와 더말파필라세포 등에서 분비된다. 모낭형성 소통에 가장 중요한 소통인자이며 특히 플라코드와 헤어점 형성에 절대적으로 필요하다. 발모촉진에도 반드시 필요한 인자 중

하나이다.

윈트 생리인자는 세포막에 존재하는 윈트수용체에 결합하여 세포 내에 존재하는 베타-카테닌beta-catenin 단백질을 활성화한다. 활성화된 베타-카테닌은 제6장과 제22장에서 언급할 전사인자인 LEF/TCF를 활성화한다. 그 다음 모낭형성에 요구되는 유전자를 활성화한다.

2) Dickkopf-related protein 1(DKK1): DKK1 생리인자는 상피줄기세포에서 분비된다. 윈트 생리인자와 결합하여 그 인자의 기능을 억제한다.

3) Sonic hedgehog(Shh): Shh 생리인자는 상피줄기세포 등에서 분비된다. 플라코드 형성 이후 헤어점 형성 시 매우 중요한 역할을 하는 인자이다.

Shh 생리인자는 세포막에 존재하는 Shh 수용체에 결합하여 세포 내에 존재하는 글리Gli 전사인자를 활성화한다. 글리 전사인자는 헤어점 형성에 필요한 유전자발현을 활성화한다.

4) Bone morphogenetic protein(BMP): BMP 생리인자는 일반적으로 모낭형성을 억제한다. 세포막에 존재하는 BMP 수용체에 결합하여 세포 내에 존재하는 알-스메드R-SMAD 전사인자를 활성화한다. 활성화된 알-스메드는 코-스메드co-SMAD 전사인자와 결합하여 유전자 발현을 활성화한다.

5) 노긴Noggin: 노긴 생리인자는 더말파필라세포에서 분비되며 BMP에 결합하여 BMP 활동을 억제한다.

6) 노취Notch: 노취는 상피줄기세포 등에서 생산되며 세포막에 존재하는 일종의 생리인자 수용체이다. 상피줄기세포가 머리카락 세포로 분화하는데 관여하는 인자이다. 이 수용체는 다른 수용체와 마찬가지로 세포 밖 그리고 세포 안쪽으로 뻗어 있다. 예로 제22장 그림2에 제시된 윈트 수용체에서 세포막수용체의 일반적 구조를 확인할 수 있다.

제그드/델타jagged/delta 생리인자가 노취수용체에 결합할 경우, 노취수용체의 세포 안쪽 부위는 효소에 의해 절단되어 분리되고 분리된 노취 수용체 부위는 세포핵으로 이동한 다음 RBP-JK 전사인자를 활성화한다. 상피줄기세포가 머리카락 세포로 분화하는데 필요한 유전자를 활성화한다.

4. 모낭형성은 매우 복잡한 소통이 필요하다

이 이외에도 매우 많은 소통인자가 존재한다. 서로 독려하고 서로 견제하며 모낭형성에 관여한다. 지금까지 밝혀진 것만 하더라도 십수가지의 생리인자들이 들쑥날쑥하며 모낭형성에 관여하고 있으니 이루 말할 수 없이 매우 복잡하다. 모낭형성에 필요한 여러 종류의 생리인자가 한 곳이 아닌 최소한 두 곳(상피줄기세포와 더말파필라세포)에서 복합적으로 분비되기 때문이다. 설령 똑같은 생리인자라 할지라도 BMP 생리인자의 경우 모낭생성 과정의 초기냐 말기냐에 따라 정 반대의 기능을 하기도 한다. 이런 이유로 모낭형성 연구는 매우 어려운 연구 중 하나이다.

5. 모낭형성을 위한 소통 생리인자들의 공통점: 전사인자의 활성화

지금까지 밝혀진 주요 소통인자들의 기능을 자세히 관찰하여 보면 중요한 공통점을 하나 발견할 수 있다. 즉, 거의 모든 소통인자들은 자기 나름대로 각각의 전사인자를 활성화하여 모낭형성에 필요한 유전자를 발현 또는 활성화시킨다는 점이다. 따라서 전사인자의 이해는 모낭을 통한 탈모와 발모과정을 쉽게 이해하는 지름길 중 하나가 아닐까 생각된다. 사실상 안드로겐성 탈모를 유발하는 안드로겐 수용체도 일종의 전사인자이다. 전사인자와 안드로겐 수용체에 대해 제6장에서 더 자세하게 알아보기로 하자.

6. 요점

1) 우리 피부에 존재하는 모낭의 수는 약 500만 개이며 그 중 두피의 모낭은 약 10만 개로 추산하고 있다.

2) 배아피부의 상피를 구성하는 상피줄기세포 아래 존재하는 진피조직의 세포는 그 위의 상피줄기세포에 모낭형성을 위한 첫 신호를 보낸다. 이 신호를 흔쾌하게 받아들인 상피줄기세포는 진피조직의 세포와 신호를 주거니 받거니 하여 차례로 플라코드, 헤어점 그리고 페그 구조물을 형성하여 마침내 일생동안 털을 생성할 수 있는 모낭을 형성한다. 신호를 제일 먼저 보낸 진피조직의 세포도 그 세력을 확장하여 더말파필라세포를 형성한다. 더말파필라세포와 상피세포의 페그 구조물은 서로 밀착되어 평생동안 발모를 위해 소통을 계속 유지한다. 이것이 모낭의 기본구조이다.

3) 모낭에 피지분비선과 벌지구역이 부속되어 있다. 전자는 피지를 분비하여 건강한 머리카락 상태를 유지시켜 주며 후자는 머리카락을 생성하는 세포의 줄기세포를 평생 공급한다.

4) 모낭형성을 위해 상피줄기세포와 더말파필라세포는 소통을 위해 상당히 많은 생리인자를 주고받았다. 서로 독려하고 서로 견제하며 모낭형성에 관여한다. 이 중에서 윈트와 BMP 생리인자가 모낭형성은 물론 발모에 가장 중요한 생리인자이다.

5) 모낭형성에 관여하는 주요 소통인자들의 기능을 자세히 관찰하여 보면 하나의 공통점이 존재한다. 즉, 자기 나름대로 서로 다른 전사인자를 활성화하여 모낭형성에 필요한 유전자를 발현시킨다는 점이다. 전사인자에 대해서는 제6장에 자세하게 언급되어 있다.

모낭형성을 총괄 지휘하는 청와대 세포: 더말파필라세포

상피조직과 간엽조직의 상호작용을 통한 외배엽기관 발생

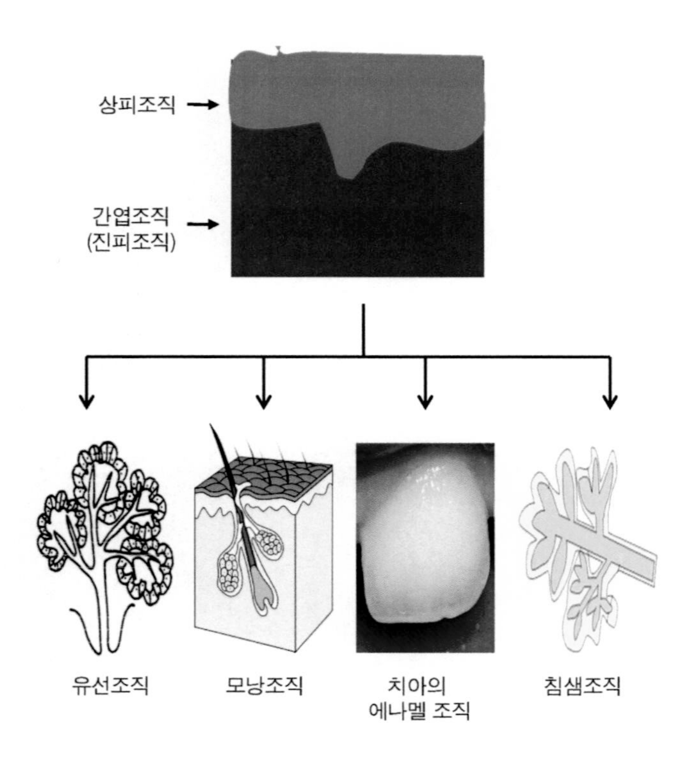

그림 1 외배엽에서 유래된 상피줄기세포와 그 아래 간엽조직의 더말파필라세포와의 소통을 통해 상피줄기세포로부터 여러 조직이 발생된다. 이 소통을 상피조직과 간엽조직의 상호작용이라 한다. 젖을 분비하는 유선, 모낭조직, 치아의 에나멜조직 또는 침을 분비하는 침샘조직 등이 발생되며 이를 외배엽에서 유래된 상피줄기세포로부터 형성되었다 하여 외배엽기관이라 칭한다.

우리는 제2장에서 모낭형성 과정을 알아보았다. 요약하여 본다면 우선 외배엽에서 유래된 상피줄기세포와 그 아래 간엽조직의 더말파필라세포와의 소통을 통해 상피줄기세포로부터 모낭이 발생되었다. 물론 이러한 모낭형성 과정 중 더말파필라세포도 모낭의 일부분으로 귀속된다. 이 소통을 학문적으로 상피조직과 간엽조직의 상호작용 또는 소통epithelial-mesenchymal interaction이라 표현한다. 다시 말해 상피줄기세포 혼자 또는 더말파필라세포 혼자서 모낭을 형성시킬 수 없다. 이것은 새로운 생명을 탄생시키기 위해 남자와 여자가 소통하여만 하는 이치와 비슷하다. 남자 또는 여자만으로 새로운 생명을 탄생시킬 수 없기 때문이다.

이 두 종류의 세포 중 모낭형성에 더 중요한 세포는 더말파필라세포이다. 그 이유는 더말파필라세포가 상피줄기세포로부터 모낭형성을 유도하기 때문이다. 따라서 이 장에서는 더말파필라세포의 중요성에 대해 토론할 것이다. 이 중요성을 잘 이해해야만 제12장에서 토론될 털생성 파라독스와 제23장에서 탈모치료의 한계를 극복할 수 있는 세포치료제 개발, 더 나아가 난치성 탈모의 대부분을 차지하는 안드로겐성 탈모 발생 이유를 더 쉽게 이해할 수 있을 것이다.

사실상 모낭형성 이외에도 더말파필라세포의 종류에 따라 상피줄기세포에서 손톱, 눈의 수정체, 후각상피, 치아의 에나멜, 젖을 분비하는 유선 그리고 땀샘 등이 형성될 수 있다. 따라서 이 모든 기관을 외배엽에서 유래된 상피줄기세포를 통해 형성되었다 하여 외배엽기관이라 칭한다. 이런 외배엽기관이 형성될 때 하나의 공통점이 있다. 이제 독자도 그 공통점을 쉽게 예측할 것이다. 즉, 각각의 외배엽기관이 상피줄기세포로부터 형성될 때 그 아래 존재하는 간엽조직의 더말파필라세포가 제일 중요하며 상피줄기세포는 그 세포와 소통하여야만 비로소 각각의 외배엽기관이 형성된다.

1. 모낭을 포함한 외배엽기관 형성에 더말파필라세포가 더 중요함을 시사하는 조직치환 실험

전 세계적으로 여러 연구진들에 의해 외배엽기관 형성에서 상피줄기세포와 간엽조직의 더말파필라세포 중 누가 제일 먼저 소통신호를 보내는지 알아보기 위해 다음과 같은 실험을 하였다. 즉, 어느 특정 실험동물에 존재하는 여러 외배엽기관 중에 각각의 더말파필라세포가 함유되어 있는 간엽조직을 서로 치환해 보거나 또는 서로 다른 종의 실험동물을 이용하여 외배엽기관의 간엽조직을 서로 치환하고 그 결과를 관찰하는 실험이었다. 예를 들어 보자. 그림2에서 보는 바와 같이 젖을 분비하는 유선조직을 형성하는 상피조직에 침을 분비하는 침샘조직을 형성하는 간엽조직과 결합하였을 경우 유선조직 대신 침샘조직이 형성되었다*(Sakakura et al, Science, 1976, 194권, 1439~41쪽)*. 또 유선조직이 형성되지 않는 부위의 상피세포와 유선조직을 형성하는 부위의 간엽조직과 결합하였을 때 그 상피세포에서 유선조직이 생성되기 시작하였다*[Cunha et al, Acta Anat (Basel). 1995, 152권, 195~204쪽]*. 그리고 치아가 형성되지 않는 부위의 상피세포와 치아를 형성하는 부위의 간엽조직과 결합하였을 때 그 상피세포에서 치아가 생성되었다*(Mina et al, Arch Oral Biol, 1987, 32권, 123~7쪽)*. 더 나아가 모낭을 형성하는 간엽조직에서 더말파필라세포를 추출하고 증식하여 모낭조직이 원래 없는 쥐 발바닥에 이식하였을 때 모낭이 형성됨을 관찰하였다*(Reynolds et al, Development, 1992, 115권, 587-93쪽)*. 이 모든 실험 결과들이 의미하는 것은 간엽조직의 더말파필라세포가 상피세포의 운명을 결정지을 수 있는 모든 정보를 가지고 있다고 결론지을 수 있다.

2. 다양한 종류의 더말파필라세포 존재 가능성

모낭을 형성하는 간엽조직의 더말파필라세포는 중간엽 또는 외배엽인 신경능에서 유래된다. 신경능에 대해서는 제1장에서 간단하게 언급하였다. 제12장의 그림4에서 보는 바와 같이 쥐의 경우 머리와 얼굴의 더말파필라세포는 신경능에서, 몸통의 그것은 중간엽에서 유래된다*(Shakhova et al, StemBook, 2010, doi/10.3824/stembook. 1.51.1)*. 여기서 우리가 눈여겨보아야 할 것은 모낭을 형성하는 피부부위에 따라 더말파필라세포의 유래지가 서로 다르다는 것이다. 유래지가 같다하더라도 사실상 쥐의 몸통에는 가아드guard, 아울awl, 아우첸auchene, 또는 지그재그zigzag 털과 같이 서로 다른 종류의 털이 존재한다. 이때 지그재그 털 모낭의 더말파필라세포에서 발현되는 유전자는 쥐 몸통에 있는 다른 종류 털의 더말파필라세포에서 발현되는 유전자와 비교하여 보았을 때, 서로 다르다*(Driskell et al,*

Development, 2009, 136권, 2815-23쪽). 이 결과는 설령 유래지가 같다 할지라도 현재까지 밝혀지지 않은 이유로 인해 더말파피라세포의 성질이 다를 수 있다는 것을 의미한다. 매우 복잡하다. 하지만 비록 출신이 다르고 또는 동일 유래지의 세포에서 발현되는 유전자가 서로 다르다고 할지라도 변하지 않는 것이 있다. 더말파필라세포는 각각의 종류의 털을 생성하는 모낭형성에 결정적인 역할을 한다는 것이다.

인간의 경우 두피 모낭과 턱수염 모낭은 안드로겐 호르몬에 대해 서로 다르게 반응하는 것이 밝혀졌다. 아마도 안드로겐 호르몬에 의해 탈모가 진행되는 두피 머리카락과 그 반대로 발모가 진행되는 턱수염의 모낭에는 출신이 서로 다른 더말파필라세포가 존재할 가능성이 있지 않을까 의심해 본다. 이 가능성에 대해 제12장에서 더 자세하게 알아보기로 하자.

간엽조직의 지시에 의해 상피조직은 외배엽기관을 형성한다

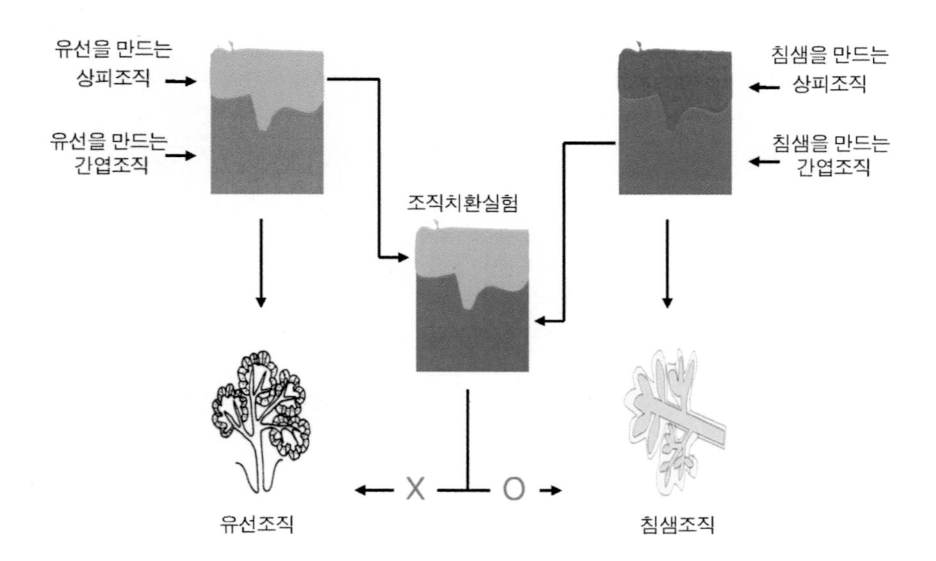

그림 2 외배엽기관 형성에서 상피조직과 간엽조직의 더말파필라세포 중 누가 제일 먼저 소통신호를 보내는지 알아보기 위해 여러 외배엽기관 중에 각각의 더말파필라세포가 함유되어 있는 간엽조직을 서로 치환해 보았다. 예로 유선조직을 만드는 상피조직이 침샘조직을 만드는 간엽조직과 결합하였을 경우 유선조직 대신 침샘조직이 형성되었다. 이 실험은 외배엽 기관 형성 시 간엽조직이 상피조직의 운명을 결정한다는 것을 시사한다. 지금까지 많은 실험을 통해 외배엽기관 형성에 간엽조직의 더말파필라세포가 제일 중요한 세포임이 밝혀져 학계에 정설로 정착되었다.

3. 더말파필라세포의 사촌: 더말쉬드세포

모낭형성을 유도한 더말파필라세포는 그 모낭과 함께 평생 생을 같이 한다. 더말파필라세포는 그 주위에 성질이 비슷한 세포인 더말쉬드세포가 있다. 더말쉬드세포는 모낭의 더말파필세포의 수가 적을 경우, 그 쪽으로 이동하여 더말파필라세포로 변한다. 올리버Oliver와 그 연구진은 이 현상을 증명하기 위해 다음과 같은 실험을 하였다. 모낭 아래에 존재하는 더말파필라세포를 제거하고 난 후에 그곳에 다시 더말파필라세포가 생성되는데 그 세포가 어디서 유래되었는지 조사하여 보니 그 주위에 존재하는 더말쉬드세포임을 밝혀냈다(*J Embryol Exp Morphol, 1966, 15권, 331~47쪽*). 더 나아가 그 주위의 더말쉬드세포까지 제거하였을 경우, 더말파필라세포는 더 이상 생성되지 못함을 관찰하였다. 이 실험결과는 만약 모낭의 더말파필라세포 수가 적을 경우, 그 주위에 존재하는 더말쉬드세포로부터 그 수가 충족됨을 의미한다. 현재까지 다른 연구진의 주요 연구결과를 요약하면 만약 모낭에서 필요하지 않는 더말파필라세포는 더말쉬드세포가 거주하고 있는 쪽으로 이동하여 모낭이 요구할 때까지 더말쉬드세포로 변하여 존재한다(*Tobin et al, J Invest Dermatol, 2003, 120권, 895~904쪽*). 따라서 더말쉬드세포는 유사시에 동원될 수 있는 더말파필라세포의 예비세포라 할 수 있고 더말파필라세포와 동격인 세포 즉, 사촌 지간임을 우리는 추론할 수 있다.

머리카락세포, 더말파필라세포 그리고 더말쉬드세포

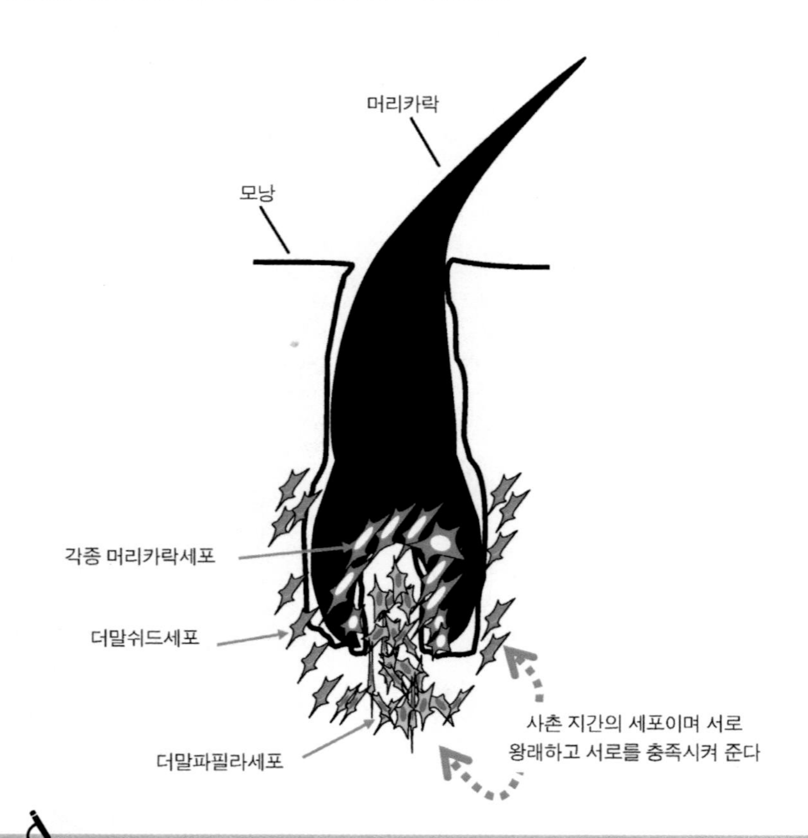

그림 3 간엽조직의 더말파필라세포는 모낭 밖에서 각종 머리카락세포를 지휘하지만 이 두 종류의 세포는 매우 밀착한 상태로 유지되어 있다. 더말쉬드세포는 모낭 인근에 거주하며 모낭의 더말파필라세포의 수가 적을 경우 이동하여 그 세포로 변한

다. 반면에 모낭에서 잉여의 더말파필라세포는 더말쉬드세포가 거주하고 있는 쪽으로 이동하여 모낭이 요구할 때까지 더말쉬드세포로 변하여 존재한다고 알려져 있다. 따라서 더말쉬드세포와 더말파필라세포는 동격인 사촌 지간의 세포이다.

4. 모낭형성에 결정적 역할을 하는 왕중왕 세포: 더말파필라세포

우리는 오늘 털을 생성하는 기관인 모낭형성에 대해 가장 중요한 개념을 배웠다. 더말파필라세포 역할이다. 제12장에서 더 자세하게 다룰 이 세포는 발모뿐만 아니라 탈모에도 가장 중요한 역할을 하는 세포이다. 따라서 필자는 이 세포를 탈모와 발모의 왕중왕King of Kings 세포라 칭하고 싶다. 안드로겐 호르몬이 대다수 난치성 탈모를 차지하는 안드로겐성 탈모를 유발하는데 그 매개처가 바로 이 세포이다. 하지만 기존 탈모치료의 한계를 극복할 수 있는 가장 많은 가능성을 내포하고 있는 그런 세포이기도 하다. 각각에 대해 제12장과 제23장에서 더 자세하게 알아보기로 하자.

5. 요점

1) 외배엽에서 유래된 상피줄기세포와 그 아래 간엽조직의 더말파필라세포와의 소통을 통해 상피줄기세포로부터 모낭이 발생된다. 이를 상피조직과 간엽조직의 상호작용이라 한다. 상피조직의 상피줄기세포 혼자 또는 간엽조직의 더말파필라세포 혼자서 모낭을 형성시킬 수 없다.

2) 이 두 종류의 세포 중 모낭형성에 더 중요한 세포는 더말파필라세포이다. 그 이유는 더말파필라세포가 상피줄기세포로부터 모낭형성을 유도하기 때문이다. 따라서 더말파필라세포는 모낭형성을 총괄 지휘하는 청와대 세포라 할 수 있다.

3) 모낭형성 이외에도 상피줄기세포에서 손톱, 눈의 수정체, 후각상피, 치아의 에나멜, 젖을 분비하는 유선 그리고 땀샘 등이 형성될 수 있다. 이 모든 기관을 외배엽에서 유래된 상피줄기세포를 통해 형성되었다 하여 외배엽기관이라 칭한다.

4) 모낭을 형성하는 간엽조직의 더말파필라세포는 중간엽 또는 외배엽인 신경능에서 유래될 수 있으며 호르몬과 같은 생리인자에 대해 서로 다르게 반응한다. 이 때문에 두피 모낭과 턱수염 모낭은 안드로겐 호르몬에 서로 다르게 반응할 수 있다.

5) 더말쉬드세포는 모낭인근에 거주하며 모낭의 더말파필세포의 수가 적을 경우 이동하여 더말파필라세포로 변한다. 그 반면에 모낭에서 잉여의 더말파필라세포는 더말쉬드세포가 거주하고 있는 쪽으로 이동하여 모낭이 요구할 때까지 더말쉬드세포로 변하여 존재한다. 따라서 더말쉬드세포와 더말파필라세포는 동격인 사촌 지간의 세포이다.

세포의 기능, 증식, 분화 그리고 세포자멸사

모든 생명체의 기본단위는 세포이다. 박테리아의 경우 세포 한 개로 이루어져 있기 때문에 단세포 동물이라고도 한다. 매우 단순하다. 그러나 사람은 약 320여 가지나 되는 서로 다른 종류의 세포로 이루어져 있고 총 약 100조 개의 세포에 이른다. 세포는 매우 작아 육안으로 볼 수 없지만 광학 현미경을 이용한다면 세포외형 관찰은 매우 간단하다. 크기는 산소를 운반하는 적혈구의 경우 직경이 약 5마이크로미터이며 큰 것은 100마이크로미터가 넘는 세포도 존재한다. 보통 10에서 30 마이크로미터이다. 길이의 경우 약 1미터가 넘는 세포도 존재한다. 신경세포이다. 또 세포 안에는 세포의 기능을 올바르게 수행하기 위해 세포보다 작은 구조물이 여러 개 존재하는데 광학현미경보다 해상능력이 훨씬 뛰어난 전자현미경을 통해 쉽게 관찰할 수 있다.

발모와 탈모과정은 세포에서 시작하여 세포로 끝난다고 해도 과언이 아니다. 머리카락은 여러 종류의 세포로 이루어져 있고 그들의 운명을 결정짓는 것 역시 더말파필라세포이기 때문이다. 다시 말해 "머리카락은 곧 세포다"라는 방정식을 도출해 낼 수 있다. 따라서 발모와 탈모과정을 토론할 때 일반적인 세포의 됨됨이를 언급하지 않는다면 알찬 토론이 될 수 없다는 이유 때문에 현미경을 통해 얻은 세포의 기본구조와 그 기능, 세포가 살고 또 생을 마감하는 과정에 대해 알아보기로 하자.

세포 기본구조

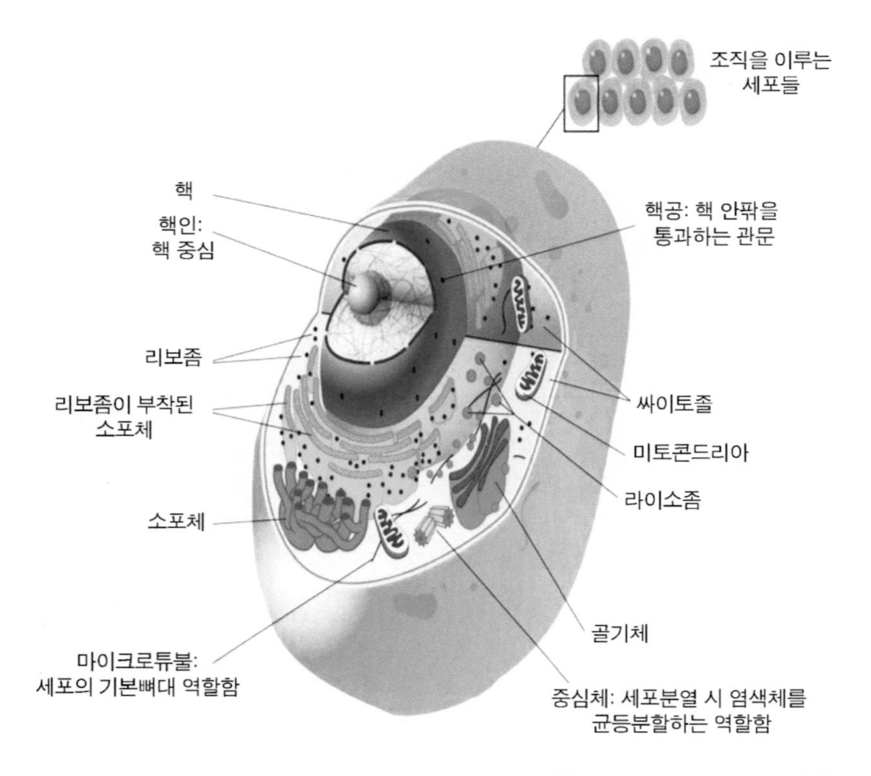

자료제공: Darryl Leja / 미국 국립 보건연구원
(National Human Genome Research Institute, National Institutes of Health)

그림 1 우리나라의 국정이 결정되는 곳은 청와대이고 그 곳에서 대통령과 국무위원들에 의해 국정이 이루어진다. 세포 역시 생존을 위해 청와대와 같은 핵이 존재하며 그 외에 여러 소기관을 가지고 있다. 세포막, 리보좀, 싸이토졸, 미토콘드리아, 소포체, 골지체, 그리고 라이소좀 등을 가지고 있다. 국무위원 격이다.

1. 세포와 세포 내 소기관

우리나라의 국정이 결정되는 곳은 청와대이고 그곳에서 대통령과 국무위원들에 의해 국정이 이루어진다. 세포 역시 생존을 위해 청와대와 같은 핵이 존재하며 그 속에 대통령 격인 유전자의 보고 지놈genome이 존재한다. 그리고 국무위원 격인 세포 내 여러 소기관organelle이 분포되어 있다. 이에 대해 간단하게 알아보기로 하자.

1) 세포막plasma membrane: 세포의 울타리 역할을 하며 생명체의 기본 단위인 세포를 서로 분리하는 역할을 한다. 지방과 콜레스테롤 그리고 단백질 등으로 구성된다. 사실상 세포막은 물리적인 분리만을 위해 존재하는 것은 아니다. 세포막은 음식소화를 통해 흡수된 영양분을 선택적으로 흡수하는 역할을 하며 세포 외부의 정보를 선별하여 세포 내부로 보내는 역할을 하는 매우 영리한 울타리이다.

2) 핵nucleus: 세포에서 가장 중요한 정보가 보관되어 있는 곳이다. 핵도 핵막이라는 울타리가 있어 유전정보를 잘 보관한다. 핵 내에 유전정보의 기본단위인 유전자가 빼곡하게 보관되어 있는 곳이다. 제5장에 더 자세

하게 언급되어 있다. 미국 등의 인간지놈 프로젝트의 결과를 토대로 약 3만 개의 유전자가 실의 모양을 한 염색사에 빼곡하게 저장되어 있는 것으로 알려져 있다. 세포가 분열할 경우 유전자는 두 배로 복제되어야 하고 질서정연하게 배열되어야 유전자를 분열될 세포에 효율적으로 분배할 수 있다. 이때 질서정연한 모양을 갖춘 염색사를 염색체라 한다. 이에 대해 제5장에 더 자세하게 언급되어 있다.

3) 리보좀ribosome: 세포생존 유지에 필수불가결한 것은 세포의 생화학반응이다. 이 반응에 중요한 역할을 하는 효소와 같은 단백질을 생산하는 곳이다. 매우 중요한 소기관이다. 제5장에 더 자세하게 언급되어 있다.

4) 싸이토졸cytosol: 핵을 제외한 세포 내 모든 공간을 말한다. 이 공간에 여러 소기관이 존재한다.

5) 미토콘드리아mitochondria: 세포생존에 절대적으로 필요한 에너지를 만드는 장소이다. 음식을 통해 섭취한 주 에너지원인 포도당을 ATPadenosine tri phosphate로 전환하는 장소이다. ATP는 세포가 사용하는 에너지의 주요 형태이다.

6) 소포체endoplasmic reticulum: 세포막이 필요한 또는 세포가 분비하는 단백질 또는 지방 등을 보관하는 장소이다. 이때 단백질은 소포체에 부착된 리보좀으로부터 합성되어 소포체 안 공간으로 유입된다.

7) 골기체Gogi body: 소포체에 보관되어 있는 단백질 또는 지방 등을 최종

장소, 즉, 세포막에 전달하거나 또는 세포 밖으로 분비하는 역할을 한다.

8) 라이소좀lysosome: 가수분해효소가 많이 존재한다. 세포 내 잉여 물질 뿐만 아니라 세포에 침입한 미생물은 가수분해효소에 의해 분해되고 재활용된다. 세포 내 재활용 장소이기도 한다.

여기서 언급된 여러 소기관은 세포가 생존하는데 모두 중요하다. 그러나 이 책의 이해를 돕기 위해 그 중 유전정보 보관 장소인 핵과 유전정보 물질인 핵산DNA으로 이루어진 염색사(체) 그리고 단백질을 합성하는 리보좀의 숙지를 필자는 더욱 강조하고 싶다. 이에 대해 제5장에서 자세하게 언급되어 있다.

2. 세포 증식과 세포 분화

1) 증식proliferation: 한 개의 세포는 두 개의 세포로 분열하여 증식하며 그 수를 늘려 나간다. 박테리아인 대장균인 경우 20~30분마다 분열하여 증식하지만 인간의 세포는 이것보다 훨씬 느리게 증식한다. 이처럼 증식은 세포의 분열을 통해 단순히 세포 수를 늘려 나가는 것을 말한다. 따라서 증식 전과 후의 세포를 서로 비교해 볼 때 양쪽 모두 동일한 성질을 가진 똑 같은 종류의 세포이다. 박테리아는 증식만 하기 때문에 수없이 분열 증식한다 할지라도 한번 박테리아 세포면 영원한 박테리아 세포인 것이다. 인간의 경우도 이러한 세포가 존재한다. 바로 줄기세포이다. 줄기세포는 원하는 수만큼을 확보하기 위해 우리 몸 안에서 때때

로 증식한다. 증식 전과 후의 세포는 그 성질이 변하지 않았기 때문에 증식을 거친 줄기세포라 할지라도 영원한 줄기세포일 수밖에 없다.

2) 분화differentiation: 분화는 한 종류의 세포가 다른 종류의 세포로 변화하는 것을 말한다. 예로 증식한 줄기세포는 다른 종류의 세포로 변화할 수 있다. 즉, 분화할 수 있다. 줄기세포가 분화되면 근육세포, 인슐린을 생산하는 췌장 베타세포, 또는 알부민을 생산하는 간세포 등으로 분화된다. 이처럼 분화하기 전의 세포와 분화 후의 세포를 비교해 볼 때 세포의 성질이 상이할 경우, 이 세포는 분화되었다고 표현한다. 예로 줄기세포가 알부민을 생산하는 간세포로 변하였을 경우, 줄기세포가 간세포로 분화되었다고 표현한다.

세포 증식과 세포 분화

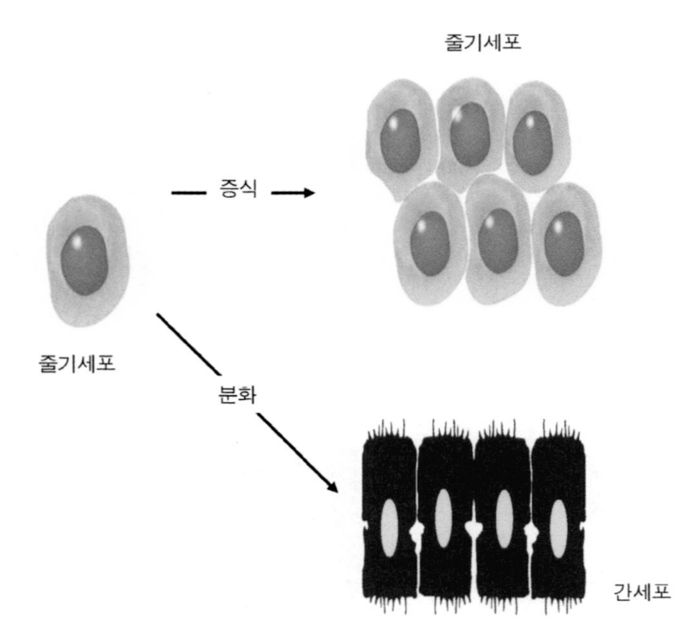

그림 2 세포 증식이란 한 개의 세포가 두 개의 세포로 분열하여 그 수를 늘려 나가는 과정을 말한다. 증식 전과 후의 세포를 서로 비교해 볼 때 양 쪽 모두 동일한 성질을 가진 똑 같은 종류의 세포이다. 예로 줄기세포이다. 세포 분화란 한 종류의 세포가 다른 종류의 세포로 변화하는 것을 말한다. 예로 줄기세포가 알부민을 생산하는 간세포로 변하였을 경우, 줄기세포가 간세포로 분화되었다고 표현한다.

3. 세포 죽음: 괴사와 세포자멸사

1) 괴사necrosis: 단순히 세포가 외부의 자극을 받아 생을 마감하는 것을 의미한다. 예로 세포에 물리적 자극을 주면 세포는 죽을 수밖에 없다. 강한 타박상으로 인한 세포의 죽음이 좋은 예이다.

2) 세포자멸사apoptosis: 세포자멸사 역시 세포가 죽는 것을 말한다. 그러나 외부의 물리적 자극 없이 자기 스스로 죽는 것을 의미한다. 세포가 그 임무를 다한다던지 또는 잉여의 세포가 존재할 경우 생명체의 제한된 공간을 효율적으로 이용하기 위하여 제거되어야 한다. 또 바이러스에 감염된 세포는 가능한 빨리 제거되어야 한다. 세포 내에 활성산소와 같이 유해물질이 많이 존재하면 유전자를 손상시켜 암세포 발생을 유도할 가능성이 있다. 따라서 이런 세포도 가능한 빨리 제거되어야 한다. 이런 모든 상황에 처해 있는 세포는 스스로 목숨을 거두는데 이를 세포자멸사라 한다. 쉽게 말하면 세포가 자살하는 것을 의미한다.

세포 괴사와 세포자멸사

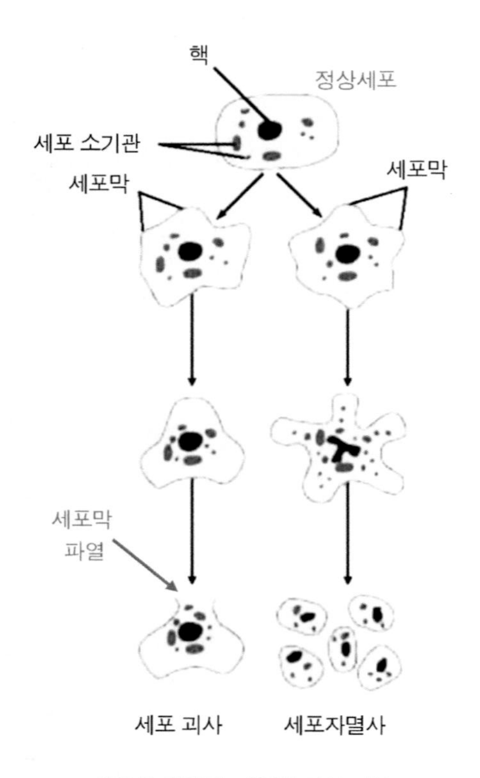

외형상 차이점: 세포막 파열 여부

그림 3 세포가 괴사한다는 의미는 세포가 물리적으로 외부의 자극을 받아 생을 마감하는 것을 의미한다. 세포막이 파열되어 세포내용물이 세포 밖으로 빠져 나온다. 한편 세포가 세포자멸사한다는 의미는 외부의 물리적 자극없이 자기 스스로 죽는 것을 의미한다. 자살이다. 세포내용물이 조각난 세포막에 싸여 있음이 관찰된다. 사실상 세포자멸사는 새로운 머리카락이 생성되기 위해 반드시 필요한 생리현상이다. 충무공 이순신장군의 "생즉필사 사즉필생" 구절을 연상케 한다.

4. 세포자멸사는 생존에 필요한 정상적인 생리현상

생명을 앗아가는 행위는 도저히 있을 수 없는 행위이다. 그러나 극한 외부환경을 잘 극복하여 생존하기 위해서는 생명은 최적의 시스템을 겸비해야 한다. 이때 필요하지 않는 세포는 없어져야 하고 오래된 세포는 새로운 세포로 대치되어야만 비로소 생명을 효율적으로 유지할 수 있다. 예를 들어 보자. 가임 여성은 주기적으로 생리를 한다. 그 이유는 자궁내막을 이루는 세포가 주기적으로 세포자멸사하여 죽게 되고 이 과정에서 피가 나기 때문이다. 그 이후 새살이 다시 돋아난다. 만약 가임 여성이 이 과정을 겪지 않는다면 생명탄생의 효율적인 시스템을 확보할 수 없다. 이로 인해 수정란은 자궁, 더 자세하게 표현한다면 자궁내막에 착상될 확률이 많이 떨어진다. 따라서 세포자멸사를 통해 가임 여성의 자궁을 매달 신선한 밭으로 유지시켜 주어야 한다. 수정란인 씨앗이 착상하였을 경우 반드시 발아할 수 있는 시스템을 확보하기 위함이다. 생명현상은 경이롭다 못해 무서울 정도이다.

탈모에 관련된 세포자멸사의 예를 한 번 들어 보자. 북극에서 추운 겨울을 견뎌내야 하는 동물은 겨울이 되기 전에 털갈이를 한다. 털갈이는 털이 그냥 쑥 빠지는 것이 아니다. 털을 만드는 세포가 모두 세포자멸사하기 때문에 털이 빠지는 것이다. 다행스럽게도 털이 빠진 후 혹한의 겨울을 거뜬히 날 수 있는 털을 생성하는 세포가 그 자리를 다시 메운다. 또 봄에는 무더운 여름을 대처하기 위해 또 한 번의 털갈이가 시작된다. 이 경우에는 혹한이 아닌 혹서에 대처하기 위한 그런 종류의 털이 세포자멸사를 통해 이루어진다. 이처럼 세포자멸사는 생명의 끝이 아니라 생명의 또 다른 시작을 확보하는 매우 아름다운 세포들의 헌신이며 소가 희생하여 대가 살아남기 위한 아주 현명하고 효율적인 생체 시스템이다.

세포자멸사 방법

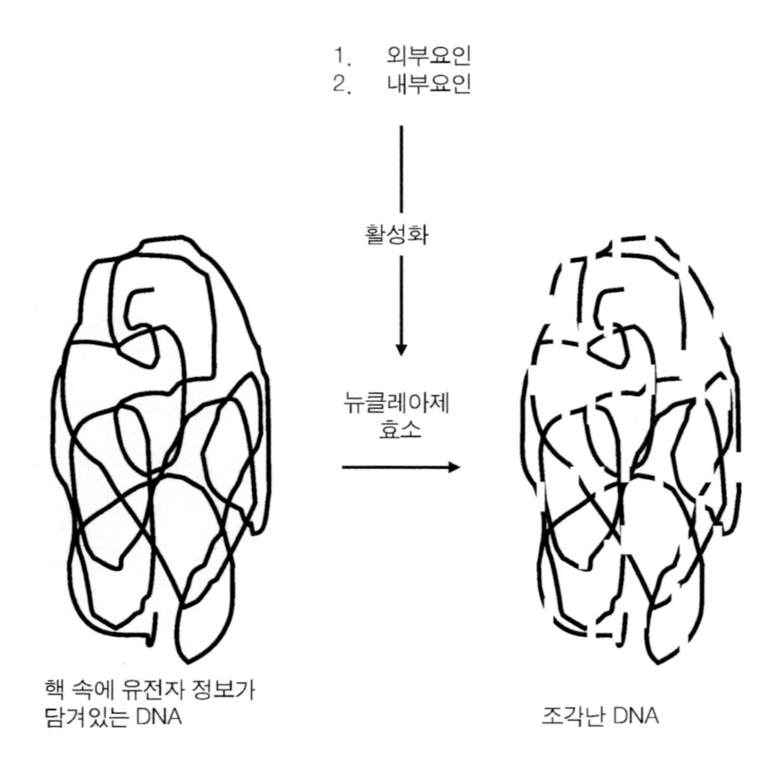

그림 4 세포자멸사의 방법은 유전정보 저장물질인 DNA를 잘게 부수는 효소인 뉴클레아제가 활성화되어 세포의 유전자를 잘게 부숴 버리는 것이다. 따라서 유전자 결여로 세포는 더 이상 살 수 없게 된다. 뉴클레아제를 활성화시켜 세포자멸사에 이르는 요인은 크게 두 가지가 있다. 외부와 내부요인이다.

5. 세포자멸사 방법과 유도 과정

세포자멸사의 가장 큰 특징 중 하나는 유전정보 저장물질인 DNA를 잘게 부수는 효소인 뉴클레아제nuclease가 활성화되어 세포의 유전자를 잘게 부숴 버리는 것이다. 이로 인해 세포는 더 이상 살 수 없게 된다. 이것이 세포가 자멸사하는 방법이다. 매우 복잡한 과정을 거치지만 그 골격은 첫째, 뉴클레아제 활성화를 유도하고, 둘째, 이로 인해 세포핵 내에 저장되어 있는 유전자가 잘게 부서져 버려, 셋째, 그 결과로 세포가 생을 마감하게 된다. 이것이 세포자멸사 주요과정이다.

뉴클레아제를 활성화시켜 세포자멸사에 이르는 요인은 크게 두 가지가 있다. 외부와 내부 요인에 의해 일어난다. 외부의 경우, 다른 세포에서 또는 자기 자신의 세포가 세포자멸사를 유도하는 TNF, Trail, FasL, 또는 TGF-beta와 같은 생리인자를 분비하고, 이를 인지한 세포는 세포 내에 존재하는 뉴클레아제를 활성화시켜 세포자멸사를 유도한 후 생을 마감한다. 한편 내부 요인의 경우, 세포 내에 활성산소와 같은 유해물질이 존재하면 유전자가 손상될 우려가 있고, 이로 인해 세포가 암세포로 바뀔 가능성이 있기 때문에 이를 방지하기 위하여 세포는 내부 경로를 통해 뉴클레아제를 활성화시켜 자신의 세포자멸사를 유도한다.

현재까지 세포자멸사에 대해 밝혀진 연구결과를 종합해 보면 내부인자로서 Bcl-2와 같은 많은 생리인자가 세포자멸사를 억제하고, 그 반대로 외부인자인 TGF-beta 또는 내부인자인 Bax와 같은 많은 생리인자들로 인해 세포자멸사가 유도된다고 밝혀졌다.

6. 새로운 머리카락 생성은 모낭 세포의 세포자멸사 결과

우리 머리카락은 생성되고 빠지며 다시 생성된다. 사실상 머리카락 세포는 세포자멸사하여 죽게 되고 다시 그 자리에 새로운 머리카락 세포가 줄기세포로부터 분화되어 그 자리를 메운다. 이로 인해 또 다시 새로운 세포로부터 머리카락이 생성되기 시작한다. 그 주기가 약 2년에서 6년이다. 우리가 80살까지 산다고 가정하였을 때, 일생 동안 발생되는 머리카락 세포의 세포자멸사는 대충 최소 13번에서 최대 40번 정도 발생됨을 계산해 낼 수 있다. 세포자멸사를 통해 새로운 머리카락이 계속 자라는 현상은 아마도 외부의 극한 환경을 잘 극복하고 질 좋은 머리카락을 확보하기 위해 옛날 옛날 그 옛날에 우리 몸에 만들어진 일종의 정상적인 생리현상이 아닐까 필자는 추측한다.

7. 요점

1) 우리나라의 국정이 결정되는 곳은 청와대이고 그곳에서 대통령과 국무위원들에 의해 국정이 이루어진다. 세포 역시 생존을 위해 청와대와 같은 핵이 존재하며 그 외에 여러 소기관을 가지고 있다. 세포막, 리보좀, 싸이토졸, 미토콘드리아, 소포체, 골지체 그리고 라이소좀 등을 가지고 있다. 국무위원 격이다.

2) 세포의 증식이란 한 개의 세포가 두 개의 세포로 분열하여 그 수를 늘려 나가는 과정을 말한다. 증식 전과 후의 세포를 서로 비교해 볼 때 양쪽 모두 동일한 성질을 가진 똑같은 종류의 세포이다.

3) 세포의 분화란 한 종류의 세포가 다른 종류의 세포로 변화하는 것을 말한다. 예로 줄기세포가 알부민을 생산하는 간세포로 변하였을 경우, 줄기세포가 간세포로 분화되었다고 표현한다.

4) 세포가 괴사한다는 의미는 세포가 물리적으로 외부의 자극을 받아 생을 마감하는 것을 의미한다.

5) 세포가 세포자멸사한다는 의미는 외부의 물리적 자극 없이 자기 스스로 죽는 것을 의미한다. 자살이다.

6) 동물의 털갈이는 모낭 세포의 세포자멸사를 통해 이루어진다. 그래야만 새로운 털이 생성된다.

7) 세포자멸사의 방법은 유전정보 저장물질인 DNA를 잘게 부수는 효소인 뉴클레아제가 활성화되어 세포의 유전자를 잘게 부숴 버리는 것이다. 따라서 유전자 결여로 세포는 더 이상 살 수 없게 된다.

8) 뉴클레아제를 활성화시켜 세포자멸사에 이르는 요인은 크게 두 가지가 있다. 외부와 내부요인에 의해 일어난다.

9) 우리 머리카락은 모낭에서 생성되고 빠지며 다시 생성된다. 사실상 머리카락 세포는 세포자멸사하여 죽게 되고 새로운 머리카락 세포가 줄기세포로부터 분화되어 다시 그 모낭의 그 자리를 메운다. 이 때문에 다시 새 머리카락이 생성되는 것이다.

유전과 유전자 그리고 단백질

요즘은 언론에서 이런 말들을 쉽게 접하게 된다. "우리나라 국민은 국난을 슬기롭게 극복하는 DNA를 가지고 있다." 여기서 DNA는 영어의 디옥시리보뉴클레익 에시드deoxyribonucleic acid의 약자로 사실상 유전자 정보를 담은 핵산이라는 생화학 물질이다. 따라서 언론에서 거론되는 이 말은 우리나라 국민이 국난을 슬기롭게 극복하는 유전자를 가지고 있다는 말을 뜻하는 것이다. 이 이외에도 우리 주위에 상속분쟁 해결의 실마리로 친자감별을 위해 당사자의 유전자 정보가 담겨 있는 DNA를 서로 비교하기도 하며 시중에 판매되고 있는 농수산 식품에 대해 토종인지 또는 수입산인지 구별하기 위해 DNA 유전자검사를 실시하기도 한다. 이렇게 DNA는 요즘 우리 주위에서 쉽게 접할 수 있는 말 중 하나가 되었다. 이 장에서 유전과 유전정보가 담겨 있는 유전자 그리고 유전정보를 밖으로 표현 또는 표출하는 유전자의 최종산물인 단백질에 대해 알아보기로 하자. 그 이유는 탈모와 발모의 과정을 이해하는데 반드시 짚고 넘어가야 할 매우 중요한 개념이기 때문이다.

유전현상을 제일 먼저 관찰한 유전학의 아버지 그레고 멘델 수도사

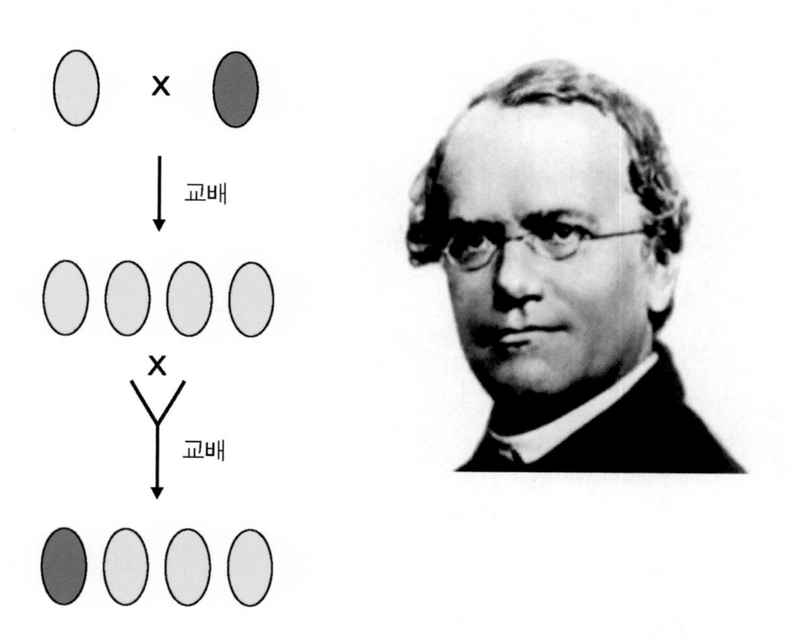

그림 1 오스트리아의 수도사인 그레고 멘델은 앞 정원에 완두콩을 심어 피는 꽃 색깔을 관찰하였다. 녹색과 노란색 꽃의 완두를 교배하니 모두 노란색 꽃의 완두콩이 생겨났고, 다시 이 노란색 꽃의 완두콩을 교배하고 관찰하여 보니 녹색 꽃의 완두콩이 1/4, 노란색 꽃의 완두콩이 3/4 생겨났다. 이때 녹색은 사라졌다가, 그 다음 세대에 다시 나타났다. 여기서 멘델은 단순하게 노란색을 우성형질, 녹색을 열성형질이라 표현하였지만 이형질이 DNA로 구성된 유전자에 의해 결정된다는 것은 훨씬 나중의 일이었다.

1. 유전과 형질

유전의 본질을 파악하기 위해 우선 19세기로 거슬러 올라가 보자. 장소는 오스트리아 어느 성당. 그레고 멘델Grego Mendel 수도사는 앞 정원에 완두콩을 심어 피는 꽃 색깔을 관찰하였다. 녹색과 노란색 꽃의 완두를 교배하니 모두 노란색 꽃의 완두콩이 생겨났고, 다시 이 노란색 꽃의 완두콩을 교배하고 관찰하여 보니 녹색 꽃의 완두콩이 1/4, 노란색 꽃의 완두콩이 3/4 생겨났다. 이때 녹색은 사라졌다가, 그 다음 세대에 다시 나타났다. 여기서 멘델은 단순하게 노란색을 우성형질, 녹색을 열성형질이라 표현하였지만 이 형질이 유전자에 의해 결정된다는 것은 훨씬 나중에 알게 된 일이다. 즉, 노란색을 만드는 효소와 녹색을 만드는 효소가 동시에 있을 경우 노란색 효소가 우성이기 때문에 형질은 노란색으로 나타난다. 만약 녹색의 유전자만 있을 경우, 이에 대한 우성 유전자가 없어 녹색 형질이 나타날 수밖에 없다.

유전형질에 대해 더 자세하게 알아보기로 하자. 형질이란 완두 콩 꽃 색깔, 머리카락의 색, 피부색, 키, 쌍꺼풀의 유무 등과 같이 겉으로 드러나는 형태나 특징뿐만 아니라 식성, 학습능력 등 유전자의 영향을 받아 나타나는 모든 특성을 말한다. 이것이 두산백과사전에 나와 있는 유전형질의 뜻이다. 유전형질을 결정하는 실체는 유전자이고 부계로부터 한 개, 모계로부터 한 개를 물려받아 한 쌍을 이룬다. 이렇게 쌍을 이루는 이유는 만약 한 개의 유전자가 망가질 경우를 대비해 또 하나가 존재해야 하기 때문이다.

유전자의 기본 구성물질은 뉴클레오타이드이다

1. 유전자의 기본 구성물질은 뉴클레오타이드이다.
2. 뉴클레오타이드는 다시 당, 염기, 인산으로 이루어져 있다.

〈DNA는 뉴클레오타이드가 이어진 사슬을 의미한다〉

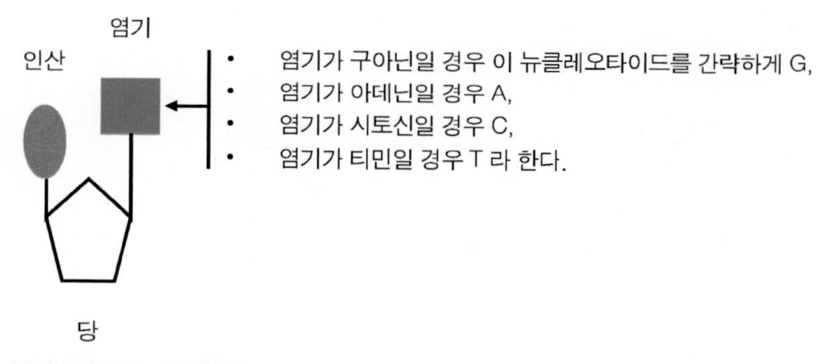

〈뉴클레오타이드 기본구조〉

그림 2 유전자는 DNA 생화학 물질로 이루어져 있으며 그것의 기본 구성물질은 뉴클레오타이드이다. 뉴클레오타이드는 다시 염기, 당, 인산으로 이루어져 있다. 여기서 당은 뉴클레오타이드의 기본골격 구조를 제공하며 여기에 인산과 염기가 붙어 있다. 염기는 구아닌, 아데닌, 시토신, 그리고 티민이 존재해 4가지 종류의 뉴클레오타이드가 생성된다. 구아닌을 가진 뉴클레오타이드를 간략하게 G, 아데닌은 A, 시토신은 C, 그리고 티민은 T로 표현된다. 결국 유전정보는 이 4가지 뉴클레오타이드에 의해 저장된다.

2. 유전정보 저장물질인 DNA와 뉴클레오타이드

컴퓨터의 경우 디지털정보는 0과 1의 형태로 반도체인 메모리칩에 저장된다. 유전정보는 0과 1로는 저장될 수 없기 때문에 다른 형태로 저장되어야 한다. 유전정보는 핵산인 DNA에 의해 저장된다. 이런 이유로, 의미에 있어 약간의 차이가 있지만, 유전자와 DNA는 우리 주위 그리고 언론에서 서로 통용되곤 한다.

DNA의 기본은 뉴클레오타이드nucleotide이다. 따라서 DNA는 뉴클레오타이드가 쭈욱 연결되어 있는 구조로 되어 있기 때문에 일종의 끈이다. 뉴클레오타이드는 다시 염기, 당, 인산으로 이루어져 있다. 여기서 당은 뉴클레오타이드의 기본골격 구조를 제공하며 여기에 인산과 염기가 붙어 있다. 염기는 4가지가 존재한다. 구아닌guanine, 아데닌adenine, 시토신cytosine 그리고 티민thymine이다. 따라서 이로 인해 4가지 종류의 뉴클레오타이드가 생성된다. 구아닌을 가진 뉴클레오타이드를 간략하게 G, 아데닌을 가진 뉴클레오타이드를 간략하게 A, 시토신을 가진 뉴클레오타이드를 간략하게 C 그리고 티민을 가진 뉴클레오타이드를 간략하게 T로 표현하며 결국 유전정보는 이 4가지 뉴클레오타이드에 의해 저장된다. 이때 인산은 뉴클레오타이드와 뉴클레오타이드를 연결시켜주는 연결고리로 사용되기 때문에 DNA는 뉴클레오타이드가 연결된 일종의 끈이 될 수 있다. 따라서 DNA는 여러 개의 염기가 연결되어 있는 구조를 띠기 때문에 그 연결구조를 특별히 염기서열이라 한다. 예로 DNA가 GGATCT의 염기서열의 구조를 가질 경우, 차례로 처음 구아닌을 가진 뉴클레오타이드 2개, 아데닌을 가진 뉴클레오타이드 1개, 티민을 가진 뉴클레오타이드 1개, 시토신을 가진 뉴클레레오타이드 1개 그리고 다시 티민을 가진 뉴클레오타이드 1개가 순서적으로 연결되어 있는 구조로 되어 있다는 뜻이다.

조금 더 깊게 들어가 보자. 우리의 유전자 끈은 단선이 아니다. 이중으로 되어 있으며 나선구조로 되어 있다. 즉, DNA는 이중나선구조로 되어 있다. 왓슨Watson, 크릭Crick 그리고 윌킨스Wilkins는 DNA의 구조를 밝혀 1962년 생리의학 노벨상을 수상하기도 하였다. 그림4와 5에서 보는 바와 같이 G 염기와 C 염기 그리고 A 염기와 T 염기와 서로 결합하는 성격을 가지고 있어 상보적 염기라 한다. 한 가닥의 DNA가 만약 GGATCT의 염기서열을 가질 경우, 이에 대한 상보염기로 이루어진 CCTAGA 염기서열과 함께 이중나선구조를 띠게 된다. DNA가 한 가닥이 아닌 이중구조로 되어 있는 이유는 아마도 한 가닥이 손상될 경우 남아 있는 온전한 한 가닥을 이용하여 그 손상을 복구할 수 있기 때문일 것이다.

인산은 뉴클레오타이드를 서로 연결시켜 준다

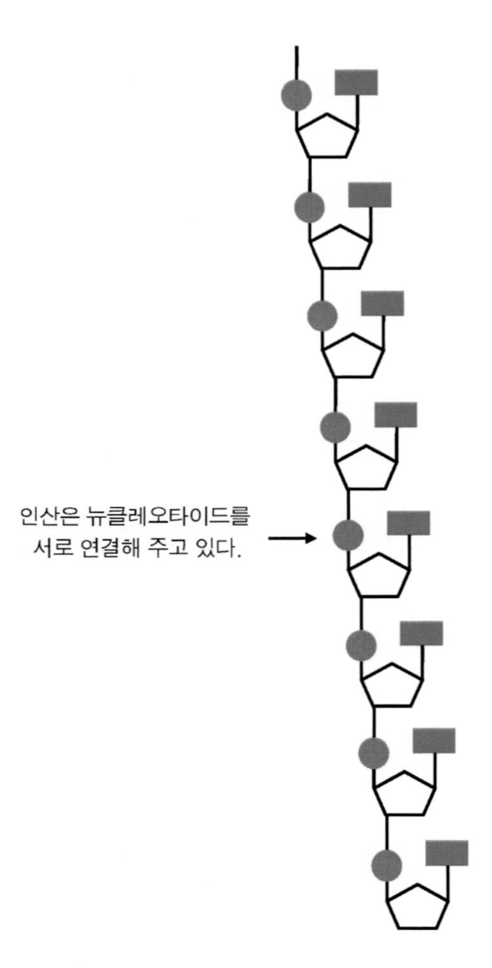

그림 3 인산은 뉴클레오타이드를 서로 연결시켜 주는 연결고리이다. DNA는 뉴클레오타이드가 연결된 일종의 끈이다. 이를 염기서열이라 한다.

DNA는 단선이 아닌 이중으로 되어 있다

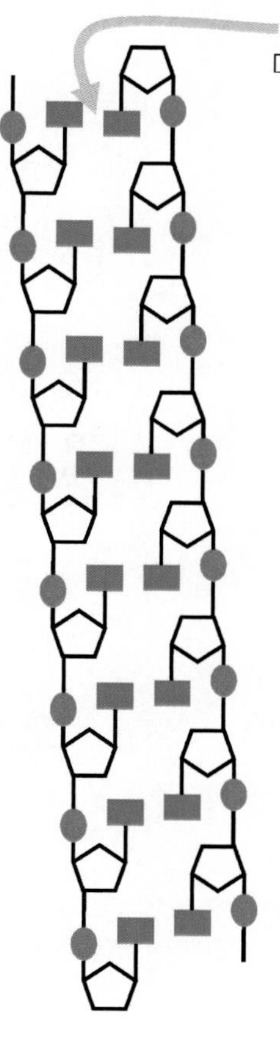

상보염기: 서로 좋아하는 염기

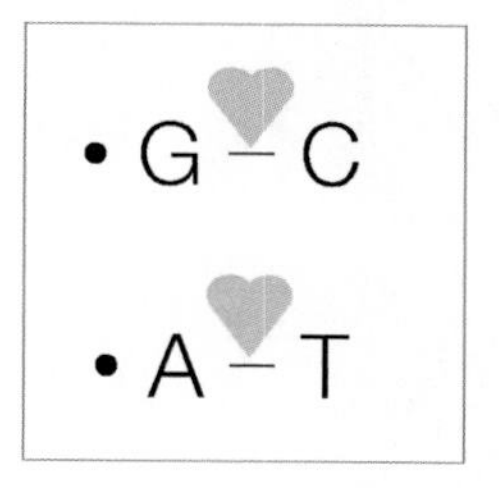

그림 4 DNA는 한 가닥이 아닌 두 가닥 이중구조로 되어 있다. 그림에서 보는 바와 같이 양쪽 염기서열이 서로 결합하여 이중구조를 형성한다. G 염기와 C 염기, 그리고 A염기와 T 염기는 서로 좋아해 결합하는 성질을 가지고 있다. 이를 서로의 상보적 염기라 한다. 한가닥의 DNA가 만약 GGATCT의 염기서열을 가질 경우, 이에 대한 상보염기로 이루어진 CCTAGA 염기서열과 함께 결합하여 이중구조를 띠게 된다. DNA가 두가닥으로 되어 있는 이유는 아마도 한 가닥이 손상될 경우 남아있는 온전한 한 가닥을 이용하여 그 손상을 복구할 수 있기 때문일 것이다.

이중나선구조의 DNA

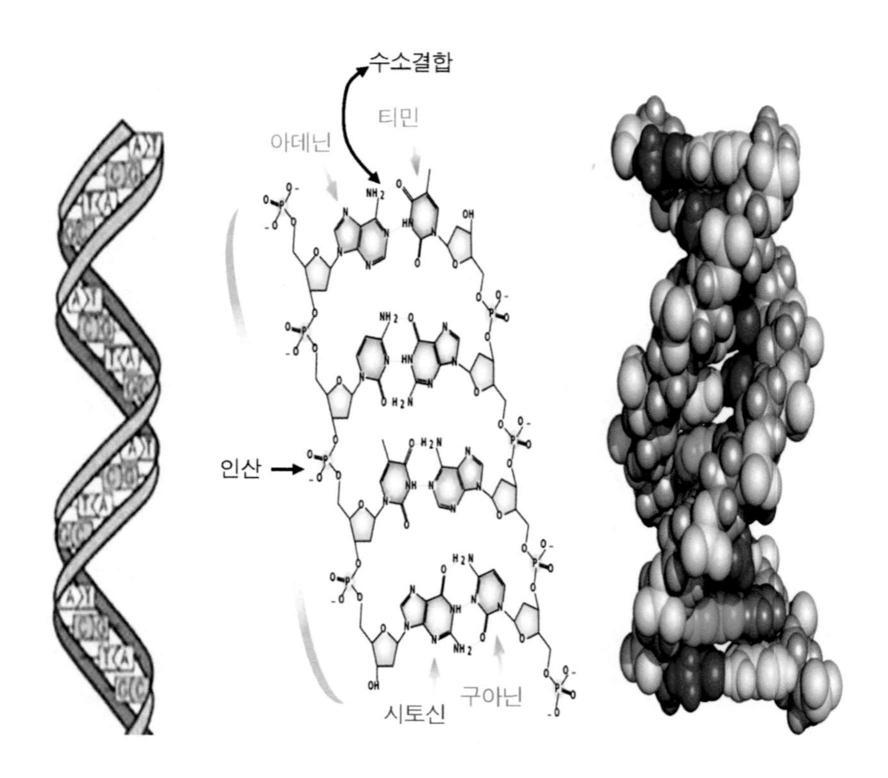

그림 5 실제로 DNA는 이중나선구조로 되어 있다. 왼쪽 그림은 이중나선구조의 DNA를 간단하게 도식화한 것이다. 중간 그림에는 서로 좋아하는 상보염기끼리 수소결합을 하여 서로 끈끈함을 보여주고 있다. 그 결합이 DNA의 이중나선구조를 지탱해 주고 있는 주요 원동력이 된다. 오른쪽 그림은 이중나선구조를 이룬 DNA의 모든 화학원소를 야구공으로 생각하여 만든 것이다. 등나무가 오른쪽으로 휘감아 올라 가는듯한 느낌을준다.

3. 염색사와 염색체

DNA로 구성된 유전자는 4개의 뉴클레오타이드로 연결된 일종의 끈의 형태로 되어 있기 때문에 세포핵 안에서 보통 실타래가 엉켜져 있는 모양을 한 염색사로 존재한다. 그러나 세포가 두 개로 분열할 경우 염색사는 실타래 모양에서 일목요연하게 재배열된 염색체로 변하여 2배로 복제되고, 분열 후, 두 개의 세포에 복제된 염색체는 균등하게 분배된다.

한 개의 세포에는 부계에서 물려받은 것이 23개 염색체(상동염색체 22개, 성염색체 1개) 그리고 모계에서 물려받은 것 역시 23개 염색체(상동염색체 22개, 성염색체 1개)가 존재한다. 이때 성염색체는 인간의 성을 결정하는 유전자 정보가 보관되어 있는 염색체이고, 상동염색체는 그 외의 모든 염색체를 일컫는 말이다. 총 46개 염색체가 있다. 염색체의 크기에 따라서 번호를 매긴다. 1번 염색체는 제일 큰 염색체, 제일 작은 염색체는 22번 염색체 그리고 성염색체는 X 또는 Y 염색체로 표기된다. 사실상 상동염색체와 성염색체를 모두 포함하여 비교한다면 X염색체는 8번째로 크고, Y염색체는 염색체 중 제일 작다.

세포가 분열하기 전에 염색체가 복제되니 46개의 염색체는 46쌍의 염색체로 이루어진다. 여기서 46쌍이라 함은 46개의 염색체(23개는 부계, 23개는 모계로부터 물려받음)가 쌍을 이루고 있음을 의미한다. 세포가 분열되면 46쌍의 반인 46개의 염색체는 한 세포로, 나머지 반인 46개의 염색체는 또 다른 세포로 정확하게 분배된다. 분열 후, 46개 염색체는 다시 실타래 모양인 염색사로 바뀌어 세포와 함께 새로운 생을 다시 시작한다.

46개의 인간 염색체

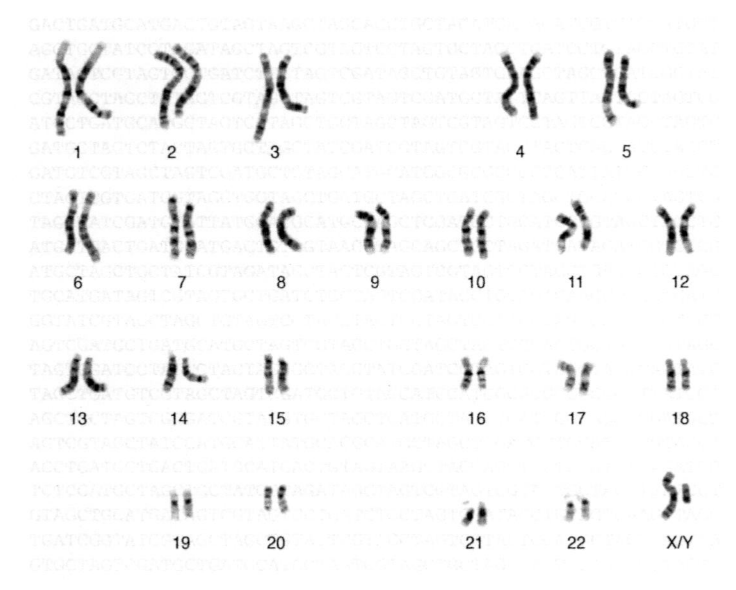

자료제공: Darryl Leja / 미국 국립 보건연구원(National Human Genome Research Institute, National Institutes of Health)

그림 6 한 개의 세포에는 부계로부터 23개 염색체(상동염색체 22개, 성염색체 1개) 그리고 모계로부터 역시 23개 염색체(상동염색체 22개, 성염색체 1개)이다. 총 46개 염색체를 물려 받았다. 염색체의 크기에 따라서 번호를 매긴다. 1번 염색체는 제일 큰 염색체, 제일 작은 염색체는 22번 염색체, 그리고 성염색체는 X 또는 Y 염색체로 표기된다. 사실상 상동염색체와 성염색체를 모두 포함하여 비교한다면 X염색체는 8 번째로 크고, Y 염색체는 염색체 중 제일 작다.

인간지놈 프로젝트 결과 요약

염색체 번호	염기 개수	GenBank ID number 〈확인번호〉
1.	249,250,621	CM000663.1
2.	243,199,373	CM000664.1
3.	198,022,430	CM000665.1
4.	191,154,276	CM000666.1
5.	180,915,260	CM000667.1
6.	171,115,067	CM000668.1
7.	159,138,663	CM000669.1
8.	146,364,022	CM000670.1
9.	141,213,431	CM000671.1
10.	135,534,747	CM000672.1
11.	135,006,516	CM000673.1
12.	133,851,895	CM000674.1
13.	115,169,878	CM000675.1
14.	107,349,540	CM000676.1
15.	102,531,392	CM000677.1
16.	90,354,753	CM000678.1
17.	81,195,210	CM000679.1
18.	78,077,248	CM000680.1
19.	59,128,983	CM000681.1
20.	63,025,520	CM000682.1
21.	48,129,895	CM000683.1
22.	51,304,566	CM000684.1
X.	155,270,560	CM000685.1
Y.	59,373,566	CM000686.1
총염기 개수	3,095,677,412	

그림 7 인간의 모든 유전자의 총 합계를 지놈이라 한다. 1990년 미국 정부는 인간지놈 프로젝트를 착수하여 인간 유전정보가 모두 담겨 있는 23개의 염색체 DNA 염기서열 순서를 밝혀내겠다는 프로젝트를 발표하였다. 그 이후, 미국을 포함한 총 6개 국가가 참가하여 인간 지놈의 DNA 염기서열을 모두 해독하였다. 2013년 3월 현재까지 밝혀진 염기서열의 염기 개수가 미국 염기서열 데이터 베이스인 GenBank에 입력되어 있다*(http://www.ncbi.nlm.nih.gov/genbank)*. 총 약 31억 개이다.

X 성염색체에 거주하는 안드로겐 수용체와 그 이웃 유전자

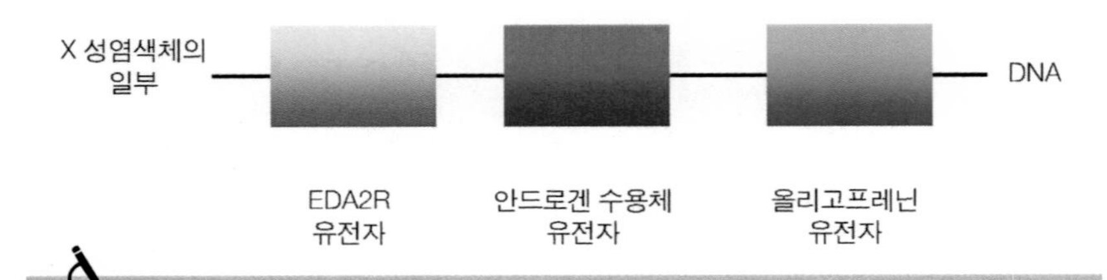

그림 8 인간지놈 프로젝트로 인해 안드로겐성 탈모를 유발하는 안드로겐 수용체 유전자가 X 성염색체에 거주하며 그 이웃 유전자도 함께 밝혀졌다. 이 프로젝트로 인해 관심있는 유전자가 어느 염색체에 있는지 또 그 이웃이 누구인지 쉽게 알 수 있는 세상이 되어 버렸다.

4. 인간지놈 프로젝트

인간의 모든 유전자의 총 합계를 지놈genome이라 하고, 물론 각각의 유전자가 쌍을 이루니 총 46개 염색사에 보관되어 있다. 1990년 미국 정부는 인간지놈 프로젝트Human Genome Project를 착수하여 인간 유전정보가 모두 담겨 있는 23개의 염색체 DNA 염기서열 순서를 밝혀내겠다는 프로젝트를 발표하였다. 그 이후, 총 6개 국가(미국, 영국, 독일, 프랑스, 중국 그리고 일본)가 참가하여 인간 유전정보가 모두 담겨 있는 23개의 염색체 DNA 염기서열 순서를 모두 해독하였으며, 총 약 30억 개의 염기로 이루어졌다고 2003년 3월 14일 발표하였다*(http://en.wikipedia.org/wiki/Human_Genome_Project)*. 그 당시 기술로 밝힐 수 없는 염기서열이 약 1%였기 때문에 실제로 100%가 아닌 약 99%의 염기서열을 해독한 결과가 된다.

그러면 염색체에 유전자가 어떻게 보관되어 있는지 X 성염색체를 예로 들어 간단하게 알아보기로 하자. 총 1억 5천 500백만 개의 염기로 이루어져 있으며 인간지놈의 약 5%를 차지하고 있다(*http://ghr.nlm.nih.gov/chromosome/X*). 약 900에서 1,400개의 유전자가 보관되어 있는 것으로 추정하고 있으며, 이 중 안드로겐성 탈모와 매우 밀접한 연관을 가지고 있는 안드로겐 수용체 유전자도 X 성염색체에 존재한다. 이 유전자는 X 성염색체의 염기서열 66,763,873에서 66,959,460 번째 사이에 존재한다(*http://ghr.nlm.nih.gov/gene/AR*). 이 유전자 왼쪽에 이웃하는 유전자는 털과 치아 발생에 중요한 역할을 하는 단백질 정보를 가지고 있는 EDA2R 유전자이며, 그 오른쪽 이웃은 세포증식 등을 제어하는 단백질 정보를 가지고 있는 올리고프레닌1oligophrenin1 유전자이다. 인간지놈 프로젝트로 이제 관심 있는 유전자가 어느 염색체에 존재하며 또 그 이웃이 누구인지 손쉽게 알 수 있다.

DNA를 토대로 RNA를 합성하는 RNA 합성효소

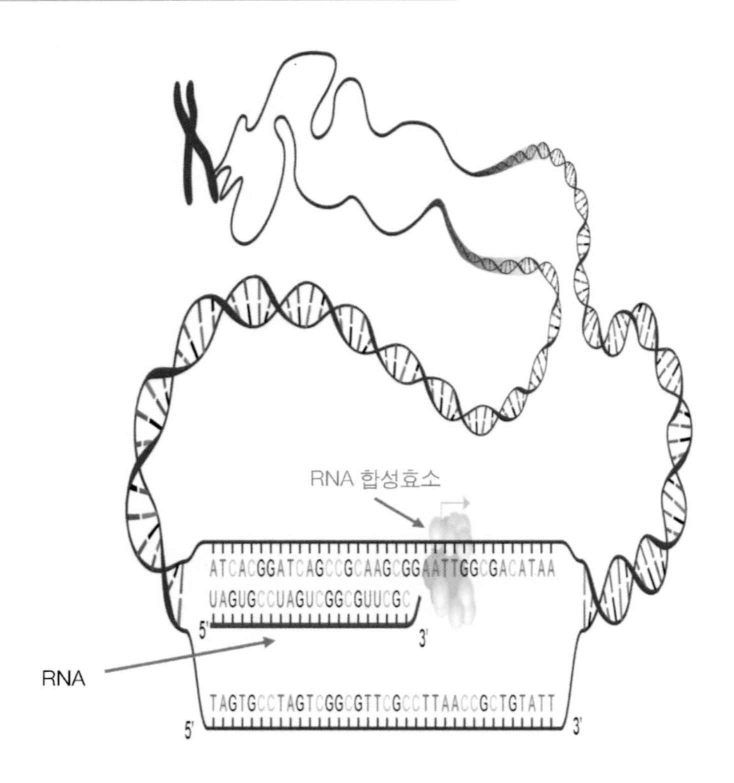

자료제공: Darryl Leja / 미국 국립 보건연구원
(National Human Genome Research Institute, National Institutes of Health)

그림 9 단백질은 리보좀이 만든다. 리보좀은 유전자의 정보를 해독하여, 그에 따라 단백질을 만든다. 가장 좋은 방법은 DNA로 구성된 유전자에 결합하여 유전정보를 해독하고, 단백질을 합성하면 되지만 실제로 그렇게 하지는 않는다. 만약 그것이 허용된다면 원본인 DNA 유전자는 금방 고장날 수 있기 때문이다. 이에 대한 대안은 원본인 DNA 유전자를 토대로 RNA 합성효소가 사본을 만든다. 이때 DNA의 T 염기는 RNA 사본에서 U(우라실, uracil)로 바뀌지만 리보좀은 DNA의 T로 인식하기 때문에 아무 이상이 없다. 이렇게 만들어진 사본이 RNA이다. 말 그대로 사본이기 때문에 RNA는 DNA 유전자와 동일하다. 리보좀은 RNA를 이용하여 DNA 유전자 정보에 따라 단백질을 만들게 된다.

4 가지 염기로 구성되어 있는 유전자는 염기 3개를 한 조로 하여 유전정보가 입력되어 있다.

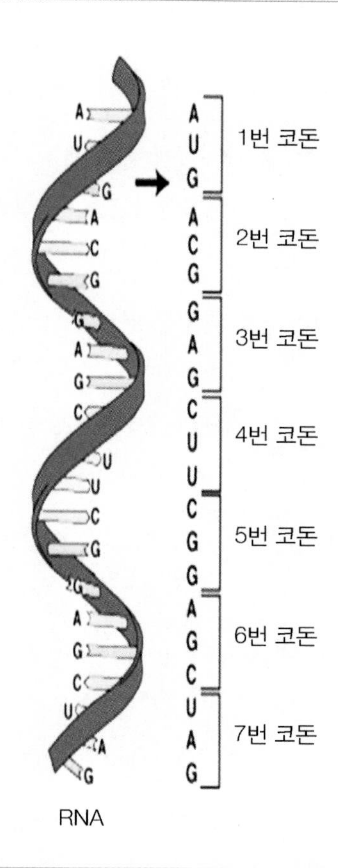

그림 10 컴퓨터의 경우 디지털정보는 0과 1의 형태로 정보가 저장되듯이, 네 가지 염기로 구성되어 있는 유전자는 염기 3개를 한 조로 하여 유전정보가 입력되어 있다. 이 때 염기 3개의 한 조를 코돈이라 하며 각각의 코돈에 단백질의 기본 구성물질인 아미노산의 종류에 대한 정보가 입력되어 있다. 즉, 유전자는 코돈의 줄줄이 사탕이다. 리보좀은 여러 코돈으로 이루어진 RNA를 스캔해 가면서 어느 아미노산을 선택해야 할 것인가를 결정하고, 염주알 꿰메듯이 선택된 아미노산을 연결시킨다. 이런식으로 리보좀은 유전정보에 의해 단백질을 합성한다.

5. 유전정보는 곧 생명의 근원인 단백질에 대한 정보

유전자는 개인의 형질결정에 매우 중요하다. 형질은 효소에 의해 결정되고 효소는 단백질이다. 즉, 단백질인 효소에 의해 생체 내 모든 생화학 반응은 이루어지고 이로 인해 개인의 형질이 결정되는 것이다. 유전자는 효소 단백질의 정보뿐만 아니라 그 외 모든 단백질, 예로 우유 단백질인 카제인, 근육 단백질, 머리카락 케라틴 단백질, 또는 미용에 필수적인 콜라겐 단백질 등, 이 모든 단백질의 정보를 가지고 있다. 이러한 단백질은 일반적으로 총 20개의 아미노산 조합으로 만들어진다.

제4장에서 언급한 바와 같이 단백질은 리보좀이 만든다. 리보좀은 유전자의 정보를 해독하여, 그에 따라 단백질을 만든다. 가장 좋은 방법은 DNA로 구성된 유전자에 결합하여 유전정보를 해독하고, 단백질을 합성하면 되지만 실제로 그렇게 하지는 않는다. 만약 그것이 허용된다면 원본인 DNA 유전자는 금방 고장 날 수 있기 때문이다. 이에 대한 대안은 원본인 DNA 유전자를 토대로 RNA 합성효소가 사본을 만든다. 이렇게 만든 사본이 리보뉴클레익 에시드ribonucleic acid(RNA)이다. 말 그대로 사본이기 때문에 RNA는 DNA 유전자와 동일하다. 리보좀은 RNA를 이용하여 DNA 유전자 정보에 따라 단백질을 만들게 된다.

이해를 돕기 위해 예를 들어보자. 우리나라 국보 1호는 남대문이다. 물론 역사학적으로 그 가치가 매우 크다고 하겠지만, 건축에 대한 예술성도 매우 뛰어나 미국, 프랑스, 독일, 러시아, 심지어 일본까지 남대문과 똑같은 건물을 짓겠다고 아우성이라 가정하자. 우리 정부는 남대문에 대한 설계도 원본(DNA 유전자)을 보유하고 있는 상황이어서 복사기(RNA 합성효소)를 이용하여 설계도의 사본(RNA)을 만들어 각 나라에 모두 보낸다. 설계도 사본을 접수한 해당 국가의 건설인들(리보좀)은 건축자재(아미노산: 단백질 구성성분)를 확보하고 설계도 사본을 토대로 남대문(단백질)을 만든다. 여기서 남대문 설계도 사본이 없으면 남대문을 지을 수 없듯이 아무리 좋은 DNA 유전자를 보유하고 있더라도 그 사본인 RNA가 없으면 유전자 정보대로 단백질을 합성할 수 없기 때문에 그 DNA 유전자는 무용지물이 될 수 있다.

각 코돈에 입력된 아미노산 정보

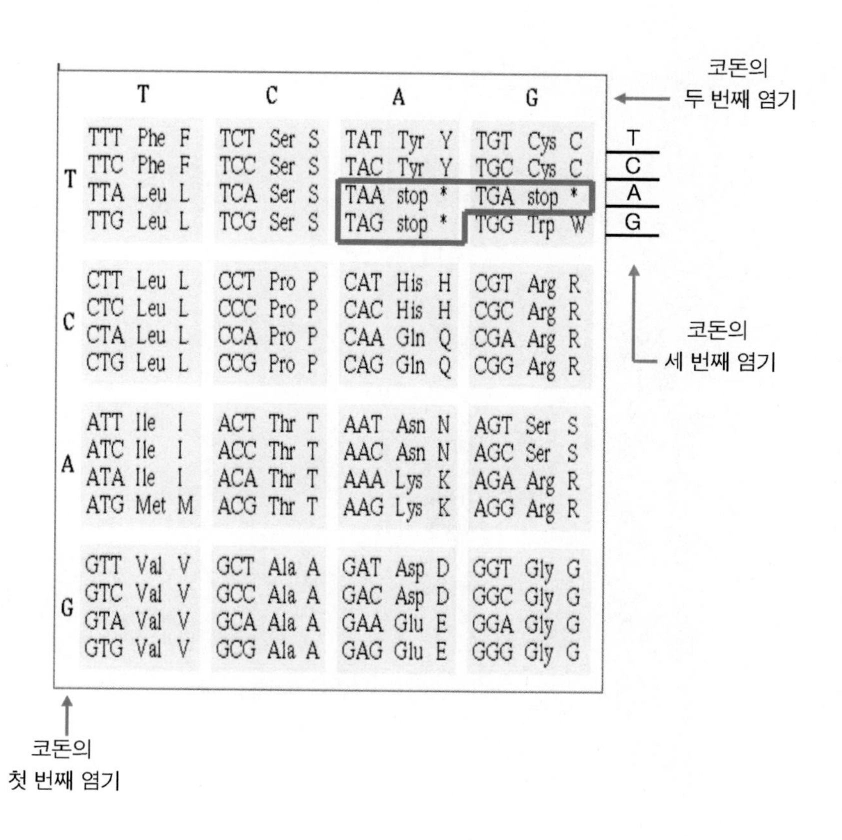

	T	C	A	G	
T	TTT Phe F	TCT Ser S	TAT Tyr Y	TGT Cys C	T
	TTC Phe F	TCC Ser S	TAC Tyr Y	TGC Cys C	C
	TTA Leu L	TCA Ser S	TAA stop *	TGA stop *	A
	TTG Leu L	TCG Ser S	TAG stop *	TGG Trp W	G
C	CTT Leu L	CCT Pro P	CAT His H	CGT Arg R	
	CTC Leu L	CCC Pro P	CAC His H	CGC Arg R	
	CTA Leu L	CCA Pro P	CAA Gln Q	CGA Arg R	
	CTG Leu L	CCG Pro P	CAG Gln Q	CGG Arg R	
A	ATT Ile I	ACT Thr T	AAT Asn N	AGT Ser S	
	ATC Ile I	ACC Thr T	AAC Asn N	AGC Ser S	
	ATA Ile I	ACA Thr T	AAA Lys K	AGA Arg R	
	ATG Met M	ACG Thr T	AAG Lys K	AGG Arg R	
G	GTT Val V	GCT Ala A	GAT Asp D	GGT Gly G	
	GTC Val V	GCC Ala A	GAC Asp D	GGC Gly G	
	GTA Val V	GCA Ala A	GAA Glu E	GGA Gly G	
	GTG Val V	GCG Ala A	GAG Glu E	GGG Gly G	

그림 11 그림에 나와 있는 바와 같이 네 개의 염기로 3개의 다른 조합의 코돈을 만들면 그 경우의 수는 4 x 4 x 4 = 64, 즉, 64가지 경우의 수가 존재한다. 이 중 61개는 특정 아미노산을 중복해서 지정하고, 나머지 3개는 리보좀에 단백질 합성중지를 명령하는 종결코돈으로 사용된다. 도표에서 빨간선으로 표시되어 있다. 코돈이 ATG일 경우 Met(M), 즉, 메타이오닌 아미노산이다. 아미노산은 총 20개가 존재한다. Phe(F): 페닐알란닌, Leu(L): 류신, Ile(I): 아이소류신, Val(V): 발린, Ser(S): 쎄린, Pro(P): 프롤린, Thr(T): 쓰레오닌, Ala(A): 알란닌, Tyr(Y): 타이로신, His(H): 히스티딘, Gln(Q): 글루타민, Asn(N): 아스파라진, Lys(K): 라이신, Asp(D): 아스파틱 에시드, Glu(E): 글루타믹 에시드, Cys(C): 씨스테인, Trp(W): 트립토판, Arg(R): 아르지닌, 그리고 Gly(G): 글라이신. Stop(*)은 종결코돈을 의미한다.

RNA 유전정보에 의한 리보좀의 단백질합성 과정

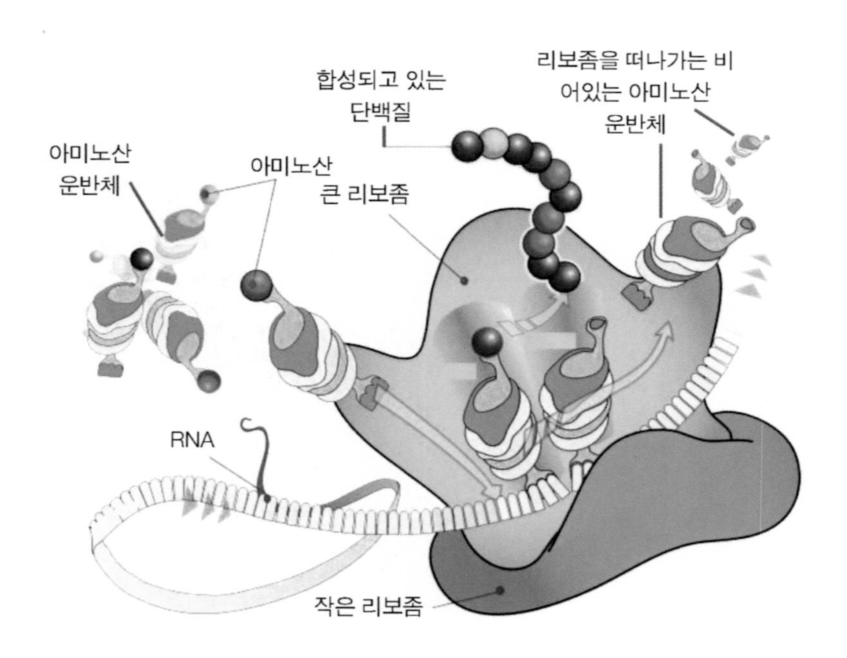

그림 12 리보좀은 큰 것과 작은 것으로 되어 있다. 그 사이로 RNA를 스캔해 가면서 유전자정보를 읽고 단백질을 합성한다. 각각의 아미노산은 자기자신의 수용체가 존재하여 자기 자신의 코돈을 인지하는 부위를 가지고 있다. 리보좀은 RNA에 저장되어 있는 각 코돈에 상응하는 아미노산 수용체를 불러들여 그 수용체가 가지고 있는 아미노산을 수거한다. 그 다음 빈 아미노산 수용체를 다음 수용체를 위해 밀어내 버린다. 이런 식으로 유전자 정보대로 정확하게 리보좀은 단백질을 합성할 수 있다.

혈당을 조절하는 호르몬인 인슐린 유전자 정보

1

```
  1 ATGGCCCTGTGGATG CGCCTCCTGCCCCTG CTGGCGCTGCTGGCC CTCTGGGGACCTGAC CCAGCCGCAGCCTTT
 76 GTGAACCAACACCTG TGCGGCTCACACCTG GTGGAAGCTCTCTAC CTAGTGTGCGGGGAA CGAGGCTTCTTCTAC
151 ACACCCAAGACCCGC CGGGAGGCAGAGGAC CTGCAGGTGGGGCAG GTGGAGCTGGGCGGG GGCCCTGGTGCAGGC
226 AGCCTGCAGCCCTTG GCCCTGGAGGGGTCC CTGCAGAAGCGTGGC ATTGTGGAACAATGC TGTACCAGCATCTGC
301 TCCCTCTACCAGCTG GAGAACTACTGCAAC TAG
```

333

그림 13 혈당을 조절하는 호르몬인 인슐린 유전자는 11번 염색체의 2,181,008번에서 2,182,438번 염기서열 사이에 존재한다*(http://ghr.nlm.nih.gov/gene/INS)*. 인슐린 유전자는 총 333개 염기로 구성되어 있다. 따라서 총 코돈 수는 111개이나 마지막 코돈은 종결을 알리는 코돈이기 때문에 실재로 총 110개의 아미노산 정보가 입력되어 있다. 그림 11의 코돈표를 보고 리보좀이 인슐린 유전자에 대해 어느 아미노산을 선택할지 알아보자. 염기 3개씩 끊어 코돈을 만들어 보고 그 코돈에 해당하는 아미노산을 찾으면 쉽게 풀릴 수 있다. 정답은 다음 그림 14에 제시되어 있다.

6. 단백질 생산을 위한 리보좀의 유전정보 해독하는 방법

그림12에서 보는 바와 같이 단백질을 만드는 리보좀은 쉽게 말해 크고 작은 호빵 한 개씩 서로 겹쳐 있는 것과 비슷하다. 그 호빵 사이에 RNA가 들어가면 호빵은 RNA에 보관되어 있는 유전정보를 해독하고, 해독된 유전정보에 따라 아미노산을 선택하고 단백질을 만든다. 단백질은 총 20가지의 아미노산의 조합에 의해 만들어진다.

컴퓨터의 경우 디지털정보는 0과 1의 형태로 정보가 저장되듯이, 네 가지 염기로 구성되어 있는 유전자는 염기 3개를 한 조로 하여 유전정보가 입력되어 있다. 이때 염기 3개의 한 조를 코돈codon이라 하며 각각의 코돈에 어느 아미노산이 선택되어야 하는가에 대한 정보가 입력되어 있다. 즉, 유전자는 코돈의 줄줄이 사탕이다. 리보좀은 줄줄이 사탕을 스캔해 가면서 어느 아미노산을 선택해야 할 것인가를 결정하고, 염주알 꿰듯이 선택된 아미노산을 연결시킨다. 이런 식으로 리보좀은 유전정보에 의해 단백질을 합성한다.

그림11에 나와 있는 바와 같이 네 개의 염기로 3개의 다른 조합의 코돈을 만들면 그 경우의 수는 4 x 4 x 4 = 64, 즉, 64가지 경우의 수가 존재한다. 이 중 61개는 특정 아미노산을 중복해서 지정하고, 나머지 3개는 리보좀에 단백질 합성중지를 명령하는 종결코돈으로 사용된다. 그림13과 14에 혈당을 조절하는 호르몬 인슐린 유전자의 코돈 사용에 대한 예가 제시되어 있다.

혈당을 조절하는 호르몬인 인슐린 유전자의 아미노산 정보

```
  1 ATGGCCCTGTGGATG CGCCTCCTGCCCCTG CTGGCGCTGCTGGCC CTCTGGGGACCTGAC CCAGCCGCAGCCTTT
  1 M A L W M       R L L P L       L A L L A       L W G P D       P A A A F
 76 GTGAACCAACACCTG TGCGGCTCACACCTG GTGGAAGCTCTCTAC CTAGTGTGCGGGGAA CGAGGCTTCTTCTAC
 26 V N Q H L       C G S H L       V E A L Y       L V C G E       R G F F Y
151 ACACCCAAGACCCGC CGGGAGGCAGAGGAC CTGCAGGTGGGGCAG GTGGAGCTGGGCGGG GGCCCTGGTGCAGGC
 51 T P K T R       R E A E D       L Q V G Q       V E L G G       G P G A G
226 AGCCTGCAGCCCTTG GCCCTGGAGGGGTCC CTGCAGAAGCGTGGC ATTGTGGAACAATGC TGTACCAGCATCTGC
 76 S L Q P L       A L E G S       L Q K R G       I V E Q C       C T S I C
301 TCCCTCTACCAGCTG GAGAACTACTGCAAC TAG
101 S L Y Q L       E N Y C N       *
```

그림 14 첫 번째 코돈은 ATG이므로 첫 번째 염기가 A, 두 번째 염기가 T 그리고 세 번째 염기가 G이므로 Met(M), 즉, 메타이오닌 아미노산이다. 두 번째 코돈은 GCC이므로 Ala(A), 즉, 알라닌 아미노산이다.

7. 요점

1) 형질이란 머리카락과 같이 겉으로 드러나는 형태나 특징뿐만 아니라 식성, 학습능력 등 유전자의 영향을 받아 나타나는 모든 특성을 말한다. 유전형질을 결정하는 실체는 유전자이고 부모로부터 각각 한 개씩 물려받아 한 쌍을 이룬다.

2) 컴퓨터의 경우 디지털정보를 0과 1의 형태로 저장된다. 유전정보는 핵산인 DNA의 형태로 저장된다.

3) DNA의 기본 구성물질은 뉴클레오타이드이다. 뉴클레오타이드는 다시 염기, 당, 인산으로 이루어져 있다. 여기서 당은 뉴클레오타이드의 기본 골격 구조를 제공하며 여기에 인산과 염기가 붙어있다. 염기는 구아닌, 아데닌, 시토신 그리고 티민이 존재해 4가지 종류의 뉴클레오타이드가 생성된다. 구아닌을 가진 뉴클레오타이드를 간략하게 G, 아데닌은 A, 시토신은 C 그리고 티민은 T로 표현된다. 결국 유전정보는 이 4가지 뉴클레오타이드에 의해 저장된다.

4) 인산은 뉴클레오타이드를 서로 연결시켜 주는 연결고리이다. DNA는 뉴클레오타이드가 연결된 일종의 끈이다. 이를 염기서열이라 한다.

5) DNA로 구성된 유전자는 보통 실타래가 엉켜져 있는 모양을 한 염색사로 핵 안에 존재한다. 그러나 세포가 두 개로 분열할 경우 염색사는 실타래 모양에서 일목요연하게 재배열되는데 이를 염색체라 하고 2배로 복제된다. 세포분열 후 염색체는 균등하게 분배되며 다시 염색사로 돌아간다.

6) 한 개의 세포에는 부계와 모계에서 물려받은 각각 23개 염색체(상동염색체 22개, 성염색체 1개)가 존재한다. 여기서 성염색체는 인간의 성을 결정하는 유전자 정보가 보관되어 있는 염색체이고 상동염색체는 그 외의 모든 염색체를 일컫는 말이다. 총 46개 염색체가 있다.

7) 인간의 모든 유전자의 총합을 지놈이라 하고, 미국을 포함한 총 6개 국가가 인간지놈 프로젝트에 참가하여 인간 유전정보가 모두 담겨 있는

지놈의 염기서열 순서를 해독하였다. 총 약 30억 개(부모로부터 각각 30억 개를 물려받았기 때문에 세포핵 안에는 총 60억 개 존재)의 염기로 이루어졌다고 2003년 3월 14일 발표하였다.

8) 유전자는 개인의 형질을 결정한다. 형질은 효소에 의해 결정되고 효소는 단백질이다. 리보좀은 유전자의 정보를 해독하여, 그 정보대로 단백질을 만든다. 리보좀은 DNA 유전자의 복사본인 RNA를 사용하여 단백질을 합성한다. 단백질의 기본 구성물질은 아미노산이며 일반적으로 총 20개가 존재한다.

9) 네 가지 염기로 구성되어 있는 유전자는 염기 3개를 한 조로 하여 유전정보가 입력되어 있다. 염기 3개의 한 조를 코돈이라 하며 각각의 코돈에 어느 아미노산이 선택되어야 하는가에 대한 정보가 입력되어 있다. 네 개의 염기를 이용하여 3개 염기로 구성된 코돈을 만들며 그 경우의 수는 64이다. 이 중 61개는 특정 아미노산을 중복해서 지정하고, 나머지 3개는 리보좀에 단백질 합성중지를 명령하는 종결코돈이다.

탈모, 발모 머리카락 세포

제6장

유전자발현과 전사인자 그리고 안드로겐 수용체

앞 장에서 언급한 바와 같이 아무리 좋은 유전자 원본(DNA로 구성된 유전자)을 보유하고 있다 하더라도 그것의 사본인 RNA가 만들어지지 못하면 그 유전자는 무용지물이다. 앞 장에서 언급한 바와 같이 그 이유는 RNA 없이 리보좀은 DNA 유전자의 정보대로 단백질을 합성할 수 없기 때문이다. 유전자의 정보대로 단백질이 만들어지지 못하면 그 유전자 정보대로 특정형질을 표출하는데 도움을 전혀 줄 수 없다. 예를 하나 들어보자. 머리카락을 구성하는 주요 단백질은 케라틴이다. 즉, 케라틴 단백질이 없으면 머리카락이 생성되지 못한다는 의미이다. 우리 머리카락을 구성하는 케라틴에는 여러 가지가 존재하지만 그 중 가장 중요한 케라틴은 제1형 케라틴이다. 제1형 케라틴의 유전정보를 담고 있는 유전자는 인간의 17번 염색체에 보관되어 있으며 39,722,092번째 염기에서 39,728,309 염기 사이에 존재한다(*http://ghr.nlm.nih.gov/gene/KRT9*). 만약 머리카락 세포에 존재하는 RNA 합성효소가 17번 염색체의 제1형 케라틴 유전자를 찾지 못해 사본인 RNA를 만들지 못하면 리보좀은 케라틴 단백질을 생산할 수 없게 된다. 그 결과 머리카락 세포는 그 유전자를 가지고 있음에도 불구하고 불행하게도 머리카락을 만들 수 없게 된다. 따라서 머리카락을 만들기 위해 RNA 합성효소는 17번 염색체에 보관되어 있는 제1형 케라틴 유전자를 찾아내고 RNA를 합성하여야만 한다. 이 과정은 머리카락 세포가 머리카락이라는 형질을 표출하는데 필수 불가결한 과정이다.

앞에서 언급한 바와 같이 유전자정보가 보관되어 있는 염색사에는 단순히 4가지의 염기로 이루어진 단순한 끈이나 다름없다. 이 끈에는 이정표 또는 표시판도 전혀 없는 황당한 벌판이나 마찬가지이다. 그렇다면 어떻게 RNA 합성효소가 정확하게 원하는 유전자를 인지하여 RNA 사본을 만들 수 있을까? 필자는 이스라엘 와이즈만 연구소에서 이 분야에 대해 많은 연구를 하였다. 이 장에서는 RNA 합성효소가 어떻게 원하는 유전자를 염색사에서 발견하여 그 유전자 사본인 RNA를 만들 수 있는지에 대해 알아보기로 하자.

유전자 발현의 의미

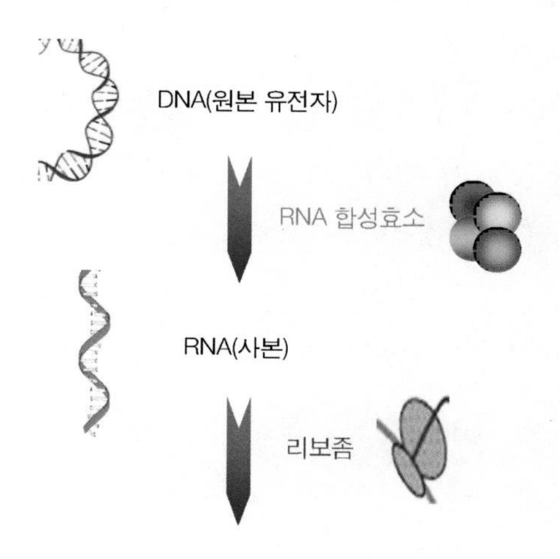

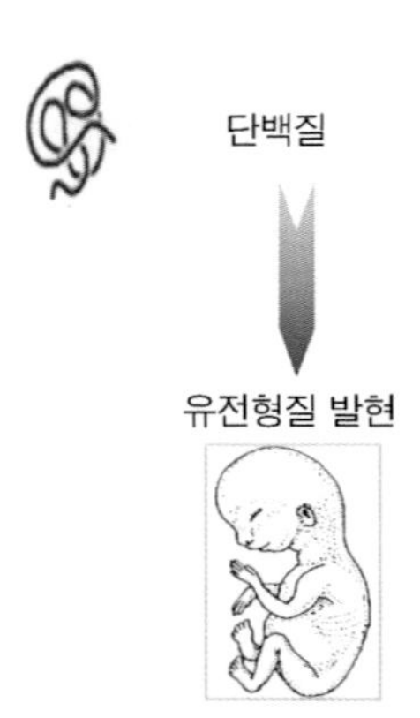

그림 1 RNA 합성효소는 원본 DNA 유전자를 복사하여 사본인 RNA를 만들고, 리보좀은 RNA를 토대로 단백질을 합성하여 형질결정에 이용된다. 우리는 이 과정을 통틀어 유전자발현이라 한다. 어느 경우에는 매우 좁은 의미로 원본의 DNA 유전자로부터 RNA가 만들어지는 과정까지를 유전자가 발현된다고 표현하는 경우도 있다. 유전자 발현 제어가 대다수 이 과정에서 이루어지기 때문이다.

1. 지놈의 이정표: 특정 염기서열

RNA 합성효소는 원본 DNA 유전자를 복사하여 RNA를 만들고, 리보좀은 RNA를 토대로 단백질을 합성하여 형질결정에 이용된다. 우리는 이 과정을 통틀어 유전자발현gene expression이라 한다. 어느 경우에는 매우 좁은 의미로 원본의 DNA 유전자로부터 RNA가 만들어지는 과정까지를 유전자가 발현된다고 표현하는 경우도 있다.

우리 인간의 유전자의 총합인 지놈은 총 46개의 염색사에 쌍으로 보관되어 있다. 이 지놈은 대략적으로 60억 개의 염기로 이루어져 있으니 어마어

마한 분량이다. 이 염기가 46개의 염색사로 나뉘어져 있고 그 속에 약 3만 쌍의 유전자가 숨어 있다. 만약 자동차도로처럼 우리 지놈에도 이정표가 있다면 유전자발현을 위해 RNA 합성효소가 원하는 유전자를 손쉽게 찾을 수 있지 않을까 사료된다. 그러나 불행하게도 우리의 지놈에는 자동차 도로에서나 볼 수 있는 친절한 driver-friendly 이정표가 존재하지 않는다.

사실상 전 세계적으로 1970년대 후반과 80년대 초반부터 효율적인 유전자발현을 위한 이정표가 우리 지놈에 있지 않을까 하는 의문을 갖기 시작하였고 1980년 초반부터 이 의문에 대해 본격적으로 연구하기 시작하였다. 그 이후 중요한 지놈의 이정표가 많이 밝혀졌다. 그 중 몇 개만 간단하게 알아보기로 보자. 그림3에서 보는 바와 같이 유전자 근처에는 RNA 합성효소가 인지하는 염기서열이 존재함을 밝혀냈다. 예로 TATA 염기서열이 존재하는 TATA 구역 또는 CAAT 염기서열이 존재하는 CAAT 구역 등이다. 연구진은 여러 연구기법을 동원하여 유전자 앞에 존재하는 이런 특정 염기서열 구역에 RNA 합성효소가 인지하고 결합하여 유전자를 복사한다는 것을 밝혀냈다. 그러나 이 효소는 매우 게을러 TATA 구역 또는 CAAT 구역을 성공적으로 인지한다 하더라도 다른 단백질의 도움 없이 효율적으로 RNA를 합성하지 못한다. 이때 RNA 합성효소는 펑크 난 메르세데스 벤츠 자동차나 마찬가지이다.

이러한 상황에서 RNA 합성효소를 인근에서 활성화시키는 단백질이 존재한다. 그 유명한 전사인자transcription factor이다. 전사인자도 RNA 합성효소가 인지하는 곳 인근에 존재하는 특정 염기서열을 인지하여 RNA 합성효소를 강력하게 활성화한다. 전사인자는 펑크 난 메르세데스 벤츠 자동차를 다시 무소불위의 자동차로 만들어 주는 역할을 한다. 안드로겐성 탈모에 악영향을 주는 안드로겐 수용체도 바로 이 전사인자의 일종이다.

전사인자와 RNA 합성효소

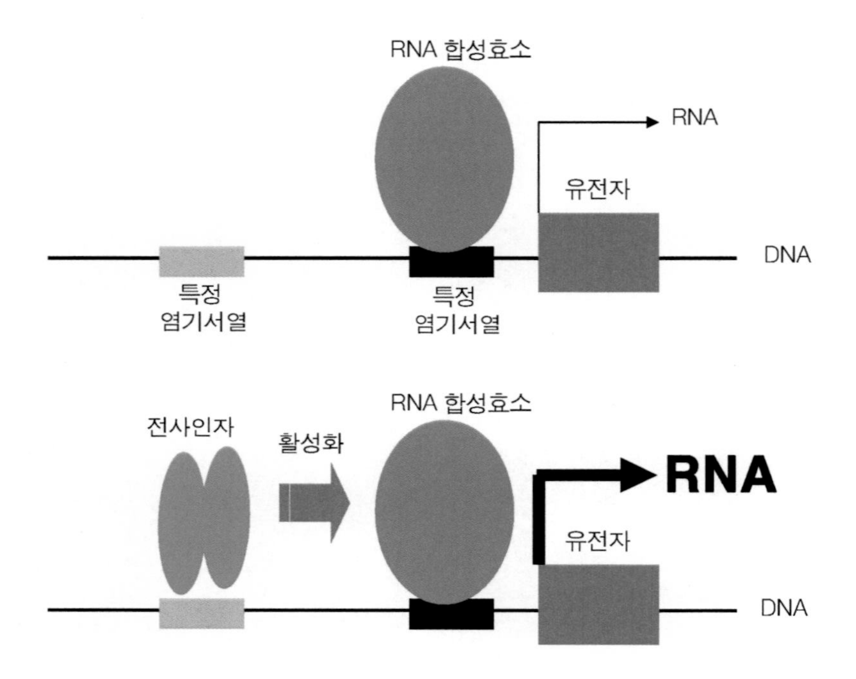

그림 2 RNA 합성효소는 유전자 인근의 특정 DNA 염기서열을 인지하여 유전자의 복사본인 RNA를 합성한다. 하지만 이 효소는 매우 게을러 외부 도움 없이는 RNA를 효율적으로 합성하지 못한다. 전사인자가 그 효소를 도와 RNA를 효율적으로 합성한다. 결국 형질결정에 절대적으로 필요한 유전자발현은 이 두 단백질 없이는 결코 이루어질 수 없다. 그 중에서 으뜸은 전사인자라 할 수 있다.

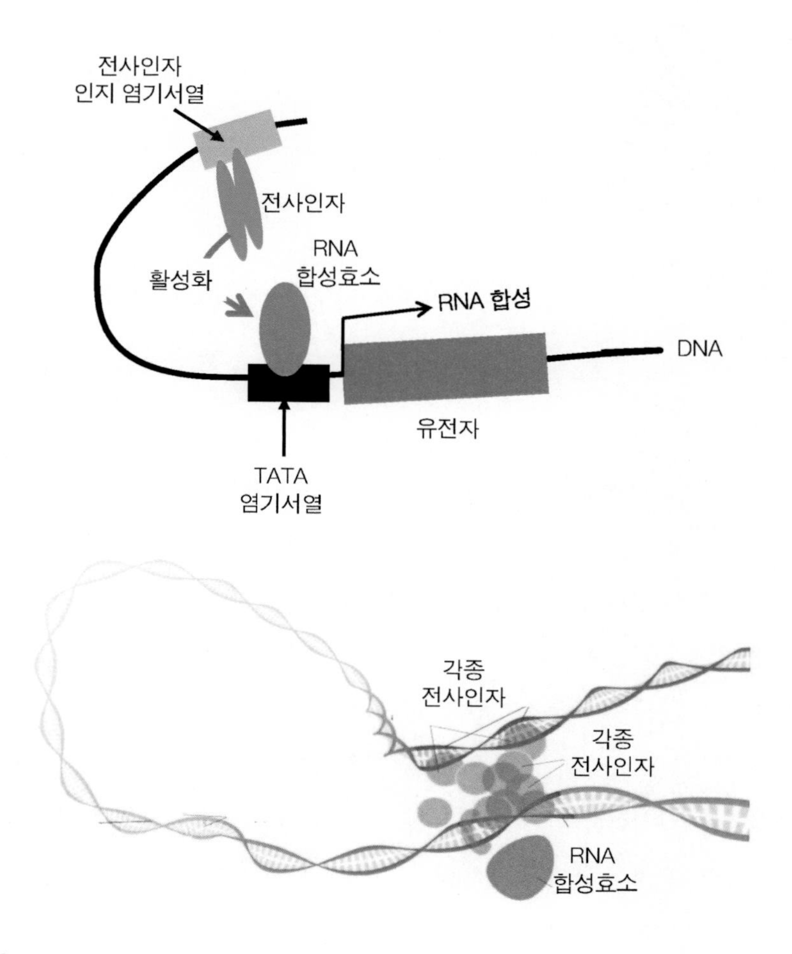

그림 3 인간 지놈은 총 46개의 염색사로 나뉘어져 있고 그 속에 약 3만 쌍의 유전자가 숨어 있다. 만약 자동차 도로처럼 우리 지놈에 이정표가 있다면 유전자발현을 위해 RNA 합성효소가 원하는 유전자를 손쉽게 찾을 수 있지 않을까 사료된다. 그러나 불행하게도 우리의 지놈에는 자동차 도로에서나 볼 수 있는 친절한 driver-friendly 이정표가 존재하지 않는다. 다행히도 RNA 합성효소는 유전자 근처에 존재하는 TATA 염기서열과 같은 특정염기서열을 인지하여 인근의 유전자를 발현한

다. 전사인자도 근처의 특정염기서열을 인지하여 게으른 RNA 합성효소를 활성화한다. 따라서 이러한 특정염기서열이 유전자 근처에 존재하지 않으면 RNA 합성효소와 전사인자가 많이 존재한다 할지라도 유전자는 발현될 수 없다. 아래 그림은 실제로 많은 전사인자가 RNA 합성효소를 활성화하고 있음을 관찰할 수 있다.

2. 전사인자

인간지놈 프로젝트를 통해 약 3,000개의 전사인자 유전자가 우리 지놈에 존재함을 예측하였다*(Babu et al, Curr Opin Struct Biol, 2004, 14권, 283~91쪽)*. 전사인자의 특징은 반드시 자기가 좋아하는 특정 염기서열을 인지하여 결합한다. 그 다음 인근에 존재하는 게으른 RNA 합성효소를 강력하게 활성화한다. 예를 들어보자. 탈모를 유발하는 안드로겐 수용체는 특정 염기서열인 AGAACANNNTGTTCT를 인지한다. 이때 N은 4개 염기 중 아무 것이나 위치해도 상관없다. 만약 유전자 근처에 이런 염기서열이 존재하면 안드로겐 수용체가 그 특정 염기서열을 인지하여 인근 RNA 합성효소를 활성화하여 그 유전자를 발현시킨다. 또 쇠고기 근육세포에서 쇠고기 단백질 유전자를 발현하는 전사인자는 마이오디MyoD이다. 이 전사인자는 GANNTC 염기서열을 인지하며 쇠고기 단백질 유전자 인근에 이 염기서열이 존재하기 때문에 마이오디 전사인자에 의해 발현된다.

이 이외에도 우리 지놈에는 유전자발현에 필요한 중요한 정보를 가지고 있는 염기서열이 여러 개 존재하지만, RNA 합성효소가 결합하는 염기서열 그리고 RNA 합성효소를 활성화하는 전사인자가 인지하는 염기서열, 이 두 염기서열이 우리 지놈에 있는 유전자발현에 필수적인 이정표 염기서열이다. 따라서 지놈 자체는 G, A, T 그리고 C 염기로 이루어져 매우 황량하게 보이지만, 사실상 특정염기서열이 존재하여 자동차도로의 이정표 역할을 톡톡히 한다. 이로 인해 RNA 합성효소와 전사인자는 원하는 유전자를 인지하고 제자리를 찾아 들어가 유전자 사본인 RNA를 성공적으로 합성한다. 이렇게 만들어진 RNA를 토대로 리보좀은 단백질을 만들어 DNA 유전자 정보대로 형질이 발현되는데 사용된다.

세포의 운명을 결정짓는 전사인자

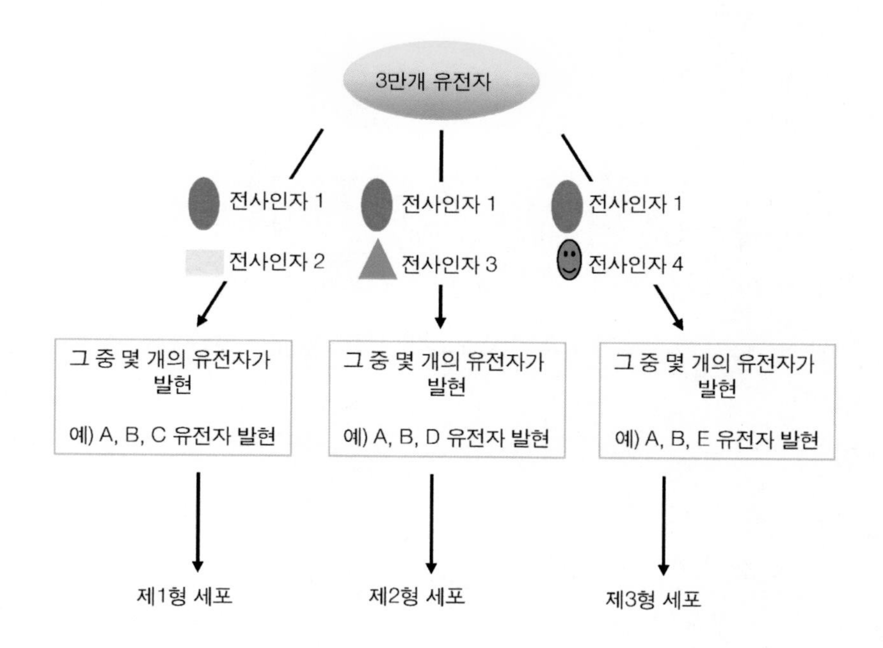

그림 4 우리 지놈에는 유전자가 약 3만 개 존재하고 그 중 약 3000개가 전사인 자 유전자이다. 이 모든 전사인자 유전자가 각각의 세포에 모두 발현되는 것은 아니다. 어느 세포는 그 중 몇 개, 또 어느 세포에서는 그 중 몇 개, 이런 식으로 각각의

세포에 발현되는 전사인자 종류는 서로 다르고, 인지하는 특정염기서열도 다르기 때문에 이로 인해 발현되는 유전자 종류도 각 세포마다 다르다. 이렇게 발현되는 유전자가 서로 다르기 때문에 세포의 형질이 다를 수밖에 없다. 바로 이 이유 때문에 정자와 난자가 수정한 후 이루어진 한 개의 수정란 세포가 서로 다른조합의 전사인자 유전자발현으로 증식과 분화과정을 통해 우리 몸에는 최종적으로 약 320여 가지의 다양한 세포가 존재할 수 있게 된다. 결국 특정세포에만 발현되는 전사인자가 그 세포의 운명을 결정짓는다는 결론에 이르게 된다.

3. 세포의 운명을 결정짓는 전사인자

RNA를 만드는 RNA 합성효소, 이 효소를 활성화하는 전사인자 그리고 RNA를 토대로 단백질을 만드는 리보좀이 존재하기 때문에 비로소 유전자가 발현되고 형질이 결정된다. 이 모두가 다 중요하지만 그 중 제일 중요한 것은 전사인자이다. 그 이유는 모든 세포에 존재하는 RNA 합성효소와 리보좀은 똑같지만 전사인자는 그렇지 않다. 앞서 언급한 바와 같이 우리 지놈에는 약 3,000개의 전사인자 유전자가 존재하며 그들이 인지하는 특정염기서열도 서로 다르다. 그리고 이 모든 전사인자 유전자가 각각의 세포에 모두 발현되는 것은 아니다. 어느 세포는 그 중 몇 개, 또 어느 세포에서는 그 중 몇 개, 이런 식으로 각각의 세포에 발현되는 전사인자 종류는 서로 다르고, 인지하는 특정염기서열도 다르기 때문에 이로 인해 발현되는 유전자 종류도 각 세포마다 다르다. 이렇게 발현되는 유전자가 서로 다르기 때문에 세포의 형질이 다를 수밖에 없다. 이에 대한 예가 그림4에 제시되어 있다. 바로 이 이유 때문에 정자와 난자가 수정한 후 이루어진 한 개의 수정란 세포가 서로 다른 조합의 전사인자 유전자발현으로 우리 몸에는 최종적으로 약 320여 가지의 다양한 세포가 존재할 수 있게 된다.

전사인자 유전자 발현을 통한 만능줄기세포 제작

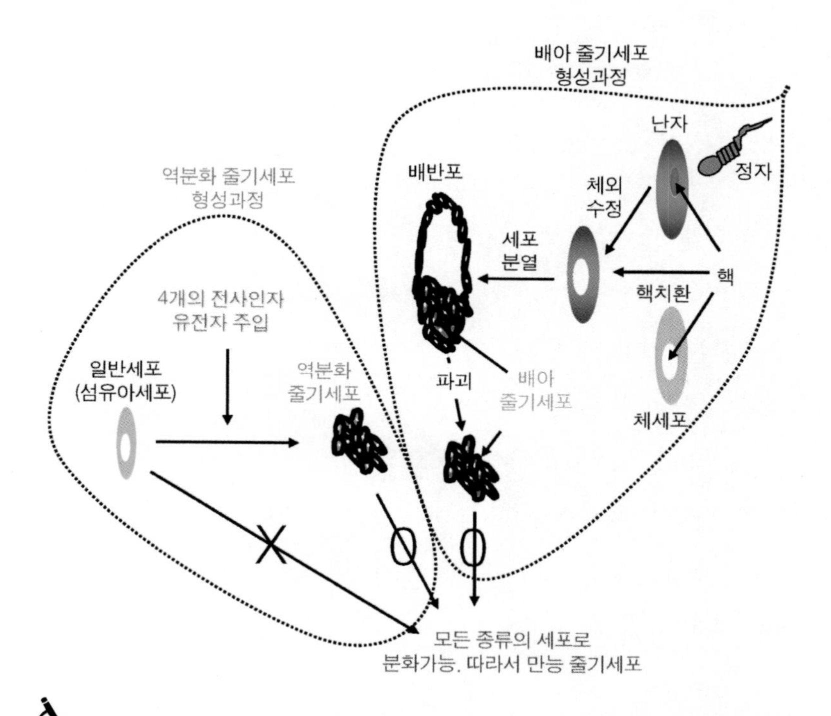

그림 5 왼쪽 그림에서 보는바와 같이 쥐의 일반 세포에 Oct-4, c-Myc, Sox2, 그리고 Klf4 유전자를 주입하여 배아줄기세포와 유사한 만능 줄기세포(역분화줄기세포)를 만든다. 이 때 주입한 네 개의 유전자는 모두 전사인자 유전자이다. 이 네 가지 전사인자는 배아줄기세포가 되는데 필요한 모든 유전자를 RNA 합성효소 활성화를 통해 발현시키기 때문에 섬유아세포를 역분화 줄기세포로 만들 수 있다. 오른쪽 그림에서 기존의 생명윤리 문제를 야기할 수 있는 배아의 만능줄기세포를 제작하는 방법을 간단하게 도식화하였다.

4. 한우 근육세포의 운명을 결정짓는 전사인자: 마이오디 전사인자

우리는 한우(소고기)를 매우 좋아한다. 그 중 지방보다는 근육일 것이다. 근육은 근육세포로 이루어져 있고, 이 근육세포는 다른 세포, 예로 망막 세포와 마찬가지로 동일한 한우 지놈을 가지고 있다. 그러나 특이하게 근육세포에서만 근육을 이루는 주요 단백질인 마이오신myosin 단백질 유전자가 발현된다. 망막 세포에서 그 유전자가 존재하지만 마이오신 단백질 유전자가 발현되지 않는다. 그 이유는 마이오신 단백질 유전자를 발현하는 마이오디MyoD 전사인자가 근육세포에만 존재하기 때문이다. 물론 마이오디 전사인자가 마이오신 유전자 근처에 존재하는 CANNTG 구역에 결합하고 RNA 합성효소를 활성화해야 한다. 여기서 자세히 관찰하여 보면 마이오디 전사인자는 세포를 근육세포로 만든 장본인이라 할 수 있다. 만약 이 말이 옳다면 근육세포가 아닌 섬유아세포에 마이오디 전사인자 유전자를 인위적으로 주입하여 발현시키면 그 세포는 근육 단백질을 발현하게 되어 근육세포로 변하게 될 것이다.

사실상 일본 교토대학의 신야 야마나카 교수는 쥐의 일반 세포에 Oct-4, c-Myc, Sox2 그리고 Klf4 유전자를 주입하여 배아줄기세포와 유사한 줄기세포(역분화 줄기세포)를 만들었다*(Cell, 2006, 126권, 663-76쪽)*. 이때 주입한 네 개의 유전자는 모두 전사인자 유전자이다. 이 네 가지 전사인자는 배아줄기세포가 되는데 필요한 모든 유전자를 RNA 합성효소 활성화를 통해 발현시키기 때문에 이 4가지 유전자를 인위적으로 발현시킨 섬유아세포가 역분화 줄기세포로 분화될 수 있었다. 이때 역분화란 사실상 섬유아세포, 간세포, 심장세포 등의 세포는 줄기세포가 분화되어 만들어진 세포이다. 그러나 이러한 세포에 인위적인 전사인자의 유전자발현으로 거꾸로 줄기세포로 되돌릴 수 있기 때문에 이 과정은 자연적으로 발생되는 세포의 분화과정의 역방향으로 이루어진 것이다. 따라서 이 방법으로 만들어진 줄기세포를 역분화 줄기세포라 한다. 이 방법은 현재 배아줄기세포를 만들 경우 생명체인 배아를 파괴해야만 하는 단점이 있는데 이로부터 발생되는 생명윤리 문제의 한계를 뛰어 넘는 획기적인 줄기세포 제작방법이다. 이 연구로 야마나카 교수는 2012년 노벨 생리의학상을 수상하였다. 이와 같이 세포에 어느 전사인자가 발현되느냐에 따라 그 세포의 운명이 결정된다. 전사인자의 매우 중요한 개념이다.

게으른 안드로겐 수용체

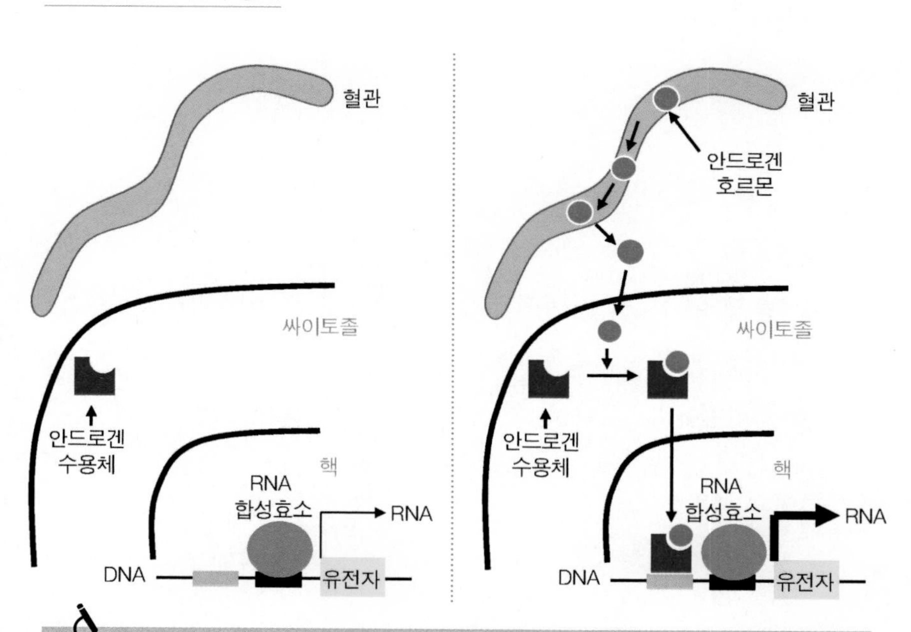

그림 6 안드로겐성 탈모를 유발하는 안드로겐 수용체도 전사인자로서 매우 게으르다. 왼쪽 그림에서 보는 바와 같이 안드로겐 호르몬의 도움 없이 안드로겐 수용체

는 싸이토졸에서 잠만 자고 있다. 하지만 오른쪽 그림에서 보는 바와 같이 안드로겐 호르몬을 만난 안드로겐 수용체는 그 즉시 활성화되어 싸이토졸에서 핵 안으로 이동한 다음 RNA 합성효소를 강력하게 활성화한다.

5. 게으른 전사인자: 안드로겐 수용체

여기서 전사인자에 대해 한 가지 더 알아보기로 하자. 사실상 RNA 합성효소만 게으른 것이 아니다. 전사인자 중에서도 게으른 것이 있다. 그 중 하나가 제7장에서 언급할 바로 안드로겐성 탈모를 유발하는 안드로겐 수용체이다. 안드로겐 수용체는 안드로겐 호르몬의 도움 없이는 RNA 합성효소를 활성화하지 못한다.

그림6에서 보는 바와 같이 안드로겐 수용체는 제4장에서 언급한 세포의 싸이토졸에서 대기 상태로 존재한다. 이런 상태에서 안드로겐 호르몬인 테스토스테론이 유입되면, 안드로겐 수용체는 이 호르몬과 결합함과 동시에 세포핵으로 들어가 지놈에 존재하는 자기의 장소를 찾아 들어가 결합한다. 앞서 언급한 AGAACANNNTGTTCT 염기서열이다. 이로 인해 인근의 RNA 합성효소를 활성화하여 DNA 유전자의 복사본인 RNA를 만들어 낸다. 안드로겐 수용체에 대해 제7장에서 더 자세하게 알아보자.

6. 요점

1) RNA 합성효소는 원본 DNA 유전자를 복사하여 RNA를 합성하고, 리보좀은 RNA를 토대로 단백질을 합성하여 형질결정에 이용된다. 우리는 이 과정을 통틀어 유전자발현이라 한다.

2) 유전자 근처에는 RNA 합성효소가 인지하는 염기서열이 존재한다. TATA 염기서열이 존재하는 TATA 구역, 또는 CAAT 염기서열이 존재하는 CAAT 구역 등이 존재한다. 이 염기서열을 인지하여 발현할 유전자를 찾아낸다. 이 염기서열이 없으면 RNA 합성효소는 원본 DNA 유전자를 복사할 수 없다.

3) RNA 합성효소는 매우 게으른 효소이다. 인근의 도움 없이 유전자 복사본인 RNA를 합성하기 어렵다. 따라서 인근에 이 효소를 활성화시키는 단백질이 존재하는데 이를 전사인자라 한다. 전사인자도 RNA 합성효소가 인지하는 곳 인근에 존재하는 특정 염기서열을 인지하여 RNA 합성효소를 강력하게 활성화한다. 안드로겐성 탈모에 악영향을 주는 안드로겐 수용체도 바로 이 전사인자의 일종이다.

4) 따라서 RNA 합성효소가 결합하는 염기서열 그리고 RNA 합성효소를 활성화하는 전사인자가 인지하는 염기서열, 이 두 염기서열이 우리 지놈의 유전자를 발현하는데 필수적인 이정표 염기서열이다.

5) RNA를 만드는 RNA 합성효소, 이 RNA 합성효소를 활성화하는 전사인

자 그리고 RNA를 토대로 단백질을 만드는 리보좀이 존재하기 때문에 비로소 유전자가 발현되고 형질이 결정된다.

6) 우리 지놈에는 약 3,000개의 전사인자 유전자가 존재한다. 이 모든 전사인자 유전자가 각각의 세포에 모두 발현되는 것은 아니다. 각각의 세포에서 선택적으로 발현되어 세포형질 결정에 필요한 유전자발현을 활성화한다. 따라서 각각의 세포에서 발현되는 유전자 종류가 서로 다르기 때문에 각각의 세포형질이 다를 수밖에 없다. 이로 인해 우리 몸에 약 320 종류의 세포가 존재한다.

7) 안드로겐성 탈모를 유발하는 안드로겐 수용체도 매우 게으르다. 따라서 안드로겐 호르몬의 도움 없이 안드로겐 수용체는 인근의 RNA 합성효소를 활성화하지 못한다.

탈모를 유도하는 안드로겐 호르몬

남성에게 관찰되는 주요 난치성 탈모는 제13장에서 다룰 남성형 탈모인 안드로겐성 탈모이다. 쉽게 말해 각종 머리카락 세포가 빵빵하게 채워진 모낭이 점점 축소되고 이로 인해 점점 가는 머리카락이 생성되다가 결국 발모가 중단되는 황당한 탈모유형이다. 결국 머리 위쪽에 탈모범위가 넓어져 대머리로 이어지게 된다.

우선 안드로겐성 탈모의 의미에 대해 정확하게 알아보자. 안드로겐성 탈모의 학문적 영어 표현은 androgenetic alopecia이다. androgenic alopecia라고도 표현하는데 이는 정확하지 못한 표현이다. 여기서 alopecia는 탈모란 의미이고 androgenetic은 andro + genetic의 합성어이다. andro는 androgen 즉, 안드로겐 호르몬의 준말이고 genetic은 유전을 뜻한다. 따라서 안드로겐성 탈모는 유전과 안드로겐 호르몬의 작용이 서로 연관되어 발생되는 탈모유형을 의미한다. 이런 사실을 고려해 볼 때 아무리 머리카락에 공을 많이 들인다 하더라도 만약 안드로겐성 탈모의 유전적 성향을 가지고 있으면 어느 시점부터 탈모가 진행될 수 있다. 그 시점은 안드로겐 호르몬, 더 정확하게 표현한다면 테스토스테론 호르몬이 본격적으로 분비되는 사춘기 때부터이다. 여기서 안드로겐성 탈모를 유발하는 안드로겐 호르몬에 대해 알아보기로 하자. 대다수 난치성 탈모인 안드로겐성 탈모로 고민하는 사람에겐 이 장에서 토론하는 내용이 매우 중요하리라 사료된다.

1. 호르몬

호르몬은 우리 몸의 특정 부위에서 생산되어 혈류를 타고 몸 전체로 퍼져나가 특정 표적기관을 자극함으로써 그 기능을 발휘한다. 가장 쉬운 예를 들어 보자. 혈당을 조절하는 호르몬 중 하나는 그 유명한 인슐린이다. 인슐린 호르몬은 췌장 소도에 있는 베타세포에서 분비되어 혈류를 타고 온 몸으로 전달된다. 인슐린 호르몬의 주요 표적기관은 근육, 지방조직 그리고 간이다. 인슐린 호르몬은 표적기관에 도달하여 혈 중에 고농도의 포도당이 있음을 알린다. 그 후에 표적기관은 세포막에 존재하는 포도당 출입문을 열어 혈 중 고농도의 포도당을 흡수하게 된다. 즉, 인슐린 호르몬은 췌장 베타세포에서 만들어져 분비되고, 분비된 인슐린은 혈류를 타고 표적기관에 도달하여 그 임무를 완수한다.

난치성 탈모의 대다수를 차지하는 탈모유형은 안드로겐성 탈모이다. 이 유형의 탈모를 유발하는 안드로겐 호르몬은 스테로이드 호르몬 중 모든 남성 호르몬을 총칭하는 말이며 그 중 탈모를 유발하는 주요 안드로겐 호르몬은 테스토스테론이다. 테스토스테론은 남성의 고환에 존재하는 레이디그세포Leydic cell와 서톨리세포Sertoli cell에서 그리고 여성의 경우 난소에 존재하는 데칼세포Thecal cell에서 생산된다. 만들어진 테스토스테론은 분비되어 혈류를 타고 표적기관에 도착하여 그 기능을 발휘한다. 예로 고환 등에서 생산된 테스토스테론은 혈류를 타고 모낭에 도착하여 음으로 양으로 머리카락 생성에 막대한 영향을 끼친다. 기능을 다한 테스토스테론은 간이나, 말초조직, 또는 표적기관에서 대사되어 그 생을 마감한다.

호르몬 이동경로: 혈관

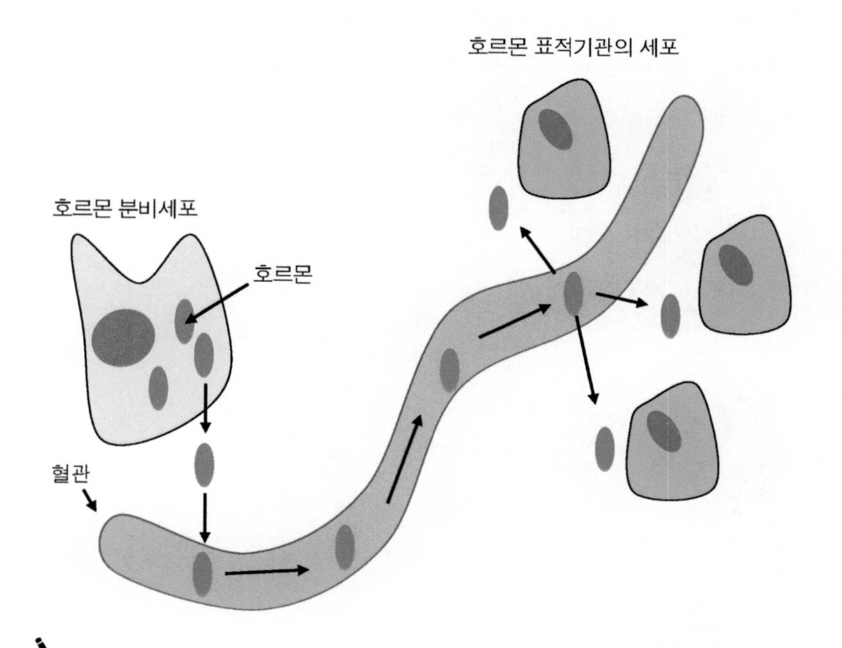

그림 1 호르몬은 우리 몸의 특정 부위에서 생산되어 혈류를 타고 몸 전체로 퍼져나가 특정 표적기관을 자극함으로서 그 기능을 발휘한다.

2. 스테로이드 호르몬 생성

스테로이드 호르몬은 콜레스테롤을 기본골격으로 하여 만들어진다. 콜레스테롤의 기본 화학구조는 그림2에서 보는 바와 같이 세 개의 육각형과 한 개의 오각형이 붙어 있는 구조이고, 실제적으로 육각형과 오각형 모서리에는 탄소가 존재한다. 이 탄소에 연결된 곁가지의 종류에 따라 스테로이드 호르몬의 종류가 결정된다. 물론 탄소에 연결될 곁가지의 종류는 곁가지 연결 효소의 종류에 따라 달라진다.

흔히 콜레스테롤하면 동맥경화를 일으키는 우리 몸에 나쁜 물질이라 막연하게 알고 있지만 사실상 생명유지에 중요한 역할을 많이 하는 귀중한 영양소이다. 여기서 다 언급할 수는 없지만 그 중에 가장 중요한 것 중 하나는 스테로이드 호르몬 생산에 주원료로 사용된다. 약 70~80%의 콜레스테롤은 우리 몸의 간에서 만들어지며 약 20~30%는 음식으로 공급된다. 콜레스테롤을 기본골격으로 스테로이드 호르몬인 코르티코스테로이드 호르몬과 성 호르몬이 만들어진다.

코르티코스테로이드 호르몬은 다시 미네랄로코르티코이드와 글루코코르티코이드가 존재하고, 전자는 신장, 대장 또는 땀샘에서 나트륨이나 칼륨 같은 전해질을 흡수하거나 방출하는 역할을 한다. 후자는 혈당을 상승시키는 역할을 하며 면역과 염증을 억제한다. 따라서 면역 억제제로서 우리 일상에 많이 사용되고 있는 스테로이드 호르몬이며 아토피피부염 치료에 사용되는 스테로이드 제제가 바로 이 호르몬이다.

성 호르몬은 다시 프로제스테론, 에스트로겐 그리고 테스토스테론이 존재한다. 이 중 테스토스테론은 털이 나는 장소에 따라 발모 또는 정반대로 탈모를 유발하는 매우 중요한 호르몬이다. 턱수염의 경우 발모를 촉진하고, 두피의 머리카락 경우 탈모를 유발할 가능성이 있어 심할 경우 대머리 발생으로 이어지게 된다. 이에 대해 제12장에서 더 자세하게 언급되었다. 또 테스토스테론은 근육의 강도나 볼륨을 증강시키는 역할을 한다. 이 때문에 운동선수들은 가끔 테스토스테론을 사용하여 운동능력을 인위적으로 향상시키기도 한다. 운동경기 후 호르몬 도핑테스트로 호르몬 사용이 발각되어 운동선수는 메달과 자격이 박탈당하기도 한다. 또 남성의 경우 남성 생식기관 형성과 정자 생산에 매우 중요한 역할을 한다. 여성의 경우 리비도 유발 또는 성감을 증진시키는 매우 중요한 역할을 한다. 이에 대해 제14장에서 더 자세하게 다루었다.

스테로이드 호르몬 기본골격: 콜레스테롤

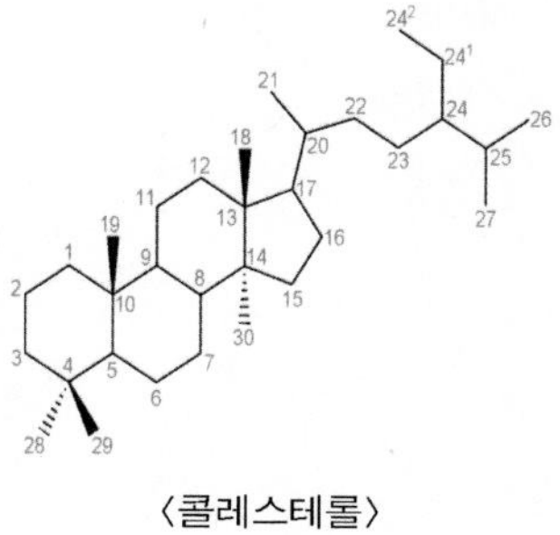

〈콜레스테롤〉

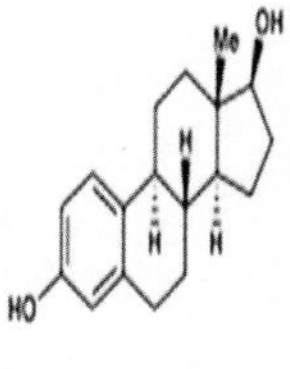

에스트로겐 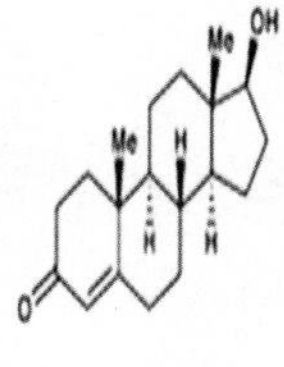 테스토스테론 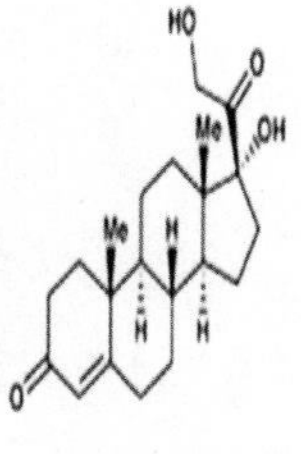 글루코코르티코이드

그림 2 스테로이드 호르몬은 콜레스테롤을 기본골격으로 하여 만들어진다. 콜레스테롤의 기본 화학구조는 세 개의 육각형과 한 개의 오각형이 그림과 같이 붙어 있는 구조이고, 실제적으로 번호가 부여된 모서리에는 탄소가 존재한다. 이 탄소에

연결된 곁가지의 종류에 따라 스테로이드 호르몬의 종류가 결정된다. 물론 탄소에 연결될 곁가지의 종류는 곁가지 연결 효소의 종류에 따라 달라지며 크게 코르티코스테로이드 호르몬과 성 호르몬이 있다. 에스트로겐과 테스토스테론은 성 호르몬이며 글루코코르티코이드는 코르티코스테로이드 호르몬에 속한다.

3. 테스토스테론을 더 강력한 호르몬으로 만들어 주는 환원효소

환원효소5-alpha-reductase는 테스토스테론에 수소 두 개를 연결해 주는 효소이다. 이로 인해 디하이드로테스토스테론dihydrotestosterone이 생성된다. 이 두 호르몬은 제6장에서 언급한 게으른 전사인자인 안드로겐 수용체에 결합하여 수용체를 활성화한다. 활성화된 수용체는 인근 RNA 합성효소를 활성화하여 유전자발현에 매우 큰 일조를 한다. 여기서 디하이드로테스토스테론은 테스토스테론보다 약 5배 더 강력하게 수용체에 결합하기 때문에 그만큼 더 수용체를 활성화할 수 있다. 따라서 발현되는 유전자가 탈모를 유발한다고 가정하였을 경우 디하이드로테스토스테론이 탈모에 더 나쁜 영향을 미칠 수 있는 결론에 도달할 수 있다.

이 환원효소는 제1형과 제2형이 존재한다. 탈모에 관여하는 효소는 제2형이며 남성의 전립선세포나 머리카락 세포의 운명을 결정하는 더말파필라세포에서 발현된다. 이 효소의 유전자에 이상이 발생되었을 경우 전립선비대가 유도되고 최악의 경우 전립선암으로 이어지게 된다. 하지만 만약 이 효소유전자가 발현되지 않으면 남성 외부생식기 형성에 큰 문제를 야기하여 태어나는 남아의 성을 외부생식기로 구분하기 어려울 수 있다. 이 유전자는 2번 염색체, 더 정확하게는 2번 염색체의 31,749,655번째 염기에서 31,806,039번째 염기 사이에 존재한다(*http://ghr.nlm.nih.gov/gene/SRD5A2*). 이 유전자는 765개 염기로 구성되어 있다. 제5장에서 다룬 바와 같이 765개의 염기는 255개 코돈으로 환산되며 여기서 마지막 한 개의 코돈은 종결코돈이기 때문에 리보좀은 총 254개의 아미노산으로 이루어진 제2형 환원효소 단백질을 합성한다.

시중에 탈모방지 및 발모 의약품으로 판매되고 있는 두 가지 의약품 중 하나는 피나스터라이드이다. 피나스터라이드는 제2형 환원효소에 결합하여 효소의 작용을 억제한다.

제2형 환원효소의 기능

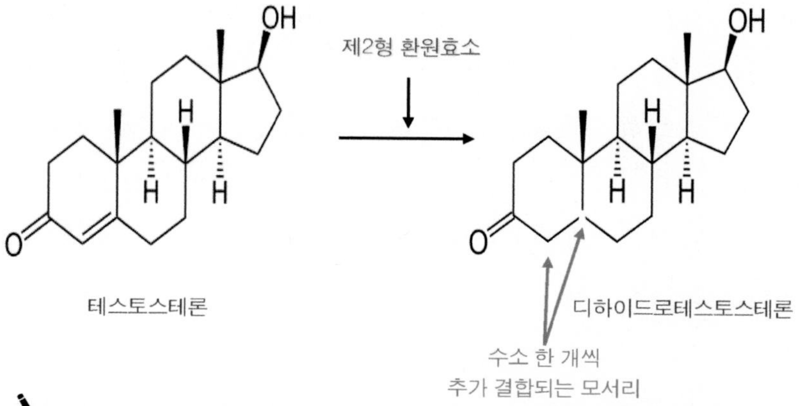

그림 3 제2형 환원효소는 테스토스테론에 수소 두 개를 추가 결합시켜 디하이드로테스토스테론을 생성한다. 이 두 호르몬은 전사인자인 게으른 안드로겐 수용체에 결합하여 수용체를 활성화한다. 후자는 전자보다 더 강력하게 안드로겐 수용체에 결합하여 인근 RNA 합성효소를 통해 더 강력하게 유전자를 발현시킨다. 만약 발현되는 유전자가 탈모를 유발한다고 가정하였을 경우 디하이드로테스토스테론이 탈모에 더 나쁜 영향을 미칠 수 있다.

4. 스테로이드 호르몬 수용체

모든 스테로이드 호르몬은 전사인자, 더 자세하게 표현한다면, 게으른 전사인자를 활성화하여 그 기능을 발휘한다. 전사인자는 제6장에서 다룬 바와 같이 RNA 합성효소를 활성화하여 결국 유전자를 발현시키는 단백질이며 인간지놈에 약 3,000개의 전사인자 유전자가 존재한다. 이 중 스테로이드 호르몬에 의해 활성화되는 전사인자를 스테로이드 호르몬 수용체 steroid hormone receptor라고 한다. 이 수용체는 약 30여 가지가 존재하며, 결합하는 호르몬의 종류에 따라 안드로겐, 에스트로겐, 프로제스테론 또는 글루코코르티코이드 수용체 등으로 불리어진다.

스테로이드 호르몬 수용체는 단백질이며 다른 전사인자와 마찬가지로 최소한 세 개의 중요한 도메인domain 또는 부위를 가지고 있다. 발현시킬 유전자의 위치 확인에 필요한 특정 DNA 염기서열을 인지하는 도메인, 스테로이드 호르몬과 결합하는 도메인 그리고 RNA 합성효소를 활성화하는 도메인이다. 스테로이드 호르몬 수용체는 호르몬과 결합을 하지 않으면 RNA 합성효소를 활성화하기 매우 어렵다. 제6장 그림6에서 보는 바와 같이 스테로이드 호르몬이 없을 경우 싸이토졸에서 잠자고 있다가, 만약 스테로이드 호르몬이 혈류를 타고 세포 안으로 진입하면, 그때서야 비로소 호르몬에 의해 활성화되어 수용체는 핵 안으로 들어가 RNA 합성효소를 활성화한다. 바로 이 때문에 스테로이드 호르몬 수용체는 게으른 전사인자이다. 이렇게 게으른 전사인자가 스테로이드 호르몬을 만나면 물고기가 물 만난 것처럼 힘을 얻어 RNA 합성효소를 활성화한다니 신통할 따름이다.

우리는 여기서 안드로겐 수용체를 포함한 스테로이드 호르몬 수용체가 유전자를 발현하는 전사인자임을 그리고 스테로이드 호르몬이 존재해야만 비로소 전사인자로서 그 기능을 발휘할 수 있는 게으른 면모도 알아보았다.

스테로이드 호르몬 수용체 일반구조

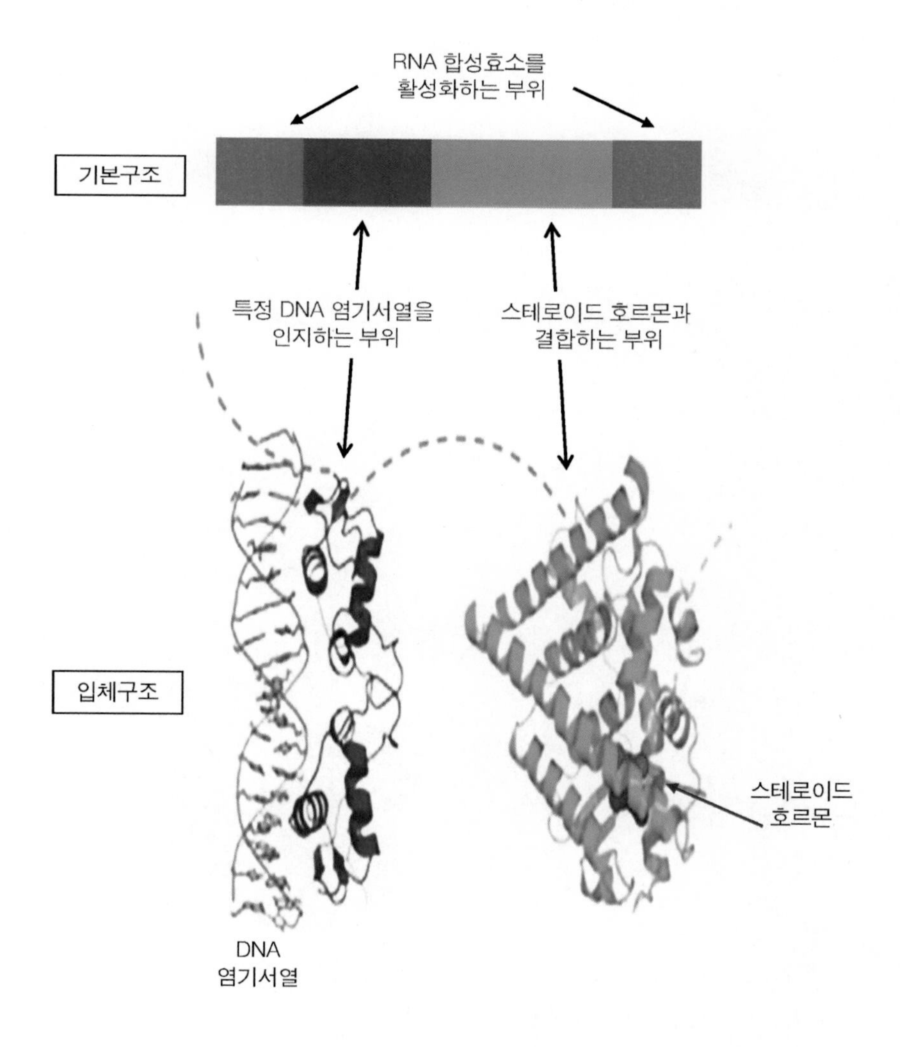

그림 4 전사인자인 스테로이드 호르몬 수용체는 최소한 세 개의 중요한 부위를 가지고 있다. 발현시킬 유전자의 위치 확인에 필요한 특정 DNA 염기서열을 인지하는 부위, 스테로이드 호르몬과 결합하는 부위, 그리고 RNA 합성효소를 활성화하는 부위이다. 스테로이드 호르몬 수용체는 호르몬과 결합을 하지 않으면 RNA 합성효소를 활성화하기 매우 어려운 게으른 전사인자이다. 그림 오른쪽 아래에 수용체를 활성화하기 위해 결합된 호르몬이 관찰된다. 특정 DNA 염기서열을 인지하는 부위와 스테로이드 호르몬과 결합하는 부위는 아래 그림에서 입체적으로 도시되어 있다.

5. 요점

1) 안드로겐성 탈모는 유전과 안드로겐 호르몬의 작용이 서로 연관되어 발생되는 탈모유형이다.

2) 호르몬은 우리 몸의 특정 부위에서 생산되어 혈류를 타고 몸 전체로 퍼져나가 특정 표적기관을 자극함으로써 그 기능을 발휘한다.

3) 난치성 탈모의 대다수를 차지하는 탈모유형은 안드로겐성 탈모이다. 이 유형의 탈모를 유발하는 안드로겐 호르몬은 스테로이드 호르몬 중 모든 남성 호르몬을 총칭하는 말이며 그 중 탈모를 유발하는 주요 안드로겐 호르몬은 테스토스테론의 사촌격인 디하이드로테스토스테론이다.

4) 스테로이드 호르몬은 콜레스테롤을 기본골격으로 하여 만들어진다. 여기에 다양한 곁가지가 결합되어 스테로이드 호르몬의 종류가 결정되며 크게 코르티코스테로이드 호르몬과 성 호르몬이 있다.

5) 코르티코스테로이드 호르몬은 다시 미네랄로코르티코이드와 글루코코르티코이드가 존재한다.

6) 성 호르몬은 다시 프로제스테론, 에스트로겐 그리고 테스토스테론이 존재한다. 이 중 테스토스테론은 털이 나는 장소에 따라 발모 또는 정반대로 탈모를 유발할 수 있는 매우 중요한 호르몬이다. 이 호르몬의 사촌인 디하이드로테스토스테론은 턱수염의 경우 발모를 촉진하고, 두피의 머리카락의 경우 탈모를 유발하여 심할 경우 대머리 발생으로 이어지게 된다.

7) 제2형 환원효소는 테스토스테론에 수소 두 개를 연결시켜 디하이드로테스토스테론을 생성한다. 이 두 호르몬은 게으른 전사인자인 안드로겐 수용체에 결합하여 수용체를 활성화한다. 후자는 전자보다 더 강력하게 안드로겐 수용체에 결합하여 인근 RNA 합성효소를 통해 더 강력하게 유전자를 발현시킨다. 만약 발현되는 유전자가 탈모를 유발한다고 가정하였을 경우 디하이드로테스토스테론이 탈모에 더 나쁜 영향을 미칠 수 있다.

8) 환원효소는 제1형과 제2형이 존재하며 탈모에 관여하는 효소는 제2형이다. 이 유전자는 2번 염색체에 존재한다. 765개 염기로 구성되어 있으며 총 255개의 코돈이 입력되어 있다.

9) 스테로이드 호르몬은 게으른 전사인자를 활성화하여 그 기능을 발휘한다. 이 전사인자를 스테로이드 호르몬 수용체라 한다. 약 30여 가지가

존재하며 결합하는 호르몬의 종류에 따라 안드로겐, 에스트로겐, 프로제트테론 또는 글루코코르티코이드 수용체 등으로 불리어진다.

10) 스테로이드 호르몬 수용체는 최소한 세 개의 중요한 부위를 가지고 있다. 발현시킬 유전자의 위치 확인에 필요한 특정 DNA 염기서열을 인지하는 부위, 스테로이드 호르몬과 결합하는 부위 그리고 RNA 합성효소를 활성화하는 부위이다. 스테로이드 호르몬 수용체는 호르몬과 결합을 하지 않으면 RNA 합성효소를 활성화하기 매우 어려운 게으른 전사인자이다.

탈모관련 유전자

백인과 일본인의 혈 중 테스토스테론 호르몬 양은 비슷하지만, 일반적으로 그 호르몬 영향을 받는 백인의 털은 일본인의 그것보다 더 빨리 자란다. 아프리카인은 다른 인종에 비해 대머리 발생률이 작다. 안드로겐성 탈모 또는 다른 사람에 비해 숱이 많은 턱수염 생성은 집안 내력과 매우 밀접한 관계가 있다. 이렇게 인종 또는 개인에 따라 발모와 탈모의 성향이 다른데 이 모두가 유전자의 차이에 의해 발생된다고 알려져 있다.

1. 오리무중인 탈모관련 유전자 확인

학계에서는 지금까지 난치성 탈모의 대다수를 차지하는 안드로겐 탈모 발생에 대해 한 개의 유전자가 아닌 여러 개의 유전자가 관여하여 발생되는 유전성 탈모라 추정하였다. 이런 이유로 현재 학계에서는 탈모와 관련이 있는 유전자 발굴에 전력을 다하고 있지만 사실상 중과부적이라 연구가 아직까지 매우 초기 단계에 놓여 있는 실정이다. 얼마나 많은 유전자가 어떻게 연관이 되어 탈모를 유발하는지에 대해 사실상 오리무중인 상태이다. 조만간 좋은 결과가 많이 발표되리라 희망한다.

이러한 상황에서 탈모관련 유전자를 언급하여 유전자 관점에서 탈모가 이루어지는 과정을 일목요연하게 설명하기란 아직 시기상조라 사료되어 안드로겐성 탈모를 유발하는 주범인 제2형 환원효소와 안드로겐 수용체 유전자의 변이에 대해 알아보기로 하자.

1) 안드로겐성 탈모를 유발하는 주범은 제2형 환원효소이다. 지금까지 이 효소의 유전자에 이상한 점을 발견하지 못하였다*(Randall, Aging Hair, 2010, doi/10.1007/978-3-642-02636-2_2, 9~24쪽)*.

2) 안드로겐 수용체 유전자는 제5장에서 언급한 바와 같이 X 성염색체에 존재한다. 이 유전자의 변이는 상당히 많이 관찰되었고, 이 유전자변이와 안드로겐성 탈모에 밀접한 연관이 있다고 발표되었다*(Hillmer et al, Am J Hum Genet, 2005, 77권, 140-8쪽)*. 따라서 만약 이 유전자가 변이 된다면 이로부터 발현된 안드로겐 수용체는 안드로겐 호르몬을 더 강력하게 결합하고 이로 인해 RNA 합성효소를 더 강력하게 활성화할 가능성이 있다.

유전성인 안드로겐 탈모 발생은 여러 개의 유전자가 관여하여 이루어지기 때문에 앞으로 탈모관련 유전자가 더 확인된다 하더라도 그 유전자가 탈모발생에 얼마만큼 영향을 미치는지 예측하기가 매우 어렵다. 그 이유는 탈모가 이루어지기 위해서는 여러 개의 탈모관련 유전자가 동시에 발현되어야 하기 때문이다. 또 이 장 뒤에서 언급할 유전자의 침투능 때문에 그 예측이 더욱 어려울 수 있다.

다수 유전자와 환경이 연관된 발모와 탈모

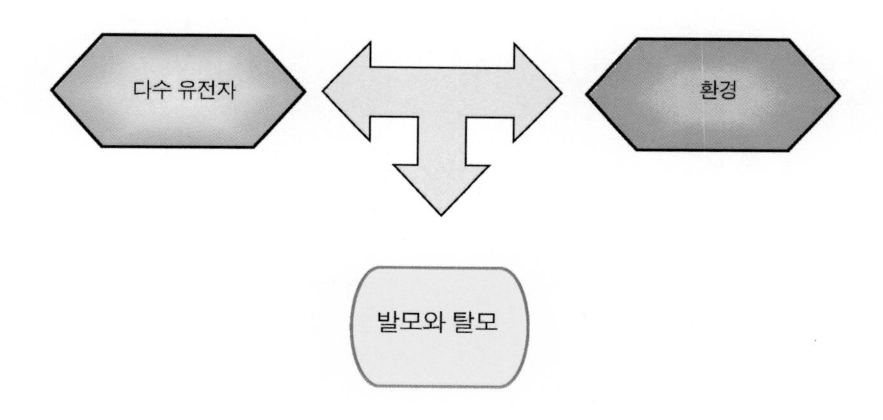

그림 1 백인과 일본인의 혈 중 테스토스테론 호르몬 양은 비슷하지만, 일반적으로 그 호르몬 영향을 받는 백인의 털은 일본인의 그것보다 더 빨리 자란다. 아프리카인은 다른 인종에 비해 대머리 발생률이 작다. 이렇게 인종에 따라 발모와 탈모의 성향이 다른데 이 모두가 유전자의 차이에 의해 발생된다고 알려져 있다. 물론 환경도 유전자의 형질결정에 매우 중요하다. 유전성인 안드로겐 탈모 발생은 다수의 유전자 이상으로 이루어진다고 알려져 있기 때문에 성염색체뿐만 아니라 상동염색체에도 탈모관련 유전자가 존재할 수 있다. 이 때문에 모계는 물론 부계에서도 탈모유전을 물려받을 수 있다. 현재까지 잘 알려진 탈모관련 유전자는 X 성염색체에 존재하는 안드로겐 수용체 유전자이다.

2. 탈모관련 유전자는 모계는 물론 부계로부터 물려받을 수 있다

자식이 남아일 경우 성염색체는 X와 Y이다. 전자는 모계, 후자는 부계로부터 물려받는다. 만약 어머니의 오빠나 남동생이 대머리이고 탈모관련 유전자가 X 성염색체에 존재할 경우 자식은 모계의 X 성염색체를 통해 그 탈모관련 유전자를 모계로부터 물려받을 수 있다. 바로 앞에서 언급한 안드로겐 수용체 유전자가 바로 그 예다.

하지만 유전성인 안드로겐 탈모 발생은 여러 개의 유전자가 관여하여 이루어지기 때문에 성염색체뿐만 아니라 상동염색체에도 탈모관련 유전자가 존재할 수 있다. 이 때문에 만약 탈모관련 유전자가 상동염색체에 존재할 경우 모계는 물론 부계에서도 탈모유전을 물려받을 수 있다. 만약 탈모관련 유전자가 Y 성염색체에 존재하면 100% 부계로부터 탈모유전을 물려받는다.

3. 변이된 탈모관련 유전자 발현과 표현형질: 침투능

탈모를 유발하는 변이유전자를 가지고 있다 하더라도 모두 안드로겐성 탈모 발생으로 모두 이어지는 것은 아니다. 예를 들어 똑같은 탈모관련 변이유전자를 보유한다 하더라도 어느 경우에는 사춘기 때부터 어느 경우에는 40대에 탈모가 진행되기 시작한다. 또 어느 경우에는 탈모가 전혀 이루어지지 않을 수 있다. 그 이유는 외적 환경 요인이나 나이 또는 내적으로 다른 유전자의 도움이 필요한 경우 탈모관련 변이유전자에 의한 탈모 발생에 차이가 생기기 때문이다. 이때 우리는 탈모관련 변이유전자의 탈모 발생 능력의 차이에 대해 유전학 용어로 탈모관련 변이유전자의 침투능(浸透能)penetrance이 낮다 또는 높다 라고 표현한다*(http://en.wikipedia.org/wiki/Penetrance)*. 예를 들어 이 탈모관련 변이유전자를 가진 100명 중 40명에서 대머리가 관찰되었다고 하면 그 유전자의 침투능은 40%이고, 만약 100명 모두 대머리가 관찰되었다고 하면 침투능은 100%이다. 이런 탈모관련 변이유전자는 아직 보고 된 바가 없지만, 만약 존재한다면 백발백중 탈모로 이어지게 된다. 이렇게 서로 다른 유전자의 침투능 때문에 설령 탈모관련 변이유전자를 가지고 있다 하더라도 탈모로 이어지지 않을 수도 있다는 매우 긍정적인 이야기이다.

또 하나의 침투능 예를 들어 보자. 인간의 제11번 염색체에 존재하는 메닌menin 유전자에 변이가 생기면 유전병인 부갑상선비대증 등이 생긴다*(http://en.wikipedia.org/wiki/MEN1)*. 이때 이 변이유전자의 침투능은 10살일 때 7%, 60살일 때 100%이다. 다시 말하면 이 변이유전자를 가지고 있는 사람의 나이가 10살일 경우 100명 중 7명만 부갑상선비대증이 걸리지만, 60살이 되었을 경우 100명 모두 부갑상선비대증이 걸린다는 의미이다.

침투능과 비슷한 유전학 용어가 있다. 유전자의 표현능(表現能)expressivity이다*(http://en.wikipedia.org/wiki/Expressivity)*. 유전자의 표현능은 그 유전자의 침투능이 100%인 것을 가정한다. 즉, 그 유전자가 발현되면 반드시 표현형질을 띠게 된다. 그러나 그 표현정도가 서로 다를 수 있다. 예를 들어 보자. 그림2에서 보는 바와 같이 파란색 눈을 결정하는 유전자는 짙은 파란색도 만들 수 있지만, 옅은 파란색도 만들 수 있다. 따라서 100명 중 이 유전자의 발현으로 말미암아 20%가 옅은 파란색 눈을 가지고 있다면 이 유전자는 옅은 파란색 눈을 가지게 할 수 있는 표현능이 20%이다. 또 80%가 짙은 파란색 눈을 가지고 있다면 이 유전자는 짙은 파란색의 눈을 가지게 할 수 있는 표현능이 80%라고 우리는 표현한다.

유전자의 침투능과 표현능의 차이가 발생되는 정확한 이유는 아직 밝혀지지 않았다. 학계에서는 외적 환경요인, 나이 또는 다른 유전자의 도움이 필요할 경우 발생될 수 있는 것으로 추측하고 있다.

요약하여 보면 유전자의 침투능과 표현능의 의미는 엄연한 차이가 존재하며 탈모관련 변이유전자에 의한 탈모 발생빈도를 언급할 경우 표현능보다는 침투능 용어를 더 많이 사용하고 있음을 강조하고 싶다. 침투능은 언론에서 탈모관련 변이유전자를 언급할 때 종종 사용되는 용어이며 사실상 표현능은 탈모관련 변이유전자를 언급할 때 거의 사용되지 않은 용어라 판단된다.

유전자의 침투능과 표현능

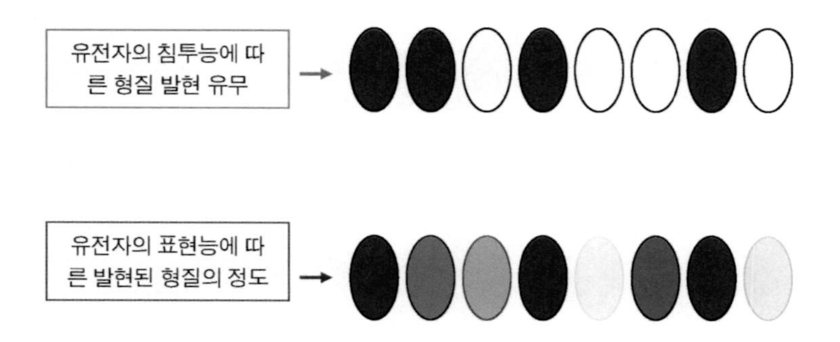

그림 2 탈모관련 유전자가 변이되었다 하더라도 모두 탈모 발생으로 이어지는 것은 아니다. 그 이유는 유전자의 침투능 때문이다. 즉, 그 유전자가 발현된다 하더라도 반드시 표현형질을 갖는 것은 아니다. 예로 파란색을 결정하는 유전자에 이상이 있다 하더라도 반드시 파란색 형질을 잃어버리지 않는다. 침투능과 비슷한 유전학 용어가 있다. 유전자의 표현능이다. 유전자의 표현능은 그 유전자의 침투능이 100%인 것을 가정한다. 즉, 그 유전자가 발현되면 반드시 표현형질을 띠게 된다. 그러나 그 표현정도가 서로 다를 수 있다. 아래 그림에서 보는 바와 같이 모두 파란색을 띠고 있다. 그러나 그 정도가 서로 다를 수 있다.

4. 요점

1) 백인과 일본인의 혈 중 테스토스테론 호르몬 양은 비슷하지만, 일반적으로 그 호르몬 영향을 받는 백인의 털은 일본인의 그것보다 더 빨리 자란다. 아프리카인은 다른 인종에 비해 대머리 발생률이 작다. 이렇게 인종에 따라 발모와 탈모의 성향이 다른데 이 모두가 유전자의 차이에 의해 발생된다고 알려져 있다.

2) 학계에서는 지금까지 난치성 탈모의 대다수를 차지하는 안드로겐 탈모 발생에 대해 한 개의 유전자가 아닌 여러 개의 유전자가 관여하여 발생되는 유전성 탈모라 추정하였다. 하지만 얼마나 많은 유전자가 어떻게 연관이 되어 탈모를 유발하는지에 대해 사실상 오리무중인 상태이다.

3) 안드로겐성 탈모를 유발하는 주범은 제2형 환원효소이다. 지금까지 이 효소의 유전자에 이상한 점을 발견하지 못하였다.

4) 안드로겐 수용체 유전자 변이와 안드로겐성 탈모와 밀접한 연관이 있다고 발표되었다.

5) 유전성인 안드로겐 탈모 발생은 여러 개의 유전자 이상으로 이루어지기 때문에 성염색체뿐만 아니라 상동염색체에도 탈모관련 변이유전자가 존재할 수 있다. 이 때문에 모계는 물론 부계에서도 탈모유전을 물려받을 수 있다.

6) 탈모관련 변이유전자를 가지고 있다 하더라도 모두 안드로겐성 탈모 발생으로 이어지는 것은 아니다. 그 이유는 유전자의 침투능 때문이다. 예는 본문에 제시되어 있다.

7) 침투능과 비슷한 유전학 용어가 있다. 유전자의 표현능이다. 유전자의 표현능은 그 유전자의 침투능이 100%인 것을 가정한다. 즉, 그 유전자가 발현되면 반드시 표현형질을 띠게 된다. 그러나 그 표현정도가 서로 다를 수 있다. 유전자의 표현능이 다르기 때문이다. 예는 본문에 제시되어 있다.

8) 침투능은 언론에서 탈모관련 변이유전자를 언급할 때 종종 사용되는 용어이나 사실상 표현능은 탈모관련 변이유전자를 언급할 때 거의 사용되지 않은 용어라 판단된다.

제2부

초원에서 뛰어 놀고 있는 붉은 사슴 사진

머리카락, 모낭주기 그리고 털생성 파라독스

인간의 모낭과는 달리 붉은 사슴 뿔 겉 표면 벨벳에 존재하는 솜털 모낭은 재생된다

자료제공: Luc Viatour / www.Lucnix.be

머리카락 구조

김장을 담그면서 버려질 수 있는 것이 무청이다. 오래 전부터 우리 조상은 무청을 말려 음식으로 사용하였다. 시래기이다. 시래기는 예로부터 귀한 음식 재료에 속하지는 못하였지만 요즘은 다이어트에 좋은 식품 재료로 각광을 받고 있다. 다른 양분도 많이 함유하고 있지만 특히 풍부한 식이섬유로 인해 섭취하였을 경우 변비 예방은 물론 포만감을 주어 비만과 동맥경화 등 성인병을 예방할 수 있기 때문이다.

시래기는 무청을 구성하는 여러 종류의 식물세포가 건조되어 이루어진 것이라면 머리카락도 무청의 시래기와 비슷하다고 말할 수 있다. 그 이유는 머리카락도 여러 종류의 세포로 구성되어 있으며 이들이 건조되어 이루어졌기 때문이다. 따라서 필자는 머리카락을 바싹 말라버린 세포로 구성된 줄줄이 사탕이라 표현하기도 한다. 그러면 여기서 세포들이 어떻게 구성되어 머리카락을 형성하는지에 대해 알아보기로 하자.

전자현미경을 통한 머리카락의 겉표면 구조

그림 1 전자현미경을 통해 관찰한 머리카락 겉표면 구조이다. 고기의 비늘과 같은 구조가 관찰된다. 육안으로 관찰하기에 매우 미세한 구조이다.

1. 각질화

우리 피부 중 제일 밖에 노출되어 있는 세포를 각질세포keratinized cell라 한다. 오래되면 때 등으로 떨어져 나간다. 각질세포는 피부를 구성하는 모든 세포들의 어머니 격인 상피줄기세포에서 분화되어 생기며 케라틴 단백질을 많이 생산하는 기특한 세포이다. 케라틴 단백질은 서로 모여 가느다란 실을 만들고 이들이 서로 겹쳐 나중 세포가 단단하게 될 수 있는 기초를 마련해 준다. 이를 각질화keratinization라 한다. 이 과정 중 각질세포는 제4장에서 언급한 세포자멸사하여 생을 마감하지만 그 안에 축적된 케라틴 단백질 때문에 생을 마감한 각질세포는 마치 나무의 껍데기처럼 여리고 여린 속살을 보호하게 된다.

머리카락 세포도 비슷한 각질화과정을 통해 단단한 머리카락을 생성한다. 머리카락 세포 역시 상피줄기세포로부터 분화되어 생긴다. 피부의 각질세포와는 매우 가까운 형제지간이라 할 수 있다. 어머니가 같기 때문이다. 상피줄기세포로부터 분화된 초기의 머리카락 세포는 피부 각질세포처럼 머리카락 주성분인 케라틴 단백질을 많이 생산한다. 이때 케라틴 단백질은 피부 각질세포의 그것과 비교해 볼 때 종류가 조금 다르다. 어찌하였던 간에 이 케라틴 단백질도 시간이 지나감에 따라 서로 모여 가느다란 실을 만들고 이들이 서로 겹쳐 더 굵은 가닥의 실을 만든다. 이로 인해 머리카락 세포도 경화되어 각질화가 이루어지며 세포자멸사를 겪게 되어 결국 생을 마감하게 된다. 이렇게 세포자멸사한 세포가 겹쳐 머리카락이 생성되고 두피의 모낭을 빠져 나와 세상을 경험하게 된다.

2. 머리카락 기본 구조: 큐티클층, 코르텍스층, 메둘라층

머리카락은 크게 3개 층으로 구분되며 큐티클층, 코르텍스층 그리고 메둘라층이 존재한다. 여기서 메둘라층은 머리카락 안쪽 제일 중심에 존재하는 층이나 사람 머리카락에서 잘 관찰되지 않는 층이며 그 기능에 대해서도 잘 알려져 있지 않다. 따라서 머리카락 구조에서 가장 중요한 큐티클층과 코르텍스층에 대해 알아보자.

머리카락의 일반구조

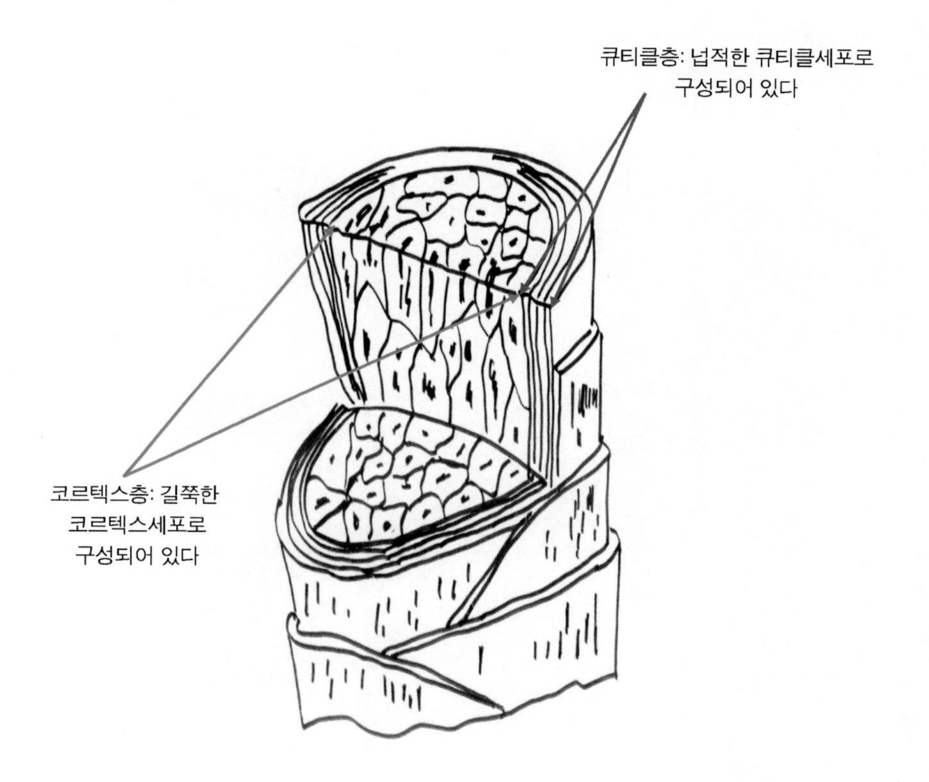

그림 2 머리카락은 크게 3개 층으로 구분되며 큐티클층, 코르텍스층, 그리고 메둘라층이 존재한다. 여기서 메둘라층은 머리카락 안쪽 제일 중심에 존재하는 층이나 사람 머리카락에서 잘 관찰되지 않는 층이며 그 기능에 대해서도 잘 알려져 있지 않다. 큐티클층은 물고기 비늘과 같은 역할을 한다. 머리카락의 껍데기층이며 큐티클세포로 구성되어 있다. 따라서 자외선, 온도, 수분과 같은 바깥 환경으로부터 머리카락을 보호해 준다. 머리카락을 바나나로 비유할 경우, 큐티클층은 껍데기, 코르텍스층은 바나나 과육에 비유될 수 있다. 바나나 과육이 바나나의 대부분을 차지하듯이 코르텍스층도 머리카락의 대부분을 차지하여 머리카락의 강도와 유연성 등을 결정짓는 가장 중요한 층이며 코르텍스세포로 구성되어 있다.

큐티클세포의 일반구조

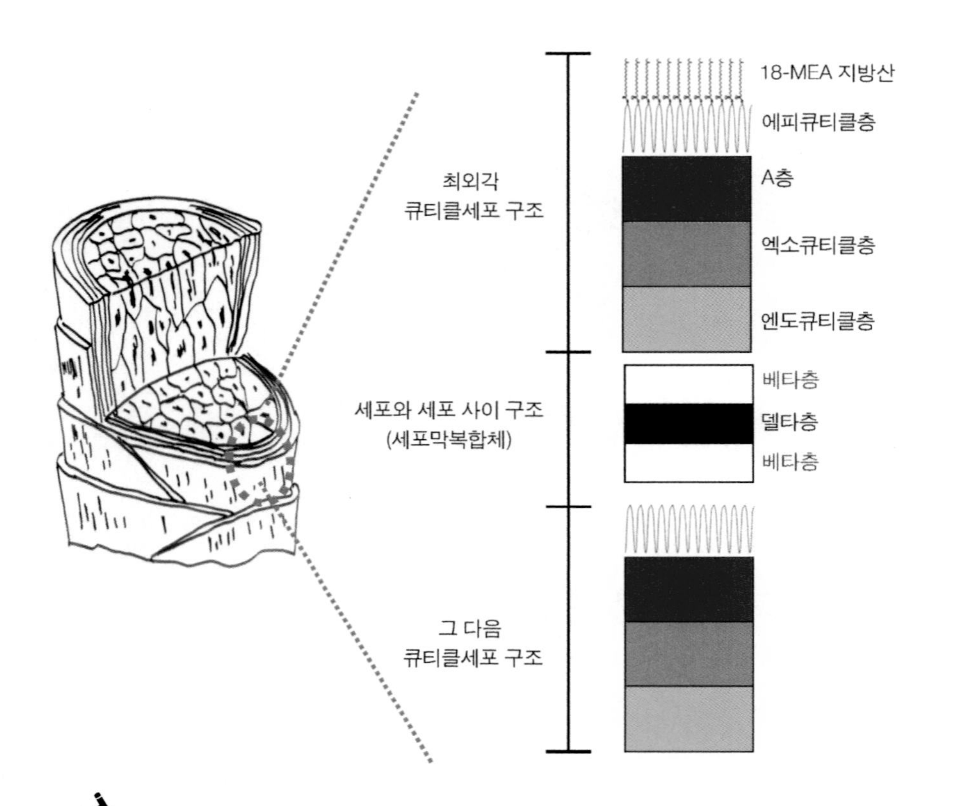

그림 3 큐티클층은 큐티클세포로 이루어져 있다. 큐티클세포는 서로 다른 성질을 가진 층이 존재한다. 최외각 세포위에 18-MEA 지방산이 관찰된다. 머리카락의 윤기는 이 지방산이 존재하기 때문이다. 세포와 세포 사이에 세포막복합체가 존재한다. 이는 세포와 세포 사이에 존재하는 물질을 일컫는 말이다. 큐티클세포의 접착제 역할을 하는 것으로 알려져 있다. 세포막복합체는 3개 층, 즉, 베타층-델타층-베타층으로 이루어져 있으며 지방산으로 이루어진 베타층 사이에 델타층이 존재한다. 델타층은 주로 수분을 좋아하는 단백질로 이루어져 있기 때문에 이 층을 통해 머리카락 깊숙이 수분이 오고 가고 또 염색할 경우 염색약이 머리카락 깊숙이 들어갈 수 있다.

3. 큐티클층 기능

큐티클층은 물고기 비늘과 같은 역할을 한다. 머리카락의 껍데기층이다. 따라서 자외선, 온도, 수분과 같은 바깥 환경으로부터 머리카락을 보호해 준다.

이 층은 머리카락 세포 중 큐티클세포에 의해 이루어졌으며 이 세포의 최외각층을 에피큐티클층epicuticle layer이라 한다. 특수한 지방산18-MEA(18-methyl-eicosanoic acid)이 코팅되어 있으며 머리카락이 반짝거리는 이유는 바로 이 지방산 때문이다. 또 수분을 싫어하기 때문에 물방울을 밀어내는 역할을 한다. 제19장에서 언급할 세정력이 강한 샴푸를 사용할 경우 18-MEA 지방산 손상으로 머리카락이 반짝거리는 성질을 잃어버릴 수 있다.

4. 각질화 과정 중 큐티클세포 안팎에서 일어나는 이벤트: 머리카락 껍데기 및 세포막복합체 형성

머리카락 세포의 일종인 큐티클세포는 각질화가 이루어질 때 세포내 단백질이 서로 뭉치기 시작해서 층을 이루기 시작한다. 엑소큐티클층 exocuticle layer 그리고 엔도큐티클층endocuticle layer이 있으며 이 층들을 싸고 있는 층이 A층이다. A층은 유황이 많은 단백질로 이루어져 있어 매우 강하다. 따라서 큐티클층을 보호하는 역할을 한다. 엑소큐티클층은 A층보다는 덜하지만 그래도 유황이 비교적 많은 단백질로 이루어져 있고 A층과 함께 큐티클층의 뼈대구조 역할을 한다. 엔도큐티클층은 수분을 흡수할 수 있는 층으로 알려져 있다.

이렇게 각질화 과정 중 큐티클세포 안에서 여러 개의 층이 이루어지고 있는 상황에서 큐티클세포의 세포막은 없어지고 세포와 세포 사이에는 이미 형성된 세포사이층intercellula lamina만 남게 된다. 이 층이 그 유명한 세포막복합체cell membrane complex(CMC)이다.

세포막복합체는 세포와 세포 사이에 존재하는 물질을 일컫는 말이다. 사실상 세포막복합체는 담벼락의 회반죽 역할을 한다. 우리 집 담은 벽돌로 만들어졌다. 벽돌과 벽돌 사이의 회반죽은 벽돌을 서로 붙게 하는 접착제 역할을 한다. 세포막복합체도 큐티클세포의 접착제 역할을 하는 것으로 알려져 있다. 매우 중요한 역할이다.

세포막복합체는 3개 층, 즉, 베타층-델타층-베타층으로 이루어져 있으며 지방산으로 이루어진 베타층 사이에 델타층이 존재한다. 델타층은 주로 수분을 좋아하는 단백질로 이루어져 있기 때문에 이 층을 통해 머리카락 깊숙이 수분이 오고 가고 또 염색할 경우 염색약이 머리카락 깊숙이 들어갈 수 있다. 세정력이 강한 샴푸로 머리카락을 자주 감을 경우 세포막복합체가 파괴되어 머릿결이 나빠지고 또 염색 후 탈색도 쉽게 일어날 수 있다. 염색약이 파괴된 세포막복합체를 통해 쉽게 씻겨 나오기 때문이다.

머리카락 속으로 출입하는 수분통로: 세포막복합체

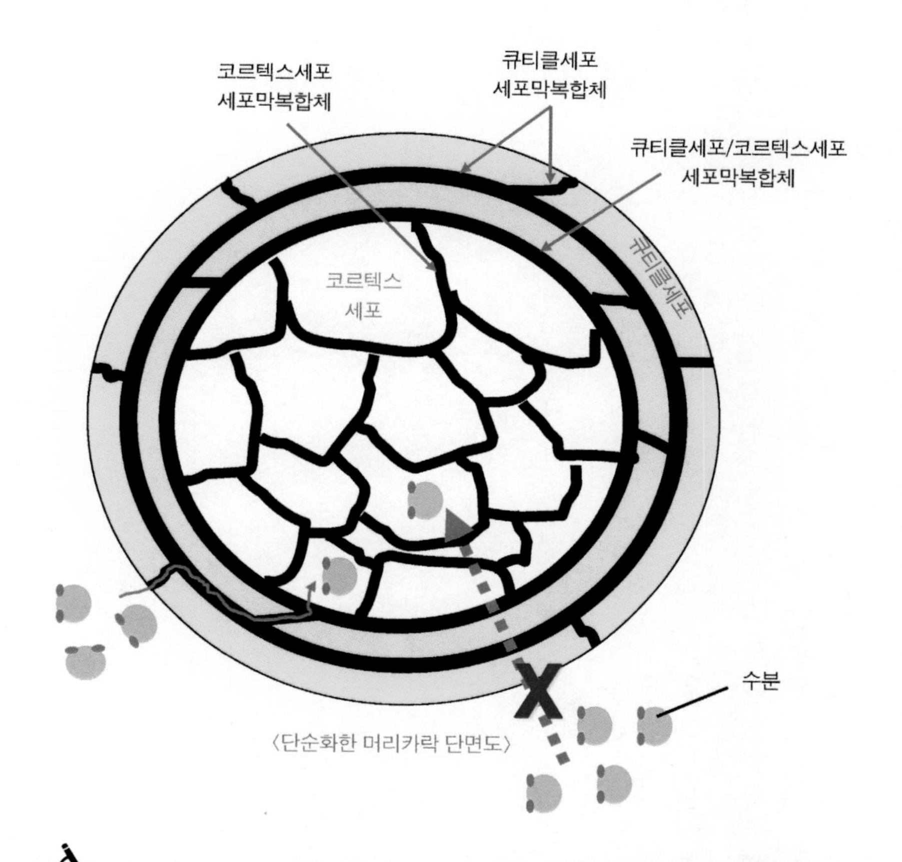

그림 4 수분은 큐티클세포를 막바로 통과하여 코르텍스세포에 도달하기 매우 어렵다. 각질화된 큐티클세포가 매우 단단하기 때문이다. 머리카락 속으로 수분이 출입하려면 각각의 세포 사이에 형성된 세포막복합체를 통해야만 한다.

5. 코르텍스층 기능

머리카락을 바나나로 비유할 경우, 큐티클층은 껍데기, 코르텍스층은 바나나 과육이다. 바나나의 과육이 바나나의 대부분을 차지하듯이 코르텍스층도 머리카락의 대부분을 차지한다. 코르텍스층은 머리카락 무게의 약 90%를 차지하며 머리카락의 강도와 유연성 등을 결정짓는 가장 중요한 층이다.

코르텍스세포의 일반구조

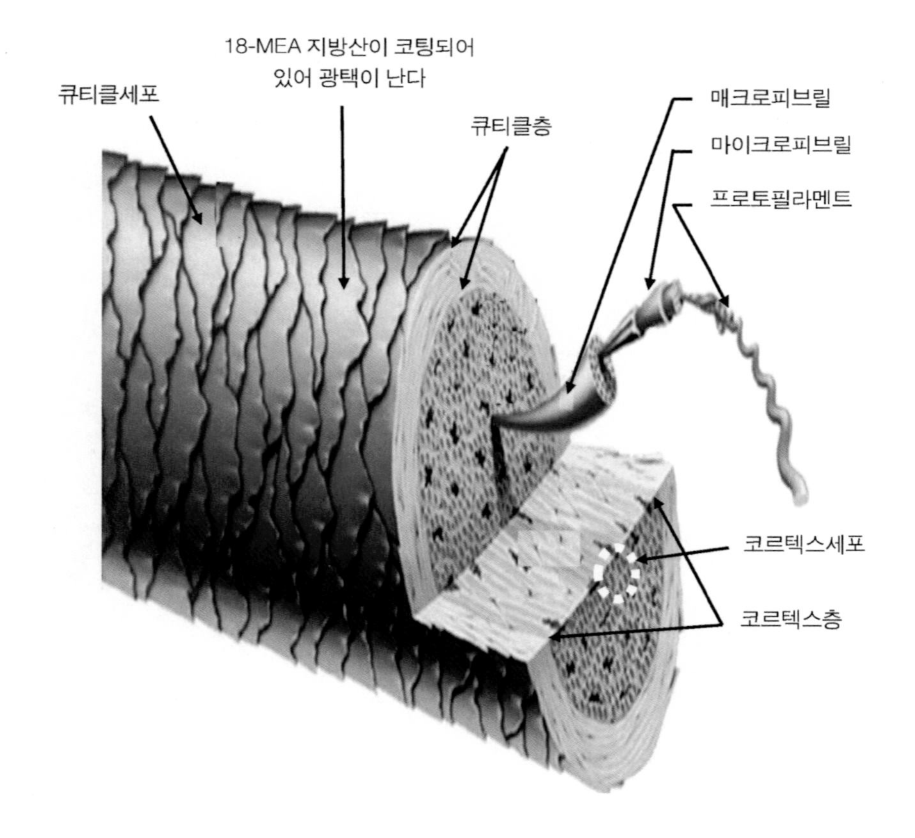

그림 5 머리카락의 대부분을 차지하여 머리카락의 강도와 유연성 등을 결정짓는 코르텍스층은 코르텍스세포로 이루어져 있으며 케라틴으로 이루어진 굵은 밧줄이 5-8개 존재한다. 매크로피브릴이다. 한 개의 매크로피브릴에는 500-800개의 작은 밧줄로 이루어져 있는데 마이크로피브릴이라 한다. 한 개의 마이크피브릴에는 그보다 작은 밧줄 7-8개 또 존재하는데 프로토필라멘트라 한다. 마지막으로 한 개의 프로토필라멘트에는 다수의 케라틴 단백질이 연결되어 총 4가닥을 이루며 이것이 꼬여 제일 작은 단위의 새끼줄을 이룬다. 이렇게 여러 종류의 가닥으로 배열된 케라틴 단백질은 그 옆 가닥에 존재하는 케라틴 단백질과 서로 화학적으로 제일 강력한 공유결합을 이루어 엄청난 강도를 띠게 된다. 케라틴 단백질 하나는 매우 미미하지만 서로 협동하여 튼튼한 마닐라삼으로 만든 동아줄과 같은 머리카락 섬유를 형성하게 된다.

6. 각질화 과정 중 코르텍스세포 안팎에서 일어나는 이벤트: 케라틴 섬유 및 세포막복합체 형성

코르텍스층을 이루고 있는 세포를 코르텍스세포라 하며 일종의 머리카락 세포이다. 바나나도 과육세포가 많아야 과육이 많이 생성되듯이 머리카락의 대다수를 차지하고 있는 코르텍스층의 코르텍스세포도 그 수가 많아야 머리카락이 굵어진다. 반대로 안드로겐성 탈모를 경험하는 머리카락은 코르텍스세포가 잘 증식하지 않거나 또는 상피줄기세포로부터 분화가 잘 이루어지지 않아 코르텍스세포 수가 점점 줄어들기 때문에 머리카락은 점점 가늘어지게 된다. 바나나 과육세포 수가 적으면 바나나는 가늘어질 수밖에 없는 이치와 똑 같다.

코르텍스세포는 각질화가 되기 전에 머리카락 주성분인 케라틴 단백질을 많이 생산한다. 그 이후 각질화과정 중 세포 내에 이미 생산된 케라틴 단백질은 굵은 밧줄과 같은 끈을 형성하여 이로 인해 머리카락의 강도와 유연성 등이 결정된다.

코르텍스세포 내에 굵은 밧줄이 5~8개 존재한다. 매크로피브릴macrofibril이라 한다. 한 개의 매크로피브릴에는 500~800개의 작은 밧줄로 이루어져 있다. 이를 마이크로피브릴microfibril이라 한다. 한 개의 마이크로피브릴에는 그보다 작은 밧줄 7~8개가 또 존재한다. 이를 프로토필라멘트protofilament라 한다. 마지막으로 한 개의 프로토필라멘트에는 다수의 케라틴 단백질이 연결되어 총 4가닥을 이루며 이것이 꼬여 제일 작은 단위의 새끼줄을 이룬다. 따라서 한 개의 코르텍스세포에는 최대 이십만 사천팔백(8 x 800 x 8 x 4 = 204,800) 가닥의 케라틴 새끼줄이 존재하고 있음을 계산해 낼 수 있다. 여기서 맨 마지막 단위인 프로토필라멘트에 4가닥이 존재하고 여기서 한 가닥의 케라틴이 몇 개의 케라틴 단백질로 이루어졌는지는 알 수 없으나, 만약 100개라 가정한다면 총 약 이천만 개의 케라틴 단백질을 코르텍스세포 한 개가 생산하여 여러 케라틴구조를 이루는 격이 된다. 또 이렇게 여러 종류의 가닥으로 배열된 케라틴 단백질은 그 옆 가닥에 존재하는 케라틴 단백질과 화학적으로 제일 강력한 공유결합을 이루어 엄청난 강도를 지니게 된다. 케라틴 단백질 하나는 매우 미미하지만 서로 협동하여 튼튼한 마닐라삼으로 만든 동아줄과 같은 머리카락 섬유를 형성하게 된다.

큐티클세포와 마찬가지로 코르텍스세포 역시 세포와 세포 사이에 세포막복합체를 이룬다. 이곳 역시 수분이 잘 통과할 수 있는 구조로 되어 있다. 결국 수분은 큐티클세포의 세포막복합체, 코르텍스세포의 세포막복합체를 통과해 머리카락의 주요구성 성분인 케라틴 단백질에 도달하고 수분을 좋아하는 케라틴 단백질의 아미노산은 수분을 머금어 촉촉하게 유지된다. 만약 습도가 낮을 경우, 케라틴 단백질이 머금은 수분은 다시 역방향으로 빠져 나가 머리카락이 건조해진다. 따라서 샴푸 후, 수분유지 성분을 머리카락에 바르는데 수분의 통로인 세포막복합체를 막아 주기 위해서이다. 세정력이 강한 샴푸로 머리카락을 자주 감을 경우 큐티클층의 세포막복합체와 마찬가지로 코르텍스층의 그것도 파괴되어 머릿결이 나빠지고 또 염색 후 탈색도 쉽게 일어날 수 있다.

머리카락에 좋은 습도는 약 50~80%이고 이때 머리카락 수분 함유량은 약 10~15% 정도이다. 머리를 감은 후 머리카락 수분 함유량이 약 30%로 밝혀졌다. 아침저녁으로 샴푸할 때, 수분이 머리카락의 큐티클층과 코르텍스층의 세포막복합체를 통과해 케라틴 단백질에 다닥다닥 붙고 있음을 한번 상상해 보자.

모낭 안에서 머리카락을 싸고 있는 층

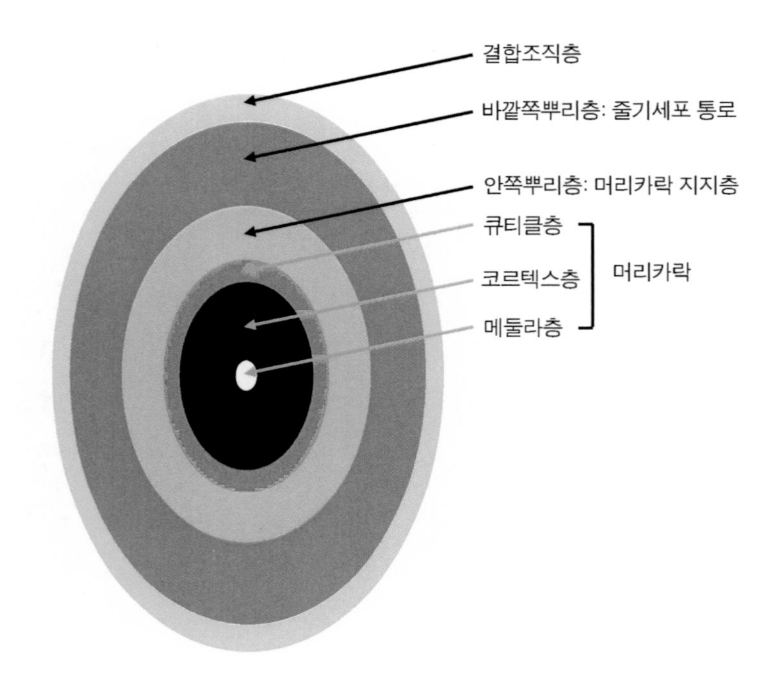

그림 6 머리카락이 두피 아래쪽에 있을 경우 머리카락과 직접 접촉하고 있는 층을 안쪽뿌리층이라 하며 머리카락이 형성될 때 머리카락을 지지해 주는 역할을 한다. 안쪽뿌리층을 싸고 있는 층을 바깥쪽뿌리층이라 하며 벌지구역에서 줄기세포가 빠져나와 증식하고 분화하면서 아래쪽으로 내려가는 통로이다. 바깥쪽뿌리층을 싸고 있는 최외각층을 결합조직층이라 한다. 더말파필라세포의 사촌 격인 더말쉬드 세포가 주거하는 지역이다. 안쪽과 바깥쪽뿌리층 사이에 컴패니언층이 존재하나 여기서 생략되어 있다. 그 층의 뚜렷한 기능은 아직 밝혀지지 않았다.

7. 모낭 안쪽에서 머리카락을 지지해 주는 층

머리카락이 모낭 안쪽, 즉, 두피 아래쪽에 있을 경우 머리카락과 직접 접촉하고 있는 층을 안쪽뿌리층inner root sheath이라 하며 3개의 세포층으로 이루어져 있다. 머리카락이 형성될 때 머리카락을 지지해 주는 역할을 한다. 즉, 안쪽뿌리층의 큐티클층cuticle layer, 헉슬리층Huxley's layer 그리고 헨레층Henle's layer이 있다. 그 다음 안쪽뿌리층을 싸고 있는 층을 컴패니언층companion layer이라 하며 이 층의 뚜렷한 기능은 아직 밝혀지지 않았다. 그 다음 층은 바깥쪽뿌리층outer root sheath이라 하며 제10장에서 언급한 바와 같이 벌지구역에서 줄기세포가 빠져나와 증식하고 분화하면서 아래쪽으로 내려가는 통로이다. 이 통로를 통해 맨 아래 쪽으로 내려온 줄기세포는 각종 머리카락 세포로 분화하여 머리카락을 만들고 또 한편으로는 안쪽뿌리층을 구성하는 세포로도 분화된다.

바깥쪽뿌리층을 싸고 있는 최외각층을 결합조직층connective tissue sheath이라 한다. 여기에 제3장에서 언급한 더말쉬드세포가 주거하는 지역이다. 더말파필라세포와 더불어 머리카락 생성에 대통령 역할을 하는 세포라 하였다.

8. 요점

1) 우리 피부 중 제일 밖에 노출되어 있는 세포를 각질세포라 하며 상피줄기세포에서 분화되어 케라틴 단백질을 많이 생산하는 기특한 세포이다.

케라틴 단백질은 서로 모여 가느다란 실을 만들고 이들이 서로 겹쳐 나중 세포가 단단하게 될 수 있는 기초를 마련해 준다. 이를 각질화라 한다. 이 과정 중 각질세포는 세포자멸사하여 생을 마감하지만 그 안에 축적된 케라틴 단백질 때문에 생을 마감한 각질세포는 마치 나무의 껍데기처럼 여리고 여린 속살을 보호하게 된다.

2) 상피줄기세포로부터 분화된 머리카락 세포도 비슷한 각질화과정을 통해 단단한 머리카락을 생성한다. 피부 각질세포의 케라틴과는 조금 다른 종류이지만 머리카락 세포도 머리카락 주성분인 케라틴 단백질을 많이 생산하여 가느다란 실을 만들고 이들이 서로 겹쳐 더 굵은 가닥을 만든다. 이로 인해 머리카락 세포도 각질화가 이루어진다.

3) 머리카락은 크게 3개 층으로 구분되며 큐티클층, 코르텍스층 그리고 메둘라층이 존재한다.

4) 큐티클층은 물고기 비늘과 같은 역할을 한다. 머리카락의 껍데기층이다. 따라서 자외선, 온도, 수분과 같은 바깥 환경으로부터 머리카락을 보호해 준다.

5) 큐티클세포는 각질화가 이루어질 때 세포내 단백질이 서로 뭉치기 시작해서 층을 이루기 시작하여 큐티클층의 뼈대구조 역할을 한다. 각질화 과정 중 큐티클세포의 세포막은 없어지고 세포와 세포 사이에는 이미 형성된 세포사이 층만 남게 된다. 이 층을 세포막복합체라 한다.

6) 큐티클층의 세포막복합체는 큐티클세포의 접착제 역할을 하는 것으로 알려져 있으며 베타층-델타층-베타층으로 이루어져 있다. 베타층은 지방산으로 이루어져 있다. 델타층은 주로 수분을 좋아하는 단백질로 이루어져 있기 때문에 이 층을 통해 머리카락 깊숙이 수분이 오고 가는 통로를 만들어 준다.

7) 머리카락을 바나나로 비유할 경우, 큐티클층은 껍데기, 코르텍스층은 바나나 과육이다. 바나나 과육이 바나나의 대부분을 차지하듯이 코르텍스층도 머리카락의 대부분을 차지하여 머리카락의 강도와 유연성 등을 결정짓는 가장 중요한 층이다.

8) 안드로겐성 탈모를 경험하는 머리카락은 코르텍스세포가 잘 증식하지 않거나 또는 상피줄기세포로부터 분화가 잘 이루어지지 않아 그 세포 수가 점점 줄어들기 때문에 머리카락은 점점 가늘어지게 된다. 바나나 과육세포 수가 적으면 바나나는 가늘어질 수밖에 없는 이치와 똑 같다.

9) 코르텍스세포 내에 케라틴으로 이루어진 굵은 밧줄이 5~8개 존재한다. 매크로피브릴이다. 한 개의 매크로피브릴에는 500~800개의 작은 밧줄로 이루어져 있는데 마이크로피브릴이라 한다. 한 개의 마이크피브릴에는 그보다 작은 밧줄 7~8개가 또 존재하는데 프로토필라멘트라 한다. 마지막으로 한 개의 프로토필라멘트에는 다수의 케라틴 단백질이 연결되어 총 4가닥을 이루며 이것이 꼬여 제일 작은 단위의 새끼줄을 이룬다.

10) 큐티클세포와 마찬가지로 코르텍스세포 역시 세포와 세포 사이에 세포

막복합체를 이룬다. 이곳 역시 수분이 잘 통과할 수 있는 구조로 되어 있다.

11) 머리카락이 두피 아래쪽에 있을 경우 머리카락과 직접 접촉하고 있는 층을 안쪽뿌리층이라 하며 머리카락이 형성될 때 머리카락을 지지해 주는 역할을 한다. 그 다음 층을 컴패니언층이라 하며 이 층의 뚜렷한 기능은 아직 밝혀지지 않았다.

12) 컴패니언층을 싸고 있는 층을 바깥쪽뿌리층이라 하며 벌지구역에서 줄기세포가 빠져나와 증식하고 분화하면서 아래쪽으로 내려가는 통로이다.

13) 바깥쪽뿌리층을 싸고 있는 최외각층을 결합조직층이라 한다. 더말파필라세포의 사촌 격인 더말쉬드세포가 주거하는 지역이다.

모낭주기

머리카락 생성 기본구조인 모낭에서 머리카락이 생성되고 어느 정도 시간이 경과되면 머리카락이 저절로 빠진다. 하지만 다행스럽게 머리카락이 빠진 그 자리, 그 모낭에서 신기하게도 다시 머리카락이 자라기 시작한다. 머리카락이 빠진 모낭을 폐업처리하고 그 옆에서 새로운 모낭을 다시 형성하여 머리카락을 생성하지는 않는다. 이런 식으로 머리카락은 배아기 때 형성되기 시작한 그 모낭에서 평생 자라고 빠지고 하는 주기를 반복한다. 이 과정을 모낭주기hair follicle cycle, 털주기hair cycle 또는 털성장주기hair growth cycle 등으로 표현한다.

필자가 어렸을 때 어르신들께서는 부추(정구지)의 뿌리를 집 앞마당 텃밭에 심어 부추를 재배하셨다. 자라난 부추는 잘라서 음식재료로 사용하였고 다시 자라면 또 잘라 부추전과 같은 맛있는 음식을 만들곤 하였다. 이렇게 부추를 계속 얻을 수 있었던 이유는 한 뿌리에서 부추가 계속 자라났기 때문이다.

머리카락 재생에 부추의 뿌리 역할을 하는 세포가 존재한다. 줄기세포이다. 제2장에서 다룬 바와 같이 머리카락을 만드는 줄기세포는 벌지구역에 존재한다. 머리카락이 빠진 곳에서 머리카락이 다시 생성되기 위해서는 이 줄기세포가 활성화되어 증식하고 분화되어 머리카락 세포로 변해야 한다. 그래야 머리카락을 다시 생성할 수 있다. 이시기는 머리카락이 자라는 시기로 성장기anagen라 한다. 머리카락은 한 달에 약 1센티미터 정도 자란다. 이렇게 해서 보통 2~6년 자라다가 어느 시점에서 벌지구역에 존재하는 줄기세포를 제외한 모낭의 모든 머리카락 세포는 제4장에서 다룬 세포자멸사로 갑자기 죽게 되어 머리카락 생성이 중단된다. 이렇게 세포자멸사는 약 2~3주 동안 계속되고 모낭의 머리카락 세포는 거의 모두 죽는다고 해도 과언이 아니다. 이 기간을 퇴행기catagen라 한다. 여기서 주의해야 할 점이 있다. 두피에 약 10만 개의 모낭이 존재하는데 이 모낭 모두가 동시에 세포자멸사를 경험하는 것이 아니다. 모낭의 약 10% 안팎이 세포자멸사를 경험한다. 이 기간이 지나면 모낭에서 곧바로 머리카락이 재생되는 것은 아니다. 모낭도 조금 쉬어야 하기 때문이다. 모낭이 새 머리카락의 성장기를 도모하기 위해 약 3~6개월 정도 휴식을 취한다. 이 시기를 모낭의 휴지기telogen라 한다. 또 이때서부터 퇴행기 때 세포자멸사를 경험한 모낭에서 머리카락이 빠지기 시작한다. 이런 이유로 휴지기의 기간이 약 3~6개월 정도를 고려해 볼 때 하루에 최대 100가닥의 머리카락이 빠지는 것은 생리적으로 지극히 정상이다. 이렇게 휴지기가 끝나면 또 하나의 성장기가 시작되어 새로운 머리카락이 생성되기 시작한다. 따라서 모낭은 모낭주기의 성장기-퇴행기-휴지기 반복과정을 통해 우리에게 평생 머리카락을 제공한다.

모낭주기

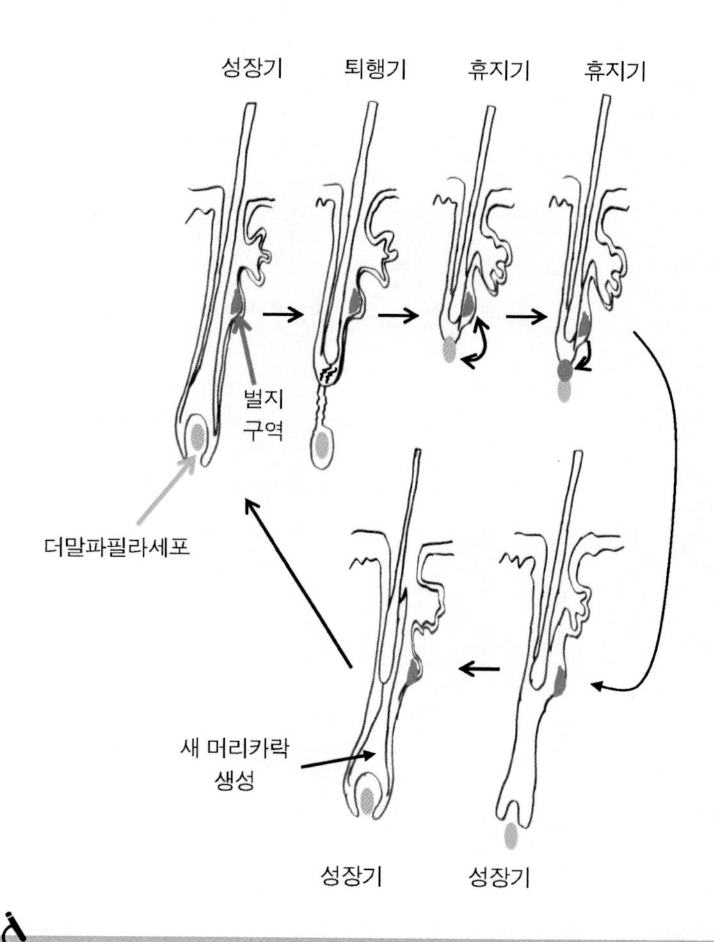

그림 1 머리카락 생성 기본구조인 모낭에서 머리카락이 생성되고 어느 정도 시간이 경과되면 머리카락이 저절로 빠진다. 이런 식으로 머리카락은 배아기 때 형성되기 시작한 그 모낭에서 평생 자라고 빠지고 하는 주기를 반복한다. 이 과정을 모낭주기라 한다. 보통 2-6년 정도의 주기로 이루어진다. 모낭주기는 머리카락이 자라는 시기인 성장기, 탈모를 야기하기 위해 모낭의 머리카락세포가 거의 모두 세포자멸사하는 시기인 퇴행기, 그리고 모낭이 새 머리카락 생성의 성장기를 도모하기 위해 휴식을 취하는 시기인 휴지기로 구성된다.

1. 성장기: 줄기세포가 머리카락 세포로 분화하고 증식하여 머리카락을 형성하는 시기

모낭의 성장기를 이해하기 위해서는 모낭이 휴식을 취하는 휴지기 때 벌어진 일부터 알아야 한다. 퇴행기에 거의 모두 생을 마감한 머리카락 세포 때문에 더말파필라세포는 매우 상심하였을 것이다. 전쟁 때 백성을 모두 잃어버린 왕과 같은 심정일 것이다. 백성 없이 무슨 정치를 하고 나라를 이룰 수 있단 말인가? 이러한 심정으로 더말파필라세포는 제2장에서 언급한 벌지구역에 접근하여 도움을 요청한다. 나라를 다시 이루기 위해 백성이 절실히 필요했기 때문이다. 벌지구역은 더말파필라세포의 요청을 접수하고 그 구역에 거주하고 있는 줄기세포 일부를 더말파필라세포에 건네준다. 이것이 바로 그 유명한 이차헤어점세포secondary hair germ cell이다. 모종을 만들기 위해 곳간에 쌓여 있는 벼 종자를 곳간 밖으로 한가마니 빼낸 것이나 다름없다.

이차헤어점세포를 토대로 더말파필라세포는 나라를 다시 세운다. 즉, 앞으로 2~6년간 머리카락 생성에 필요한 세포를 이차헤어점세포로부터 만들어 내기 시작한다. 바로 이때가 모낭의 성장기가 시작되는 시기이다. 성장기가 시작되면 이차헤어점세포는 증식과 분화를 통하여 조금씩 아래로 내려온다. 바로 이 통로가 제9장에서 언급한 바깥쪽뿌리층이다. 이 통로를 통해 내려오는 세포를 TA세포transit amplifying cell라 하며 벌지구역에 있는 줄기세포와 이로부터 분화한 머리카락 세포 사이에 존재하는, 그러나 머리카락 세포에 더 가까운 줄기세포라 생각하면 그리 틀리지 않을 것이다.

TA세포가 더욱 증식하고 분화되면 매트릭스세포matrix cell로 되며 머리카락 세포 바로 전 단계에 있는 전구세포라 할 수 있다. 매트릭스세포는 분화가 완전히 이루어질 경우 여러 종류의 머리카락 세포로 변한다. 제9장에서 언급한 큐티클세포, 코르텍스세포, 메둘라세포 그리고 안쪽뿌리층을 이루는 세포 등이며 앞의 3종류의 세포는 머리카락을 형성하는 세포이고 안쪽뿌리층은 머리카락이 잘 성장할 수 있도록 지지해 주는 역할을 한다. 이때 제20장에서 언급할 멜라닌 줄기세포도 벌지구역에서 빠져 나와 멜라닌세포로 분화한 후 머리카락 세포 인근에 도달하여 멜라닌색소를 머리카락 세포에 공급한다.

성장기를 요약하면 벌지구역에서 갓 나온 이차헤어점세포가 TA세포, 매트릭스세포 그리고 각종 머리카락 세포로 분화되고 또 멜라닌 줄기세포도 멜라닌세포로 분화되어 약 2~6년 동안 머리카락을 생성하는 매우 중요한 시기이다.

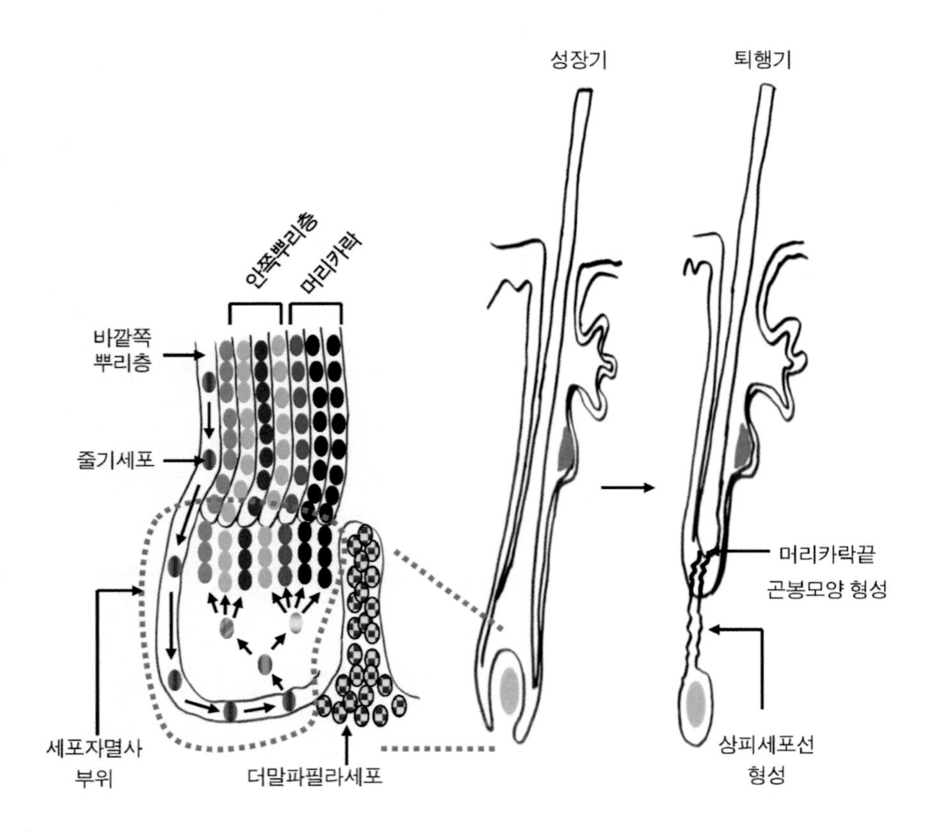

그림 2 성장기 때 모낭 아래에 있는 각종 머리카락세포는 분화하고 증식하여 머리카락을 생성한다. 그러나 어느 시점에 갑자기 세포가 세포자멸사하여 퇴행기를 겪게 된다. 세포자멸사를 겪은 머리카락은 아래 끝이 곤봉과 같이 둥근 모양을 하게되고 그 아래 세포자멸사한 세포는 상피세포선을 이루어 곤봉에 매달리게 되며 더나아가 상피세포선 아래 끝에는 더말파필라세포가 매달려 있는 형태가 이루어지게 된다. 왼쪽 그림은 세포자멸사하는 세포들을 더욱 자세하게 표시하였다.

2. 퇴행기: 머리카락 세포가 스스로 생을 마감하는 시기

머리카락은 일생동안 한 번의 성장기를 통해 계속 자라지는 않는다. 앞에서 언급한 바와 같이 어느 시점에서 갑자기 벌지구역에 있는 줄기세포와 더말파필라세포를 제외하곤 거의 모든 모낭 세포가 죽는다. 제4장에서 다룬 세포자멸사이다. 이 기간을 퇴행기라 한다. 퇴행기는 성장기가 시작해서 2~6년 후에 발생한다.

모낭을 3등분하였을 때 위의 1/3은 세포자멸사하지 않는 부위이다. 여기에 줄기세포가 있는 벌지구역이 포함되어 있다. 이 부위는 우리가 생을 마감할 때까지 거의 죽지 않는 부위라 하여도 틀린 말은 아니다. 그러나 아래 2/3는 성장기 때 머리카락 세포가 성장하여 형성되는 부위이고 퇴행기 때에는 세포자멸사하여 모두 없어지는 부위이다. 따라서 이때 모낭은 위의 1/3만 남는다.

세포자멸사를 겪은 머리카락은 아래 끝이 곤봉과 같이 둥근 모양을 하게 되고 그 아래 세포자멸사한 세포는 상피세포선epithelial strand을 이루어 곤봉에 매달리게 되며 더 나아가 상피세포선 아래 끝에는 더말파필라세포가 매달려 있는 형태가 이루어지게 된다. 그 이후 머리카락 곤봉은 줄기세포가 존재하는 벌지구역까지 이동하게 된다. 이때 상피세포선도 따라 올라가 여기에 매달려 있는 더말파필라세포는 벌지구역까지 인접하게 된다. 이후 상피세포선은 없어지고 더말파필라세포는 다음을 도모하기 위해 인접한 벌지구역과 소통을 시도하기 시작한다.

제2장에서 언급한 바와 같이 벌지구역이란 불룩하게 튀어 나온 부분을 일컫는다. 사실상 퇴행기 중 벌지구역으로 이동한 머리카락은 아래 끝 부분이 곤봉모양으로 되어 있어 그 주위가 불룩하게 튀어 나오게 된다. 이런 상황에서 머리카락이 빠질 때 곤봉모양이 차지한 공간에 줄기세포가 메워지게 되는데, 바로 이 때문에 불룩한 벌지구역이 형성된다.

휴지기

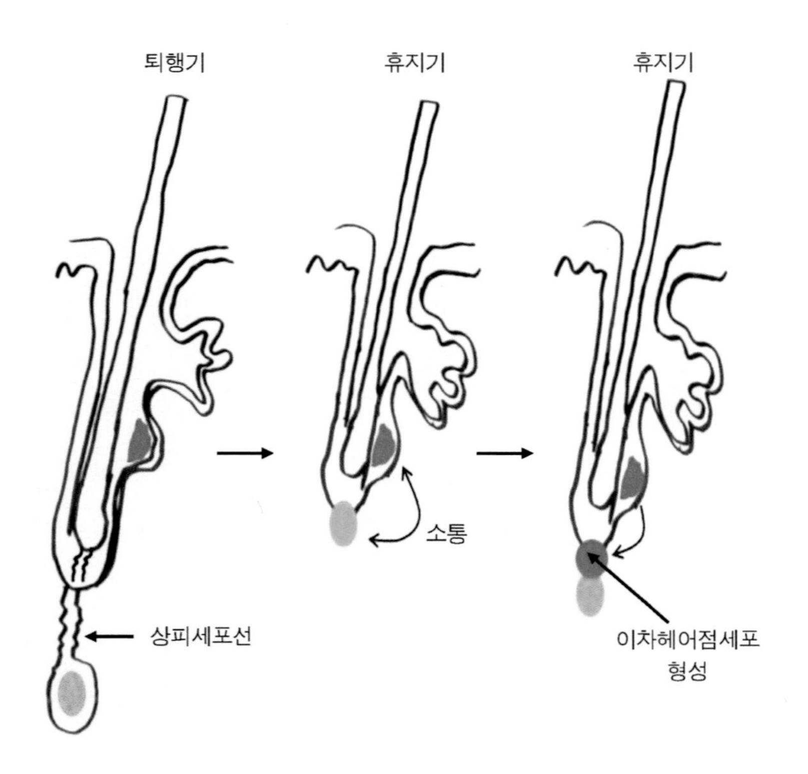

그림 3 퇴행기 이후 머리카락 곤봉은 줄기세포가 존재하는 벌지구역까지 이동하게 된다. 이때 상피세포선도 따라 올라가 여기에 매달려 있는 더말파필라세포는 벌지

구역까지 인접하게 된다. 더말파필라세포는 다음을 도모하기 위해 인접한 벌지구역과 소통을 시도하기 시작한다. 이 시기에 모낭의 더말파필라세포는 벌지구역과 물밑접촉 과정을 통해 성공적으로 줄기세포를 확보한다. 이것이 이차헤어점세포이다. 이차헤어점세포 형성없이 성장기가 시작되지 않는다.

3. 휴지기: 모낭이 다음 성장기를 위해 휴식하며 준비하는 시기

모낭은 수년간 머리카락 생성에 전념을 다하였고 또 최근에는 갑자기 퇴행기라는 상喪을 당하여 심신이 매우 피로할 것임이 틀림없다. 따라서 휴지기는 모낭이 다음의 털을 생성하기 위해 취하는 휴식기간이다. 약 3~6개월 정도 휴식을 취한다.

모낭은 휴지기 때 휴식만 취하지는 않는다. 다음 성장기를 위해 이미 작업에 들어가 있음을 관찰할 수 있었다. 이 시기에 모낭의 더말파필라세포는 벌지구역과 물밑접촉 과정을 통해 성공적으로 줄기세포를 확보하였다. 앞에서 언급한 이차헤어점세포이다. 이차헤어점세포 형성 없이 성장기가 시작되지 않는다는 연구결과도 있다. 필자가 군 생활을 할 때 5분대기조로 근무한 때도 있었다. 5분대기조란 부대 인근에 간첩으로 의심되는 거동수상자가 있다고 신고 받았을 경우, 신고접수 5분 이내에 출동할 수 있는 조이다. 5분대기조는 취침을 할 때도 전투복과 군화를 착용하고 취침을 한다. 출동준비 시간을 절약하여 유사시 5분 이내 출동을 하기 위해서이다. 이렇게 볼 때 이차헤어점세포는 모낭의 성장기를 위한 5분대기조이다. 모낭의 5분대기조인 이차헤어점세포가 없을 경우 갑작스런 성장기 출현에 적절하게 대처할 수 없을 것이라 사료된다.

요약하여 보면 휴지기는 모낭이 휴식하는 기간이지만 다음 성장기를 위해 모낭의 더말파필라세포가 이미 작업에 들어간 시기라 할 수 있다.

성장기

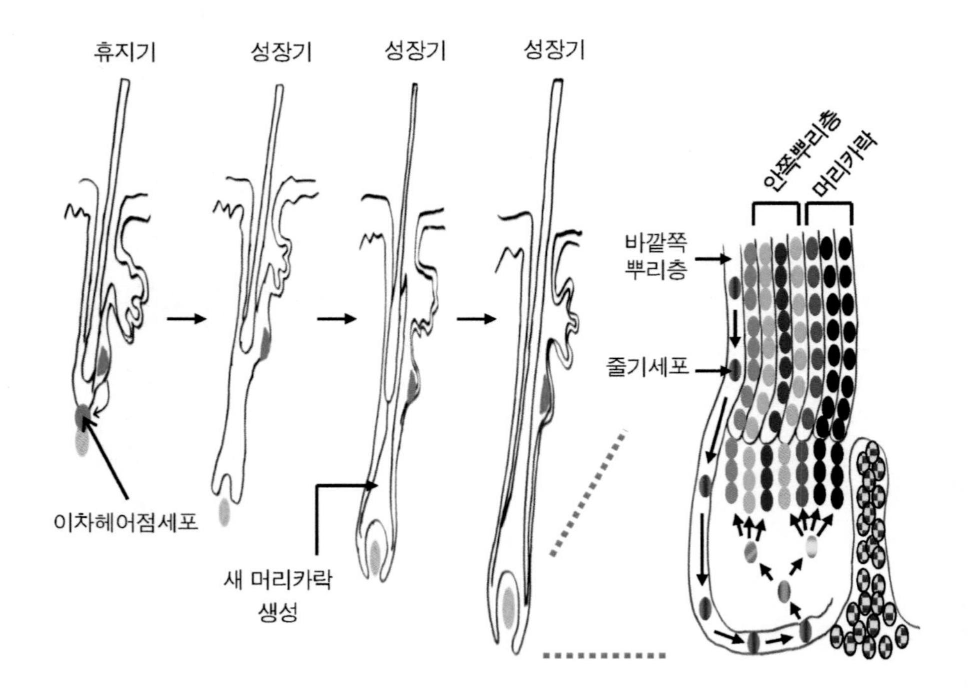

그림 4 성장기가 시작되면 휴지기때 형성된 이차헤어점세포는 증식과 점차적 분화를 통하여 TA세포, 매트릭스세포, 그리고 최종적으로 각종 머리카락세포로 분화되어 약 2년 내지 6년 동안 머리카락을 생성하는데 사용된다. 안드로겐성 탈모는 이들 세포의 수가 작아져 성모에서 솜털로 변하게 되고 결국 탈모로 이어진다.

4. 모낭주기를 움직이는 생리인자

모낭주기를 크게 성장기, 퇴행기 그리고 휴지기로 나누었다. 한 과정에서 다음 과정으로 이행할 때 많은 소통인자가 분비된다. 사실상 현재가지 밝혀진 모든 소통인자를 토론하여 이해하는 것은 전문가조차도 매우 어려운 일일 수 있다. 그 이유는 분비되는 생리인자가 단순히 한두 가지가 아니기 때문이다. 또 모낭주기의 진행에 따라 서로 주거니 받거니 하기 때문이다. 또 학계에서 각각의 소통인자 기능이 정립되고 있는 중이라 사료되기 때문에 여기서 상세하게 토론하는 것은 아직 시기상조라 생각한다. 또 전체적 모낭주기 과정을 이해하는데 그리 큰 도움을 주지 못한다고 사료되어 간단하게 알아보기로 하자.

상당히 많은 생리인자들이 모낭주기 과정에 관여된다고 보고되었다. 그 중에는 머리카락 형성을 활성화하는 또는 억제하는 생리인자가 뒤섞여 분비된다. 그러나 요약하여 본다면 활성인자가 더 많으냐 또는 억제인자가 더 많으냐에 따라 모낭주기가 결정된다고 학계는 내다보고 있다. 예를 들어 보자. 제2장에서 언급한 윈트 생리인자는 모낭 형성뿐만 아니라 발모에 가장 중요한 활성인자 중 하나이다. 휴지기 후기부터 분비되기 시작하여 퇴행기 전까지 분비된다. 한편 가장 중요한 발모 억제인자 중 하나인 BMP 생리인자는 퇴행기에 걸쳐 휴지기 전기까지 많이 분비되다가 휴지기 후기로 접어들면서 분비량이 적어지게 된다. 즉, 긍정(활성)의 힘이 더 우세한 경우에는 성장기가 이루어지고, 만약 부정(억제)의 힘이 더 우세한 경우에는 퇴행기가 이루어진다. 이들 생리인자 외에도 제2장에서 언급한 쉬, 노긴과 같은 생리인자는 모낭주기의 성장기 활성인자로도 사용된다. 퇴행기와 같은 모낭주기 과정을 활성화하여 머리카락 생성을 억제하는 생리인자로는 TGF-beta, DKK인자 등이 존재한다.

모낭주기를 움직이는 생리인자

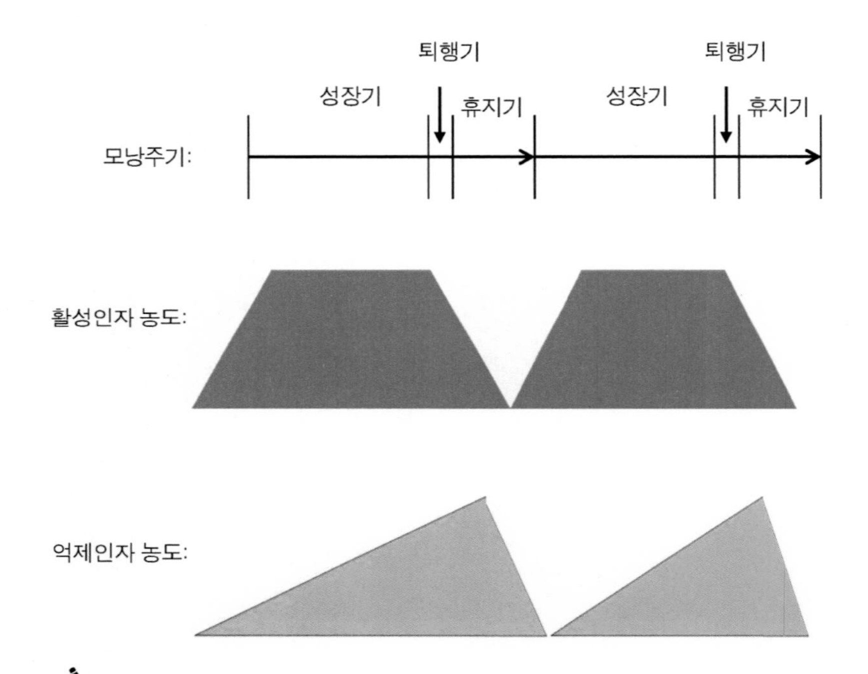

그림 5 모낭주기의 진행에 많은 소통인자가 관여하며 활성 또는 억제하는 생리인자가 뒤섞여 관여한다. 예로 윈트 생리인자는 모낭 형성 뿐만 아니라 발모에 가장 중요한 활성인자 중 하나이며 휴지기 후기부터 퇴행기 전까지 왕성하게 분비된다. 한편 억제인자로서 발모를 억제하는 BMP 생리인자는 퇴행기에 걸쳐 휴지기 전기까지 분비되다가 휴지기 후기로 접어들면서 분비량이 적어지게 된다. 즉, 긍정(활성)의 힘이 더 우세한 경우에는 성장기가 이루어지고, 만약 부정(억제)의 힘이 더 우세한 경우에는 퇴행기가 이루어진다.

5. 요점

1) 머리카락 생성 기본구조인 모낭에서 머리카락이 생성되고 어느 정도 시간이 경과되면 머리카락이 저절로 빠진다. 이런 식으로 머리카락은 배아기 때 형성되기 시작한 그 모낭에서 평생 자라고 빠지고 하는 주기를 반복한다. 이 과정을 모낭주기라 한다.

2) 모낭주기는 머리카락이 자라는 시기인 성장기, 탈모를 야기하기 위해 모낭의 머리카락 세포가 거의 모두 세포자멸사하는 시기인 퇴행기 그리고 모낭이 새 머리카락 생성의 성장기를 도모하기 위해 휴식을 취하는 시기인 휴지기로 구성된다.

3) 휴지기에 더말파필라세포는 벌지구역에 접근하여 줄기세포의 일부를 접수받는다. 이차헤어점세포이다. 성장기가 시작되면 이차헤어점세포는 증식과 점차적 분화를 통하여 TA세포, 매트릭스세포 그리고 최종적으로 각종 머리카락 세포로 분화되어 약 2~6년 동안 머리카락을 생성하는데 사용된다. 안드로겐성 탈모는 이들 세포의 수가 작아져 성모에서 솜털로 변하게 되고 결국 탈모로 이어진다.

4) 일반적으로 모낭을 3등분하였을 때 위의 1/3은 세포자멸사하지 않는 부위이다. 여기에 줄기세포가 있는 벌지구역이 포함되어 있다. 그러나 아래 2/3는 성장기 때 머리카락 세포가 성장하여 형성되는 부위이고 퇴행기 때에는 세포자멸사하여 모두 없어지는 부위이다. 따라서 이때 모낭은 위의 1/3만 남는다.

5) 세포자멸사를 겪은 머리카락은 아래 끝이 곤봉과 같이 둥근 모양을 하게 되고 그 아래 세포자멸사한 세포는 상피세포선을 이루어 곤봉에 매달리게 되며 이 선 끝에 더말파필라세포가 매달려 있는 형태가 이루어지게 된다. 그 이후 상피세포선은 없어지고 매달려 있던 더말파필라세포는 벌지구역까지 이동하여 그 구역과 소통할 기회를 얻게 된다.

6) 휴지기는 다음 성장기를 위해 휴식하는 시간이기도 하지만 또 다음 성장기 시작을 준비하는 시기이기도 하다. 그 중 이차헤어점세포 형성이 제일 중요하다.

7) 모낭주기의 진행에 많은 소통인자가 관여하며 활성 또는 억제하는 생리인자가 뒤섞여 관여한다. 예로 윈트 생리인자는 모낭 형성뿐만 아니라 발모에 가장 중요한 활성인자 중 하나이며 휴지기 후기부터 퇴행기 전까지 분비된다. 한편 발모를 억제하는 BMP 생리인자는 퇴행기에 걸쳐 휴지기 전기까지 분비되다가 휴지기 후기로 접어들면서 분비량이 적어지게 된다. 즉, 긍정(활성)의 힘이 더 우세한 경우에는 성장기가 이루어지고, 만약 부정(억제)의 힘이 더 우세한 경우에는 퇴행기가 이루어진다.

모낭주기를 조절하는 생체리듬

비행기를 타고 장거리 외국 여행을 할 경우, 출발지와 목적지의 밤낮이 바뀔 때 또는 직장에서 하루 2교대하는 근로자가 주간 근무에서 야간 근무로 전환할 경우에 시차적응으로 인한 생체리듬 또는 바이오리듬의 변화로 피곤함을 느낀다. 여기서 장거리 외국 여행에서 발생되는 시차적응증을 우리는 특별히 젯레그jet leg라고 한다.

생체리듬은 우리 생체 내에 존재하는 주기적 변화를 말한다. 우리가 자고 일어나는 주기는 시간적으로 매우 일정하다. 그 주기가 24시간이며 이런 리듬을 학문적으로 써케디언리듬circadian rhythm이라 한다. 그러나 그 주기가 24시간 이상인 경우가 있는데 이를 인프라디언리듬infradian rhythm이라 한다. 여성의 생리주기는 약 28일이고 모낭주기의 경우 2~6년 정도이므로 이 부류의 생체리듬에 속한다. 이러한 생체리듬에 변화가 생겼을 때, 최악의 경우, 각각 불임, 탈모가 유발될 가능성이 있다.

1. 생체리듬의 유지

생체리듬이 형성되는 과정을 이해하기 위해 실험동물의 취침주기와 같은 비교적 간단한 써케디언리듬에 대해 많은 연구가 이루어졌다(*Foster et al, Philos Trans R Soc Lond B Biol Sci, 2001, 356권, 1779-89쪽*). 예로 일정한 밤낮의 주기 하에 실험동물의 취침시간은 매일 일정하게 고정되어 있음이 관찰되었다. 그러나 밤이 없는 낮의 상태를 계속 유지하고 실험동물의 취침시간을 관찰하였는데 매우 흥미로운 결과를 얻었다. 취침시간이 매일 조금씩 늦어지는 것이었다. 이 현상에 대해 많은 연구를 한 결과 일정량의 빛이 매일 규칙적인 취침시간을 유도하여 주고 있다는 것을 밝혔다.

여기서 빛과 같이 규칙적인 생체리듬의 주기성을 결정지어 주는 외부인자를 독일어로 짜이트게버Zeitgeber라 하며 영어의 "time giver" 또는 "synchronizer"의 의미를 가지고 있다. 짜이트게버는 음악의 템포나 박자를 맞출 때 사용하는 메트로놈metronome의 기능과 비슷한 기능을 한다. 즉, 짜이트게버는 외부환경과 생체리듬을 서로 싱크로나이즈synchronize화하는 것을 의미이다. 여기서 싱크로나이즈는 동시에 벌어진다는 것을 의미하며 수영선수들 모두 동시에 똑같은 행동을 취하며 수영하는 올림픽경기의 싱크로나이즈 수영 종목에서 싱크로나이즈 의미를 쉽게 파악할 수 있다.

앞에서 언급한 바와 같이 주간 근무자가 야간에 투입되어 근무하기 시작하면 짜이트게버 즉, 규칙적인 생체리듬의 주기성을 결정하는 인자가 변하기 때문에 근무자의 생체리듬 변화가 불가피하고 이로 인해 생체리듬의 혼란이 야기된다. 사실상 짜이트게버는 생체리듬의 주기성을 결정하는 인자이기 때문에 빛뿐만 아니라 온도, 음식, 소음, 사회생활 등 모든 조건이 여기에 포함되며, 이들 짜이트게버에 의해 복합적으로 규칙적인 생체리듬의 주기성이 결정된다.

생체리듬

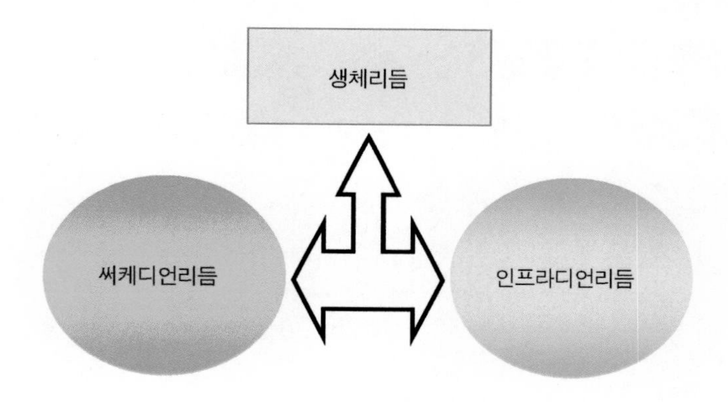

그림 1 생체리듬은 우리 생체 내에 존재하는 모든 주기적 변화를 말한다. 우리가 자고 일어나는 주기는 시간적으로 매우 일정하다. 그 주기가 24시간이며 이런 리듬을 학문적으로 써케디언리듬이라 한다. 그러나 그 주기가 24시간 이상인 경우가 있는데 이를 인프라디언리듬이라 한다. 여성의 생리주기는 약 28일이고 모낭주기의 경우 2-6년 정도 이므로 이 부류의 생체리듬에 속한다.

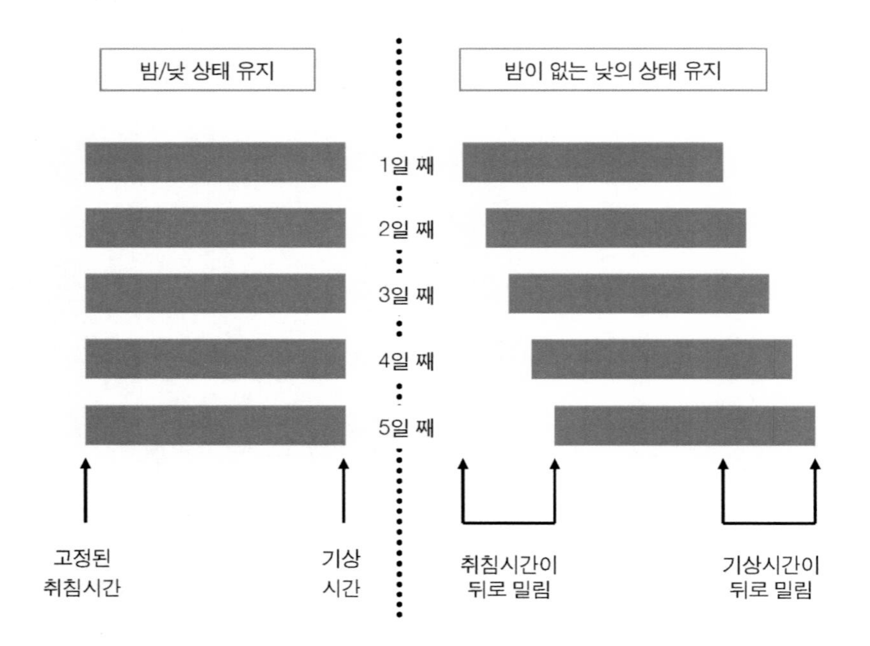

그림 2 일정한 밤낮의 주기 하에 실험동물의 취침시간은 매일 일정하게 고정되었지만 밤이 없는 낮의 상태를 계속 유지하고 실험동물의 취침시간을 관찰하였을 때 취침시간이 매일 조금씩 늦어짐을 관찰하였다. 이 현상에 대해 많은 연구를 한 결과 일정량의 빛이 매일 일정한 취침시간을 고정시켜 주고 있다는 것을 밝혔다. 여기서 빛과 같이 규칙적인 생체리듬의 주기성을 결정지어 주는 외부인자를 독일어로 짜이트게버라 하며 음악의 템포나 박자를 맞출 때 사용하는 메트로놈의 기능과 비슷한 기능을 한다.

2. 생체리듬 유지 장소와 기전

빛이 어떻게 생체리듬의 주기성을 결정하는지에 대해 간단하게 알아보자. 빛에 의해 규칙적인 생체리듬이 결정되는 곳은 시상하부의 시교차상핵이며 약 1만개의 신경세포가 모여 있는 곳이다. 빛은 제일 먼저 눈 망막에 존재하는 시세포에서 감지되고 전기신호로 바뀌어 시신경을 따라서 시교차상핵에 존재하는 시상핵 신경세포에 전달되며 이로 인해 규칙적인 생체리듬을 결정하는 유전자를 발현시킨다.

사실상 써케디언리듬을 결정하는 여러 유전자가 밝혀졌다. 이를 생체시계 유전자circadian clock gene라 하는데 Clock/Bmal1 전사인자 유전자들이 여기에 속한다*(http://en.wikipedia.org/wiki/CLOCK)*. 그림4에서 보는 바와 같이 이 전사인자들은 생체리듬을 결정하는 모든 유전자를 발현하여 써케디언리듬을 만들어낸다. 여기서 더욱 중요한 사실은 자기 자신을 제어하는 유전자도 발현시킨다는 것이다. 한 예로 Per1 억제전사인자 유전자이다. Clock/Bmal1 전사인자들에 의해 발현된 Per1 억제전사인자는 Clock/Bmal1 전사인자들의 기능을 억제하여 그 결과로 자신의 발현을 억제한다. 이런 식으로 그림4에서 보는 바와 같이 생체리듬 주기성 결정에 관여하는 유전자 발현에 리듬이 형성되어 결국 규칙적인 생체리듬의 주기성이 형성된다.

그림5에서 보는 바와 같이 전기신호를 전달받은 시상핵 신경세포는 CREB 전사인자를 인산화하여 활성화하고, 이로 인해 Clock/Bmal1 전사인자가 더욱 활성화되어 Per1 억제전사인자 유전자를 더욱 많이 발현시

킨다. 그 결과 생체리듬이 조금씩 밀려나가는 것을 억제한다*(Gau et al, Neuron, 2002, 34권, 245~253쪽)*. 바로 이 이유 때문에 햇빛이 짜이트게버로서 그 역할을 하게 되는 것이다. 즉, 규칙적인 생체리듬이 매일 유도된다. 여기서 인산화란 일반적으로 단백질 등에 무기질인 인산기(燐酸基, -PO43-)를 결합하여 단백질의 기능을 더욱 활성화 또는 억제시키는 역할을 하며 생체가 단백질의 기능을 제어하는데 매우 중요하게 사용하는 방법 중 하나이다.

요약하면 짜이트게버의 일종인 빛은 생체시계 유전자인 각종 전사인자 유전자를 활성화하여 생체리듬의 주기성을 결정하는 유전자를 발현시킨다. 또 그 자신을 견제하는 유전자도 발현하여 서로 물고 물리는 제어구조 regulatory loop가 형성되고, 이로 인해 규칙적인 생체리듬의 주기성이 결정된다. 즉, 짜이트게버는 생체리듬의 유저나 발현 제어구조를 조절하여 생체리듬의 주기성을 정확하게 유지하여 주는 매우 중요한 인자라 할 수 있다.

생체리듬의 주기성을 결정하는 곳: 시상하부의 시교차상핵

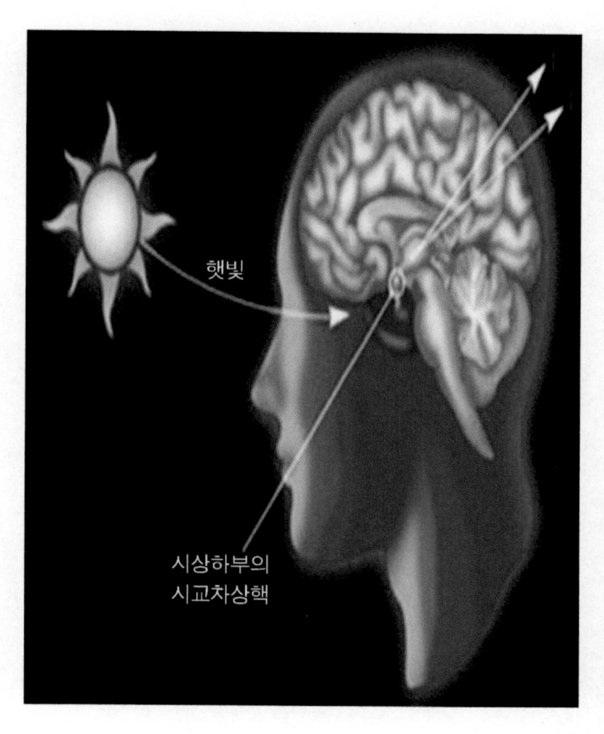

그림 3 짜이트게버인 빛에 의해 규칙적인 생체리듬이 결정되는 곳은 시상하부의 시교차상 핵이며 약 1만개의 신경세포가 모여 있는 곳이다. 빛은 제일 먼저 눈 망막에 존재하는 시세포에서 감지되고 전기신호로 바뀌어 시신경을 따라서 시교차상핵에 존재하는 시상핵 신경세포에 전달되어 생체리듬 주기성을 결정한다.

3. 모낭주기 생체리듬과 생체시계 유전자: Clock/Bmal1

모낭은 각종 머리카락 세포, 멜라닌세포, 더말파필라세포, 신경, 혈관 등의 조화를 통해 성장기-퇴행기-휴지기 주기를 반복하며 평생 우리에게 머리카락을 제공한다. 모낭주기는 2년에서 6년이므로 일종의 인프라디언리듬에 속한다.

2009년 미국의 보기 안데르센Bogi Andersen 연구진은 모낭의 휴지기와 성장기 초기에 생체시계 유전자인 Clock/Bmal1 전사인자가 모낭에서 많이 발현된다는 사실을 발견하였다. 한편 이 연구진은 Clock/Bmal1 유전자가 결핍된 실험쥐에서 모낭의 성장기가 지체되고 있음을 관찰하였고 제10장에서 언급한 휴지기의 이차헤어점세포의 증식에 문제가 있음을 관찰하였다*[PLoS Genet 5(7): e1000573. doi:10.1371/journal.pgen.1000573]*. 2011년 제니크Janich 등은 Bmal1 전사인자 유전자가 결핍된 실험쥐에서 비슷한 결과를 관찰하였고, Clock/Bmal1 전사인자의 기능을 억제하는 Per 전사인자 유전자가 결핍된 실험쥐에서는 정반대의 결과를 관찰하였다*(Nature, 480권, 209~14쪽)*. 요약하면 써케디언리듬에 관여하는 생체시계 유전자가 모낭주기가 속하는 인프라디언리듬에도 관여하고 있음을 시사한다.

생체리듬의 주기성을 결정하는 생체시계 유전자

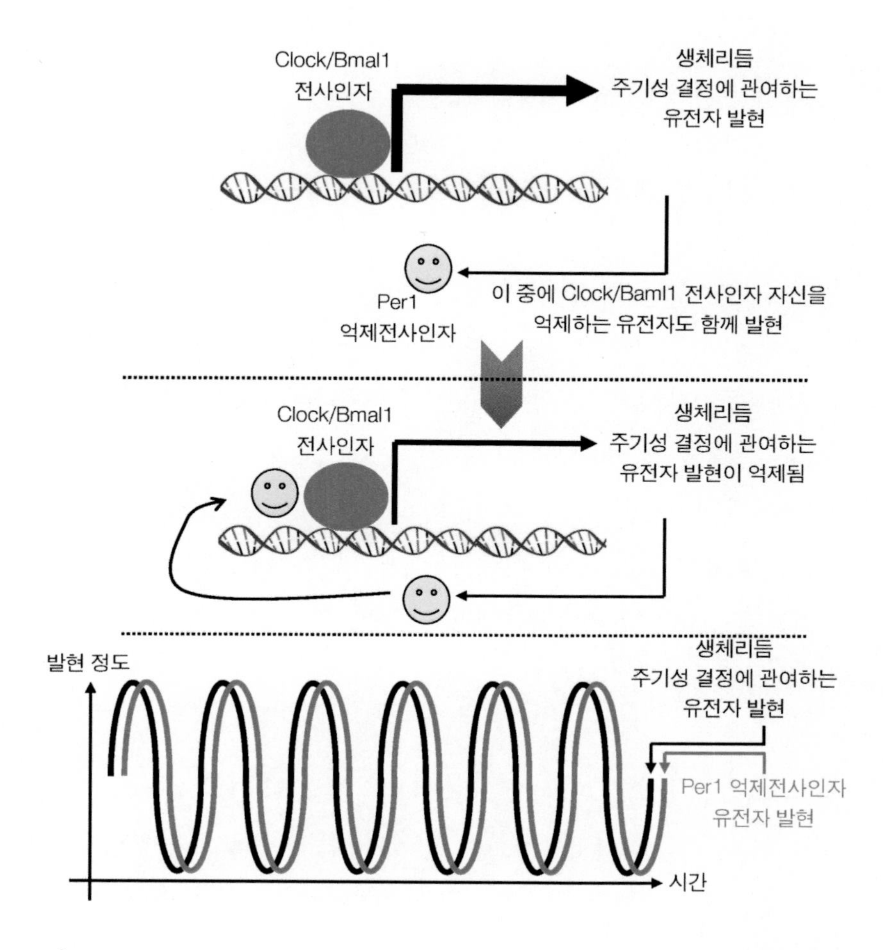

그림 4 사실상 써케디언리듬을 결정하는 여러 유전자가 밝혀졌다. 이를 생체시계 유전자라하는데 Clock/Bmal1 전사인자 유전자들이 여기에 속한다. 이 전사인자들은 생체리듬을 결정하는 모든 유전자를 발현하여 써케디언리듬을 만들어낸다. 여기서 더욱 중요한 사실은 자기 자신을 제어하는 유전자도 발현시킨다는 것이다. 한 예로 Per1 억제전사인자 유전자이다. Clock/Bmal1 전사인자들에 의해 발현된 Per1 억제전사인자는 Clock/Bmal1 전사인자들의 기능을 억제하여 그 결과로 자

신의 발현을 억제한다. 이런 식으로 제일 아래 그림에서 보는 바와 같이 유전자 발현 리듬이 형성되어 결국 생체리듬의 주기성이 형성된다.

4. 모낭주기 생체리듬의 짜이트게버

취침주기의 주요 짜이트게버는 빛이기 때문에 비교적 단순하다. 그러나 모낭주기의 짜이트게버는 아직 정확하게 규명되지 않았다. 하지만 크게 봐서 모낭은 제10장에서 언급한 윈트 생리인자 등에 의해 활성화되고, BMP 생리인자 등에 의해 억제되기 때문에 이 생리인자들을 활성화하는 것이 모낭주기의 짜이트게버라 할 수 있다. 필자는 앞으로 밝혀질 모낭주기의 짜이트게버가 Clock/Bmal1 또는 Per 전사인자 유전자를 활성화하고 이로 인해 윈트나 BMP 생리인자 유전자 등을 발현시킴으로서 모낭주기가 형성되지 않을까 추측해 본다.

2012년 미국의 츄옹Chuong 연구진에 의해 모낭주기의 조절은 모낭의 더말파필라세포, 모낭 사이에 존재하는 지방조직과 인근에 존재하는 모낭, 더 나아가 호르몬, 면역세포, 신경 그리고 외적요소인 계절변화 등에 의해 결정될 수 있다는 가설이 세워졌다(*J Dermatol Sci, 66권, 3~11쪽*). 너무 복잡하여 머리가 지끈지끈 아플 정도다. 하지만 앞으로 전 세계적으로 많은 기초의과학자에 의해 모낭주기의 짜이트게버가 명확하게 밝혀져 기존 탈모치료의 한계를 극복할 수 있는 새로운 탈모치료제 개발에 새로운 아이디어가 제공되기를 기대해 본다.

짜이트게버인 빛이 생체리듬을 제어하는 전사인자에 미치는 영향

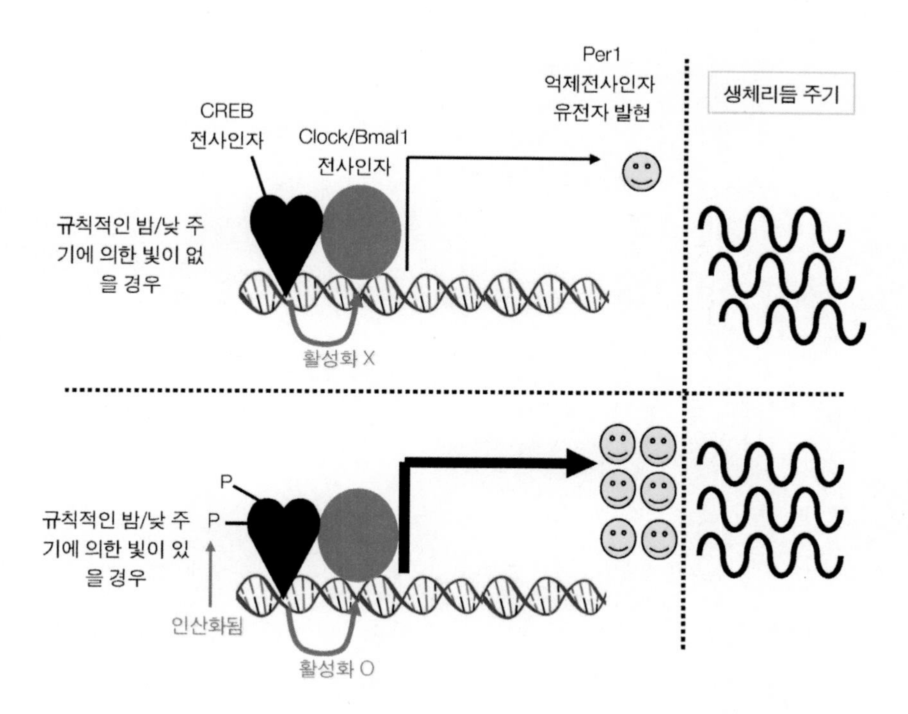

그림 5 아래 그림에서 보는 바와 같이 시교차상핵에 존재하는 시상핵 신경세포에서 빛은 CREB 전사인자를 인산화하여 Clock/Bmal1 전사인자를 더욱 활성화한다. 그 결과 더 많은 Per1 유전자가 발현되어 생체시계가 늦어지지 않고 빛에 의해 다시 셋팅하는 역할을 한다. 바로 이 이유 때문에 짜이트게버로서 빛은 외부환경과 생체리듬을 서로 싱크로나이즈할 수 있다. 오른 쪽 위 그림에서 보는 바와 같이 규칙적인 빛이 없을 경우 생체리듬의 주기가 뒤로 밀려감을 관찰할 수 있다. CREB 전사인자가 인산화되지 않아 충분한 양의 Per1 억제전사인자가 발현되지 못해 자신을 외부환경에 맞추어 효율적으로 싱크로나이즈하지 못하기 때문이다.

5. 요점

1) 비행기를 타고 장거리 외국 여행을 할 경우, 출발지와 목적지의 밤낮이 바뀔 때 시차적응으로 인한 생체리듬 또는 바이오리듬의 변화로 피곤함을 느낀다. 이와 같은 시차적응증을 젯레그라 한다.

2) 생체리듬은 우리 생체 내에 존재하는 주기적 변화를 말한다. 취침주기와 같이 주기가 24시간인 경우 써케디언리듬이라 하며 그 주기가 24시간 이상인 경우가 있는데 이를 인프라디언리듬이라 한다. 여성의 생리주기와 모낭주기가 여기에 속한다.

3) 취침주기의 경우 일정량의 빛이 매일 취침시간을 일정하게 고정시켜 주는데 여기서 빛과 같이 규칙적인 생체리듬의 주기성을 결정지어주는 외부인자를 독일어로 짜이트게버라 한다. 짜이트게버는 음악의 템포나 박자를 맞출 때 사용하는 메트로놈의 기능과 비슷한 기능을 한다.

4) 빛에 의해 생체리듬이 결정되는 곳은 시상하부의 시교차상핵이다. 빛은 제일 먼저 눈 망막에 존재하는 시세포에서 감지되고 전기신호로 바뀌어 시신경을 통해 시교차상핵의 신경세포에 전달된다.

5) 사실상 써케디언리듬을 결정하는 여러 유전자가 밝혀졌다. 이를 생체시계 유전자라 하는데 Clock/Bmal1 전사인자 유전자들이 여기에 속한다. 이 전사인자들은 생체리듬을 결정하는 모든 유전자를 발현하여 써케디언리듬을 만들어낸다. 여기서 더욱 중요한 사실은 자기 자신을 제어

하는 유전자도 발현시킨다는 것이다. 한 예로 Per1 억제전사인자 유전자이다. Clock/Bmal1 전사인자들에 의해 발현된 Per1 억제전사인자는 Clock/Bmal1 전사인자들의 기능을 억제하여 그 결과로 자신의 발현을 억제한다. 이런 식으로 그림4에서 보는 바와 같이 리듬이 형성되어 결국 생체리듬의 주기성이 형성된다.

6) 망막의 시세포는 빛을 전기신호로 바꾸어 시상핵 신경세포에 전달한다. 그림5에서 보는 바와 같이 이 세포에서 빛의 전기신호는 CREB 전사인자를 인산화하여 활성화하고 이로 인해 Clock/Bmal1 전사인자들을 더욱 활성화시킨다. 이로 인해 Per1 억제전사인자 유전자가 더욱 많이 발현되어 Clock/Bmal1 전사인자 기능을 효과적으로 억제한다. 그 결과 생체리듬이 조금씩 밀려나가는 것을 억제한다. 바로 이 이유 때문에 햇빛이 짜이트게버로서 그 역할을 하게 되는 것이다.

7) 모낭은 각종 머리카락 세포, 멜라닌세포, 더말파필라세포, 신경, 혈관 등의 조화를 통해 성장기-퇴행기-휴지기 주기를 반복하며 평생 우리에게 머리카락을 제공한다. 모낭주기는 2년에서 6년이므로 일종의 인프라디언리듬에 속한다. 2009년 미국의 보기 안데르센 연구진과 2011년 제니크 등은 취침주기와 같은 써케디언리듬에 관여하는 생체시계 유전자 Clock/Bmal1 그리고 Per 전사인자가 모낭주기의 인프라디언리듬에도 관여하고 있음을 밝혔다.

8) 모낭주기의 짜이트게버는 아직 정확하게 규명되지 않았다. 하지만 Clock/Bmal1 또는 Per 전사인자 유전자를 활성화하고 이로 인해 윈트

나 BMP 생리인자 유전자 등을 발현시킬 수 있는 인자가 모낭주기의 짜이트게버라 추측해 본다. 이에 대해 2012년 미국의 츄옹 연구진은 모낭의 더말파필라세포, 모낭 사이에 존재하는 지방조직과 인근에 존재하는 모낭, 더 나아가 호르몬, 면역세포, 신경 그리고 외적요소인 계절변화 등에 의해 모낭주기가 결정될 수 있다는 가설을 세웠다. 매우 복잡하지만 앞으로 전 세계적으로 많은 기초의과학자에 의해 모낭주기의 짜이트게버가 명확하게 밝혀져 기존 탈모치료의 한계를 극복할 수 있는 새로운 탈모치료제 개발에 일조하기를 기대해 본다.

털생성 파라독스

우리 몸의 여러 부위에서 털을 관찰할 수 있다. 두피의 머리카락은 말 할 것도 없고 눈썹, 속눈썹, 콧수염, 턱수염, 구레나룻, 생식기 주위의 음모, 겨드랑이 털, 가슴, 등 그리고 팔과 다리의 털이다. 콧구멍과 귓구멍에도 털이 관찰된다. 사실상 손바닥, 발바닥 그리고 입술 등을 제외하곤 우리 몸 전체 표면에 모낭이 분포되어 있어 털이 생성된다.

이렇게 많은 종류의 털이 안드로겐과 같은 인체 내부조건 또는 환경과 같은 외부조건에 똑같이 반응하며 자라는 것일까? 전혀 그렇지 않다. 이에 대해 우리 주위에서 쉽게 찾아 볼 수 있는 예를 하나 들어 보자. 다른 사람보다 숱이 훨씬 더 많고 굵직한 턱수염과 구레나룻 털을 보유한 사람에게서 대머리가 관찰될 경우이다. 상황이 매우 대조되어 이를 털생성 파라독스paradox라 한다. 왜 이런 파라독스가 발생되는지 지금부터 그 속으로 한번 들어가 보자.

1. 털이라 해서 다 같은 종류의 털은 아니다

우리 피부에 존재하는 털 중 눈썹, 속눈썹 그리고 머리카락 등은 털생성의 주요 호르몬인 안드로겐 없이도 잘 자라는 털이다. 따라서 남아는 물론 여아도 눈썹, 속눈썹 그리고 머리카락을 가지고 태어난다. 그 이외의 부위에는 일반적으로 솜털이 관찰된다. 그러나 사춘기에 접어든 남성은 물론 여성도 남성호르몬인 안드로겐에 의해 솜털이 성모로 변하여 겨드랑이 털이나 음모가 관찰되기 시작한다. 이때 털은 소량의 안드로겐만 존재하더라도 잘 자라는 그런 종류의 털이다. 그러나 털생성에 안드로겐이 필요하지만 소량의 안드로겐으로는 잘 자라지 않는 털이 있다. 그것이 바로 가슴털이나 턱수염 등이다. 턱수염이 자라기 위해서는 제7장에서 언급한 제2형 환원효소가 필요하다. 이때 제2형 환원효소는 안드로겐인 테스토스테론에 수소를 두 개 더 붙여 디하이로테스토스테론을 만들고 전구 호르몬인 테스토테론보다 기능이 더 강력하다고 하였다. 턱수염이 생기려면 디하이로테스토스테론 호르몬이 필요하다. 또 털 종류에 따라 성장기간이 다르다. 머리카락의 경우 2~6년, 팔, 다리 그리고 허벅지 털은 3~4개월, 손가락 털은 약 2개월 자라고 빠지는 것으로 알려져 있다. 이처럼 털은 자라는 부위에 따라 그 성질이 매우 다르다.

안드로겐 호르몬에 영향을 받는 털 종류

1. 안드로겐 호르몬없이도 잘 자라는 털: 눈썹, 속눈썹, 머리카락
2. 안드로겐 호르몬이 존재해야 자라는 털: 겨드랑이 털, 음모
3. 더 강력한 안드로겐 호르몬이 존재해야 자라는 털: 턱수염 등

그림 1 눈썹, 속눈썹, 그리고 머리카락 등은 털생성의 주요 호르몬인 안드로겐 없이도 잘 자라는 털이다. 겨드랑이 털이나 음모 생성은 안드로겐인 테스토스테론이 필요하다. 가슴털이나 턱수염 등은 더 강력한 안드로겐인 디하이로테스토스테론이 필요하다. 이처럼 털은 자라는 부위에 따라 안드로겐에 반응하는 양상이 서로 다르다.

2. 털생성 파라독스

조금 전 언급한 바와 같이 머리카락은 안드로겐이 없이도 잘 자란다고 하였다. 이 말은 그 호르몬이 머리카락 생성에 아무 영향을 주지 않는다는 말은 아니다. 우리 두피 중 머리 뒤쪽인 후두부 또는 옆쪽인 측두부는 안드로겐에 영향을 받지 않는다. 그러나 머리꼭지인 정수리 부위와 그 앞쪽 부위는 디하이로테스토스테론 호르몬에 영향을 받아 탈모를 유발한다. 바로 이 현상이 털생성 파라독스이다. 왜 턱수염은 긍정적으로, 머리 두피의 앞쪽과 정수리 부위에는 부정적으로 그리고 머리 두피의 후두부와 측두부에는 영향을 미치지 않는 것일까? 그림3에서 털생성 파라독스의 일면을 보여 주고 있다. 다른 사람에 비해 숱이 많고 굵은 턱수염이 관찰되지만, 반면에 두피 위쪽에 탈모가 두드러지게 관찰되고 있다.

음모나 겨드랑이 솜털은 안드로겐에 반응하여 성모로 변하지만 음모는 나이가 들어감에도 성장에 별 차이를 보여 주지 않는다. 하지만 겨드랑이 털의 경우 20대 중반을 정점으로 시작하여 그 이후 성장이 줄어들기 시작한다. 이것이 털생성의 또 하나의 파라독스이다.

털생성 파라독스

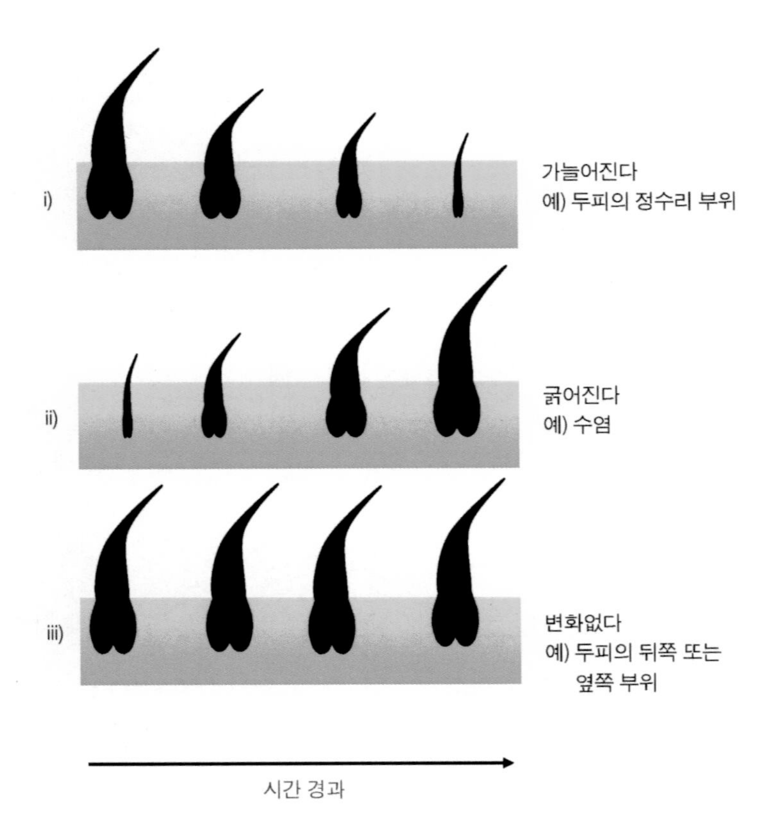

그림 2 모낭의 위치에 따라 안드로겐 호르몬의 일종인 디하이드로테스토스테론에 대한 반응이 서로 다르다. 이 현상을 털생성 파라독스라 한다.

3. 털생성 파라독스 해결 실마리: 모낭 더말파필라세포 출신지

제3장에서 언급한 바와 같이 모낭의 운명은 그 아래 존재하는 더말파필라세포에 의해 결정된다고 하였으며 쥐의 머리와 얼굴에 존재하는 모낭의 더말파필라세포는 신경능에서, 쥐의 몸통에 존재하는 모낭의 더말파필라세포는 중배엽에서 유래된다(*Shakhova et al, StemBook, 2010, doi/10.3824/stembook. 1.51.1*). 닭의 경우를 한 번 알아보자. 대머리가 유발되는 인간 두피 위쪽 또는 정수리 부위에 상응하는 닭 머리 부위에 존재하는 진피조직은 신경능에서, 안드로겐에 의해 탈모가 유발되지 않는 인간 두피의 후두부나 측두부에 상응하는 닭의 부위는 그 진피조직이 중배엽에서 유래된다고 밝혀졌다(*Ziller, Hair Research for the Next Millennium, 1996, Amsterdam, The Netherlands: Elsevier Science, 1~5쪽*). 여기서 진피조직이라 함은 제3장 그림1에서 보는 바와 같이 더말파필라세포가 주거하고 있는 곳이다. 만약 이런 연구결과들이 인간에게도 관찰될 수 있다면 최소한 다음과 같은 가설을 세울 수 있다. "대머리를 유발하는 인간 머리 두피 위쪽 또는 정수리 부위의 모낭 더말파필라세포는 신경능에서, 두피 후두부나 측두부의 모낭 더말파필라세포는 중배엽에서 유래될 가능성이 있다." 만약 이 가설이 현실로 나타난다면 털생성 파라독스의 일부를 해결할 수 있지 않을까 사료된다.

4. 가설을 증명하기 위한 실험 결과

2006년 미국의 럿버그Rutberg 등은 인간의 후두부에 존재하는 모낭의 더말파필라세포와 턱수염 모낭의 더말파필라세포를 분리하고 증식하였다(*J Invest Dermatol, 126권, 2583~95쪽*). 전자는 안드로겐에 반응을 하지 않지만 후자는 반응을 하는 세포이다. 증식된 각각의 세포에 안드로겐을 처리하기 전과 후에 어떤 유전자가 발현되는지 그 양상을 비교하여 보았다. 그 결과 서로 다른 많은 유전자가 각각의 세포에서 발현되었고, 그 중 가장 인상적인 결과는 후두부에 존재하는 모낭의 더말파필라세포에서는 안드로겐 수용체 유전자가 발현되지 않았고 턱수염 모낭의 더말파필라세포에서 그 유전자가 발현되었다. 매우 중요한 실험 결과이다. 이 결과로부터 우리는 다음과 같은 결과를 얻을 수 있다. 첫째, 후두부에 존재하는 모낭의 더말파필라세포는 안드로겐에 반응하지 않는데 그 이유는 아마도 안드로겐 수용체 유전자가 발현되지 않아 수용체가 없기 때문이다. 둘째, 각각의 더말파필라세포는 유래지가 서로 다르거나 또는 설령 같다 할지라도 서로 다른 발생과정을 경험하였을 것이다.

2005년 일본의 이타미Itami 등은 안드로겐성 탈모가 진행되는 부위에 존재하는 모낭과 턱수염 모낭의 더말파필라세포를 분리하고 증식하였다(*J Investig Dermatol Symp Proc, 10권, 209~11쪽*). 이때 각각의 세포에 안드로겐을 처리하고 각각의 세포가 분비한 생리인자들이 함유된 배양액을 머리카락 세포 배양에 사용하였다. 전자의 더말파필라세포 배양액은 머리카락 세포의 증식을 억제하였고 후자의 더말파필라세포 배양액은 그 반대의 효과를 보여 주었다. 더욱 인상적인 실험결과는 전자의 더말파필라세포 배양액에서 TGF-beta 생리인자가 분비되었고 후자의 그것에서는 IGF-1 생리인자가 분비되었음을 보여 주었다. 일반적으로 TGF-beta 생리인자는 머리카락 세포 증식을 억제하는 인자로 유명하며 IGF-1 생리인자는 머리카락 세포 증식을 촉진하는 인자로 유명하다. 이 실험 결과에서 얻을 수 있는 결론은 미국의 럿버그 등의 실험결과에서 얻은 그것과 비슷한 결론을 추론할 수 있다.

털생성 파라독스 예

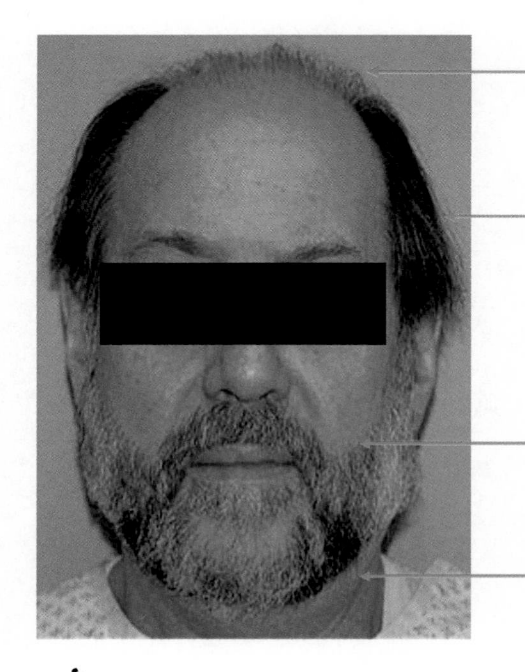

그림 3 안드로겐성 탈모를 겪고 있는 탈모인의 두피에서 머리 뒤쪽인 후두부 또는 옆쪽인 측두부는 안드로겐에 영향을 받지 않는다. 그러나 머리꼭지인 정수리 부위와 그 앞쪽 부위는 디하이로테스토스테론 호르몬에 영향을 받아 탈모가 유발되지만 신기하게도 턱수염은 발모가 촉진된다. 전형적인 털생성 파라독스를 보여 주는 안드로겐성 탈모를 겪고 있는 한 남성 탈모인.

5. 모낭의 털생성 파라독스는 청와대 대통령의 대북정책 파라독스

필자는 더말파필라세포의 파라독스를 청와대에서 집무를 보고 있는 역대 대통령의 대북정책에 대한 파라독스(?!)에 비유하고 싶다. 사실상 발모에 관여하는 모낭의 운명(나라의 운명)을 좌지우지하는 세포는 더말파필라(청와대)에 있는 세포(대통령)이다. 따라서 더말파필라세포는 모낭의 대통령이라 해도 그리 틀린 말은 아닐 것이다. 그런데 국정의 일부인 대북정책에 관해선 김대중 및 노무현 정부와 이명박 정부는 정반대의 견해를 가지고 있다. 즉, 안드로겐(북한)에 반응하는 더말파필라세포(노무현 또는 이명박 대통령)가 어느 부위의 존재하느냐에 따라 발모 또는 탈모(서로 다른 대북정책의 결과)를 유도할 수 있다. 여기서 안드로겐으로 말미암아 탈모를 야기하는 더말파필라세포가 어느 대통령인지는 나중 역사가 말해 주지 않을까 쉽게 판단할 수 있다.

더말파필라세포가 아무리 모낭의 대통령일지라도 북한 즉, 안드로겐에 대한 견해가 서로 다를 수 있어 똑같이 동급으로 취급한다면 털생성, 더 자세하게 표현한다면, 털생성 파라독스의 이해는 물론 기존의 탈모치료 한계를 극복할 수 있는 돌파구 모색에 많은 문제점을 야기할 수 있으리라 사료된다.

자료제공: Rat at WikiFur(Creative Commons Attribution-Share Alike 3.0)

그림 4 쥐의 머리와 얼굴에 존재하는 모낭의 더말파필라세포는 외배엽에서 유래된 신경능에서 그리고 쥐의 몸통에 존재하는 모낭의 더말파필라세포는 중배엽에서 유래된다. 이처럼 인간의 두피에서도 부위에 따라 더말파필라세포의 유래지가 상이하다면 아마도 털생성 파라독스를 해결할 수 있는 실마리가 될 수 있다.

6. 요점

1) 우리 몸 여러 부위에서 털을 관찰할 수 있다. 머리카락, 눈썹, 속눈썹, 콧수염, 턱수염, 구레나룻, 생식기 주위의 음모, 겨드랑이 털, 가슴, 등 그

리고 팔과 다리의 털이다. 사실상 손바닥, 발바닥 그리고 입술 등을 제외하곤 우리 몸 전체 표면에 모낭이 분포되어 있어 털이 생성된다.

2) 눈썹, 속눈썹 그리고 머리카락 등은 털생성의 주요 호르몬인 안드로겐 없이도 잘 자라는 털이다. 겨드랑이 털이나 음모 생성은 안드로겐인 테스토스테론이 필요하다. 가슴털이나 턱수염 등은 더 강력한 안드로겐인 디하이로테스토스테론이 필요하다. 이처럼 털은 자라는 부위에 따라 안드로겐에 반응하는 양상이 서로 다르다.

3) 우리 두피 중 머리 뒤쪽인 후두부 또는 옆쪽인 측두부는 안드로겐에 영향을 받지 않는다. 그러나 머리꼭지인 정수리 부위와 그 앞쪽 부위는 디하이로테스토스테론 호르몬에 영향을 받아 탈모가 유발되지만 신기하게도 턱수염은 발모가 촉진된다. 바로 이 현상이 털생성 파라독스이다.

4) 쥐의 머리와 얼굴에 존재하는 모낭의 더말파필라세포는 외배엽에서 유래된 신경능에서, 쥐의 몸통에 존재하는 모낭의 더말파필라세포는 중배엽에서 유래된다. 만약 쥐와 똑같은 패턴이 인간의 두피에서도 관찰된다면 털생성 파라독스를 해결할 수 있는 실마리가 될 수 있다.

제3부

이탈리아 화가인 레오나르도 다빈치가 1500년대 초반에 그린 모나리자 상 그림

주요 탈모유형과 백발

둘째 아들인 안드레아를 출산한 후 모나리자의 모습이며
산후 탈모 또는 여성형 탈모가 관찰되지 않는다

남성형 탈모

남성이 경험하는 탈모유형 중 가장 흔한 탈모는 안드로겐성 탈모이며, 대다수의 탈모 남성을 괴롭히는 아주 악명 높은 탈모유형이다. 안드로겐성 탈모는 탈모 진행과정에서 탈모의 특정한 패턴을 형성하며 진행하기 때문에 이를 남성형 탈모male pattern hair loss라고도 한다. 이 유형의 탈모는 나이가 보통 40대에 시작되지만 빠른 경우 사춘기에 접어들면서 탈모가 진행될 수 있다. 예로 영국의 윌리엄왕자는 20살에 탈모가 시작되었고 결혼식을 치른 28살에는 정수리 부위에 탈모가 많이 진행되었음을 관찰할 수 있었다. 또 미국의 경우 나이가 15에서 17세 사이의 청소년 중 약 14%에서 안드로겐성 탈모가 관찰될 정도이다. 일반적으로 나이가 30대인 백인 남성의 경우 약 30%, 50대의 경우 약 50%에서 남성형 탈모가 관찰된다.

1. 남성형 탈모의 진행과정

남성형 탈모의 경우 탈모진행 패턴을 자세히 관찰하여 보면 그림2에서 보는 바와 같이 일반적으로 이마의 양쪽 윗부분에서 탈모가 진행되기 시작하고 정수리 부위의 머리카락은 초기의 경우 점차적으로 가늘어지기 시작한다. 또 이마와 접한 앞쪽 머리카락 선은 탈모가 진행됨에 따라 뒤쪽으로 밀려나기 시작한다. 결국 앞쪽과 정수리 쪽의 탈모 진행 부위가 서로 만나 머리 윗부분 전체의 머리카락은 거의 빠져 대머리가 형성되며 빠르면 5년 이내에 또는 일반적으로 15에서 25년 정도 걸려 형성되는 것으로 알려져 있다. 그러나 대머리라고 해서 머리 전체의 머리카락이 모두 빠지는 것은 아니다. 다행히도 머리 윗부분을 제외한 머리의 양 옆쪽 그리고 뒤통수가 있는 후두부에는 탈모가 진행되지 않아 머리카락이 예전 그대로 존재한다. 이 패턴이 전형적인 남성의 안드로겐성 탈모, 즉, 남성형 탈모의 유형이다.

20대 초반부터 남성형 탈모가 진행된 영국의 윌리엄 왕자

자료제공: Pet Pilon

그림 1 영국의 윌리엄 왕자는 20살에 탈모가 시작되었고 2011년 4월 결혼식을 치른 28살에는 정수리와 머리위쪽 부위에 탈모가 많이 진행되었음을 관찰할 수 있었다. 이 사진은 결혼 후 2011년 7월 1일 캐나다 오타와의 첫 로얄방문을 기념하기 위해 찍은 것이다.

2. 남성형 탈모의 특징: 짧은 성장기 유도와 모낭축소

남성형 탈모의 특징은 크게 두 가지가 존재한다. 첫째, 남성형 탈모를 겪고 있는 모낭의 성장기는 정상에 비해 점점 짧아지고 반면에 휴지기는 상대적으로 더 길어진다. 이로 인해 머리카락이 예전보다는 점점 더 짧아지고 더 자주 빠질 수밖에 없다. 결국에는 성장기의 모낭 대신 휴지기 모낭이 차지하게 되어 대머리로 이어지게 된다. 남성형 탈모에서 관찰되는 두 번째 특징은 모낭축소follicular miniaturisation이다. 일반적으로 성장기의 모낭은 머리카락을 만드는 세포가 가득 담겨져 있는 빵빵한 주머니이지만 남성형 탈모를 겪고 있는 모낭은 그 속의 세포 수가 적어지게 되어 결국 모낭이 축소하게 된다. 모낭축소가 이루어지면 그만큼 머리카락을 만드는 세포 수도 적어지게 때문에 머리카락은 가늘어질 수밖에 없다. 보통 성모의 직경은 0.08밀리미터이지만 모낭축소로 인해 성모 직경이 0.06밀리미터 이하로 떨어지기 시작한다. 이런 이유로 남성형 탈모를 겪고 있는 머리카락은 굵은 성모에서 솜털로 변하게 되고 또 휴지기 모낭의 유도로 인해 이 솜털도 자주 빠지게 되어 결국 대머리로 이어지게 된다.

남성형 탈모의 전형적인 패턴

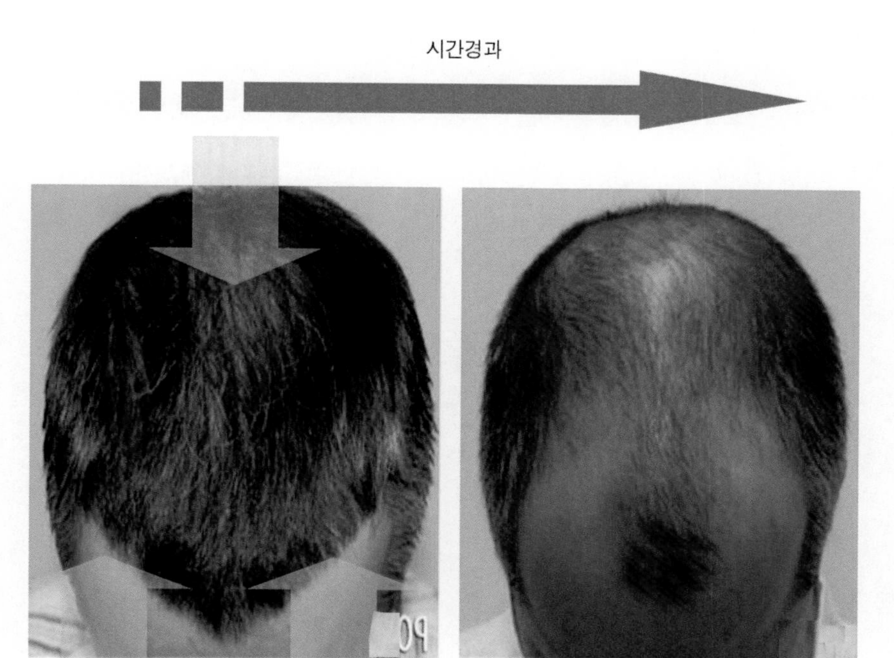

자료제공: Dr Jerzy Kolasiński (Creative Commons Attribution-Share Alike 3.0)

그림 2 남성형 탈모진행 패턴은 이마의 양쪽 윗부분에서 탈모가 진행되기 시작하고 정수리 부위의 머리카락은 초기의 경우 점차적으로 가늘어지기 시작한다. 나중 서로 만나 머리 윗부분 전체에 대머리가 형성된다. 단, 머리의 양 옆쪽 그리고 뒷꼭지가 있는 후두부에는 탈모가 진행되지 않는다.

모낭 축소화

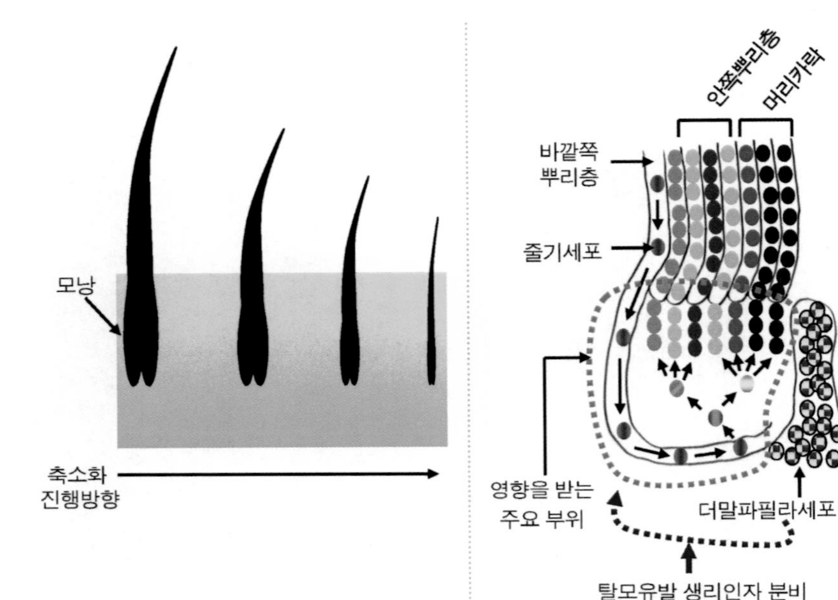

그림 3 남성형 탈모의 특징은 크게 두 가지가 있다. 첫째, 모낭의 성장기는 정상에 비해 점점 짧아지고 반면에 휴지기는 상대적으로 더 길어진다. 두 번째 특징은 모낭축소이다. 정상적인 성장기의 모낭은 머리카락을 만드는 세포가 가득 담겨져 있는 빵빵한 주머니이지만 남성형 탈모의 모낭은 더말파필라세포의 영향을 받아 그 속의 세포 수가 적어지게되어 결국 모낭이 축소하게 된다. 모낭축소가 이루어지면 그 만큼 머리카락을 만드는 세포 수도 적어지게 때문에 머리카락은 가늘어질 수 밖에 없다.

3. 남성형 탈모의 원인

제7장에서 언급한 바와 같이 남성형 탈모 원인은 유전과 안드로겐성 호르몬인 테스토스테론이다. 테스토스테론을 생산하는 주요 기관인 고환이 제거된 환관의 경우 남성형 탈모가 관찰되지 않는다. 14명의 환관에 테스토스테론을 투여하였을 경우 그 중 4명에서 남성형 탈모가 발생되었다. 테스토스테론이 결합하여 활성화하는 안드로겐 수용체 유전자에 이상이 있어 발현이 되지 않을 경우 남성형 탈모가 관찰되지 않는다. 또 제7장에서 언급한 바와 같이 테스토스테론을 더 강력한 디하이드로테스토스테론으로 만드는 제2형 환원효소 유전자가 발현되지 않을 경우 남성형 탈모가 관찰되지 않는다. 이 모든 것을 종합하여 보면 남성형 탈모 주요원인은 유전과 안드로겐성 호르몬인 테스토스테론, 더 정확하게 표현한다면 디하이드로테스토스테론이라 할 수 있다.

4. 남성형 탈모의 원인인 안드로겐 호르몬과 수용체 역할

모낭의 벌지구역에 존재하는 줄기세포로부터 머리카락을 만드는 세포를 증식하고 분화하는 과정을 통제하는 세포는 더말파필라세포이다. 제12장에서 언급한 바와 같이 이 세포는 청와대에서 국정방향을 결정하는 대통령과 같다고 하였다. 머리카락 세포의 모든 것을 통제하는 매우 중요한 세포라 하였다. 이러한 세포에 안드로겐 수용체와 테스토스테론을 더 강력한 디하이드로테스토스테론으로 만드는 제2형 환원효소가 존재한다. 따라서 이 효소에 의해 만들어진 디하이드로테스토스테론은 안드로겐 수용체에 결합하여 더욱 강력하게 수용체를 활성화한다. 활성화된 안드로겐 수용체는 전사인자이기 때문에 더말파필라세포에 존재하는 온갖 유전자를 발현하다. 그러나 불행하게도 발현되는 유전자 중 머리카락 세포를 증식하고 분화하는 과정을 억제하는 유전자도 발현된다. 그 중 하나가 TGF-beta 유전자이다. 간단히 말해 이렇게 발현된 TGF-beta 생리인자는 모낭의 성장기 그리고 머리카락 세포의 분화와 증식에 악영향을 주어 짧은 성장기 및 모낭축소를 야기한다. 결국 남성형 탈모로 이어진다. 남성형 탈모를 유발하는 안드로겐 수용체와 호르몬의 역할에 대해서 각각 제6장과 제7장에서 더 자세하게 언급되어 있다.

5. 탈모가 머리 옆과 뒤쪽이 아닌 윗부분에서만 발생되는 이유

남성형 탈모가 완전히 진행된 경우 머리 윗부분 전체에서 탈모가 관찰되지만, 그 이외에 머리의 양 옆쪽 그리고 뒤통수가 있는 후두부에는 탈모가 진행되지 않는다. 그 이유는 제12장에 자세하게 언급되어 있다. 요약하면 머리 위쪽, 옆쪽 그리고 뒤쪽에 존재하는 더말파필라세포의 출신지가 서로 다를 가능성이 있다. 이로 인해 테스토스테론에 대해 서로 다르게 반응한다. 제12장에서 언급한 바와 같이 머리 옆쪽과 뒤쪽에 존재하는 더말파필라세포는 테스토스테론에 반응을 하지 않으나 머리 위쪽에 존재하는 더말파필라세포는 나쁜 방향으로 반응하여 탈모로 이어지게 된다. 바로 이 이유 때문에 머리 후두부에 있는 모낭을 대머리 정수리 부위에 이식한다. 이식된 모낭은 테스토스테론에 반응을 보이지 않는 더말파필라세포를 가지고 있기 때문에 모낭이식 후 성공할 경우 정수리 부위에서 아무 문제없이 머리카락이 계속 생성될 수 있다.

안드로겐성 탈모 유발과정

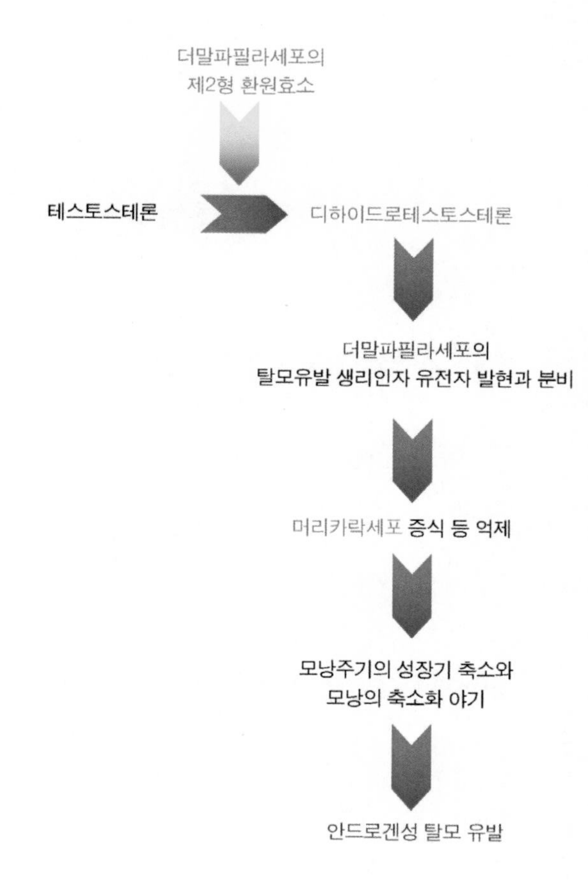

그림 4 디하이드로테스토스테론이 더말말파필라세포에 작용하여 탈모를 유발하는 생리물질 분비를 유도하고 이로 인해 안드로겐성 탈모인 남성형 탈모가 유발된다.

6. 요점

1) 남성이 경험하는 탈모유형 중 가장 흔한 탈모는 안드로겐성 탈모이며 탈모 진행과정 중 탈모의 특정한 패턴을 형성하며 진행하기 때문에 이를 남성형 탈모라고도 한다.

2) 남성형 탈모진행 패턴은 이마의 양쪽 윗부분에서 탈모가 진행되기 시작하고 정수리 부위의 머리카락은 초기의 경우 점차적으로 가늘어지기 시작한다. 나중 서로 만나 머리 윗부분 전체에 대머리가 형성된다. 단, 머리의 양 옆쪽 그리고 뒤통수가 있는 후두부에는 탈모가 진행되지 않는다.

3) 남성형 탈모의 특징은 크게 두 가지가 있다. 첫째, 모낭의 성장기는 정상에 비해 점점 짧아지고 반면에 휴지기는 상대적으로 더 길어진다. 두 번째 특징은 모낭축소이다. 정상적인 성장기의 모낭은 머리카락을 만드는 세포가 가득 담겨져 있는 빵빵한 주머니이지만 남성형 탈모의 모낭은 그 속의 세포 수가 적어지게 되어 결국 모낭이 축소하게 된다. 모낭축소가 이루어지면 그만큼 머리카락을 만드는 세포 수도 적어지게 때문에 머리카락은 가늘어질 수밖에 없다.

4) 남성형 탈모 원인은 유전과 안드로겐성 호르몬인 테스토스테론이며 더 정확하게 표현한다면 디하이드로테스토스테론이다.

5) 모낭의 벌지구역에 존재하는 줄기세포로부터 머리카락 세포가 분화하

고 증식하는 과정을 통제하는 세포는 더말파필라세포이다. 이 세포에 안드로겐 수용체와 테스토스테론을 더 강력한 디하이드로테스토스테론으로 만드는 제2형 환원효소가 존재한다. 따라서 이 효소에 의해 만들어진 디하이드로테스토스테론은 안드로겐 수용체에 결합하여 더욱 강력하게 수용체를 활성화한다. 활성화된 안드로겐 수용체는 전사인자이기 때문에 더말파필라세포에 존재하는 온갖 유전자를 발현하다. 그 중 하나가 TGF-beta 유전자이다. TGF-beta 생리인자는 모낭의 성장기 그리고 머리카락 세포의 분화와 증식에 악영향을 주어 짧은 성장기 및 모낭축소를 야기한다. 결국 남성형 탈모로 이어진다.

여성형 탈모

탈모는 남성의 전유물이 아니다. 현대사회를 사는 여성에게도 여러 유형의 탈모가 나타난다. 그 중 가장 흔한 탈모유형은 여성형 탈모female pattern hair loss, 임신과 출산 후에 생기는 탈모 그리고 스트레스에 의한 탈모 등을 꼽을 수 있다. 이 이외에도 다이어트로 인한 탈모 또는 습관적으로 머리카락을 뽑아 생기는 탈모 등이 있는데 여성형 탈모만을 제외하곤 대다수 자연적으로 또는 탈모원인만 제거된다면 쉽게 발모가 다시 이어질 수 있는 그런 유형의 탈모이다. 그러나 여성형 탈모는 남성형 탈모와 마찬가지로 치료하기가 어렵고 특히 여성의 나이가 40대에 발생될 경우 여성형 탈모의 원인이 아직 정확하게 규명되어 있지 않아 근본적 치료가 더욱 어려운 실정이다.

1. 여성형 탈모의 진행과정

여성형 탈모도 남성형 탈모와 마찬가로 특정한 탈모진행 패턴을 가지고 있다. 하지만 남성의 그것과 다르다. 그림1에서 보는 바와 같이 대다수의 경우 정수리를 포함한 머리 위 중간 부분에서 머리카락이 가늘어지기 시작한다. 또는 크리스마스트리 패턴이라 하여 머리 앞쪽 중앙에 크리스마스트리 모양으로 머리카락이 매우 가늘어지는 경우를 관찰할 수 있다. 매우 드물지만 남성형 탈모와 비슷한 패턴으로 진행되는 경우도 있다. 하지만 다행히도 대다수 여성형 탈모는 대머리가 관찰되는 경우가 거의 없다. 따라서 여성형 탈모 패턴의 특징은 이마에 접해 있는 앞 머리카락 선이 유지되지만 정수리를 포함한 머리 위 중간 부분에서 머리카락이 가늘어지는 것이다.

여성형 탈모의 전형적인 패턴

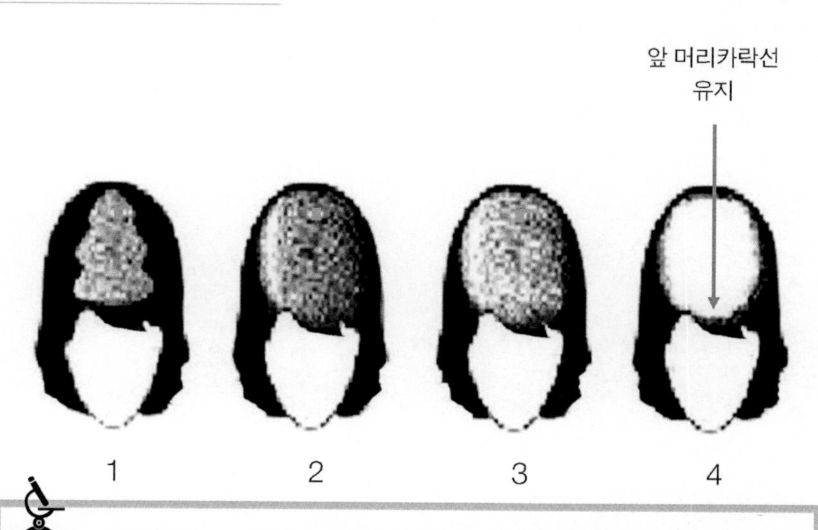

그림 1 여성형 탈모도 남성형 탈모와 마찬가로 특정한 탈모진행 패턴을 가지고 있다. 하지만 남성의 그것과 다르다. 1번 그림에서 크리스마스트리 패턴이라 하여 머

리 앞쪽 중앙에 크리스마스트리 모양으로 머리카락이 매우 가늘어지는 경우이다. 나머지 그림에서는 정수리를 포함한 머리 위 중간 부분에서 시간이 경과함에 따라 머리카락이 가늘어지기 시작한다. 여기서 어느 경우든 간에 남성형 탈모 패턴과는 달리 일반적으로 이마에 접해 있는 앞 머리카락 선은 유지되는 것이 특징이다.

2. 여성형 탈모의 특징: 짧은 성장기 유도와 모낭축소

여성형 탈모 역시 남성형 탈모에서 관찰되는 두 가지 특징이 존재한다. 첫째, 여성형 탈모를 겪고 있는 모낭의 성장기는 정상에 비해 점점 짧아지고 반면에 휴지기는 상대적으로 더 길어진다. 둘째, 모낭축소이다. 남성형 탈모의 성장기 모낭에서 관찰되듯이 머리카락 세포가 가득 담긴 빵빵한 주머니 모낭이 세포 수의 감소로 인해 결국 모낭이 축소하게 된다. 모낭축소가 이루어지면 그만큼 머리카락을 만드는 세포 수도 적어지게 때문에 남성형 탈모에서 관찰되는 것과 마찬가지로 머리카락은 가늘어질 수밖에 없다. 결국 여성형 탈모를 겪고 있는 머리카락은 굵은 성모에서 매우 가느다란 솜털로 변하게 된다.

3. 여성에게도 남성 호르몬이 필요하다

남성 호르몬인 안드로겐, 특히 테스토스테론은 남성의 이차 성징 발현에 매우 중요한 호르몬이지만 여성에게도 분비되어 여성의 이차 성징 발현에도 매우 중요한 역할을 한다. 여성도 사춘기 때, 부신피질 또는 난소에서 여러 테스토스테론 전구물질이 분비되어 혈류를 타고 몸 전체에 전달된다.

몸 전체에 존재하는 체지방 또는 피부에서 관련 효소들에 의해 테스토스테론으로 변한다. 또는 사춘기 이후 난소에서 직접적으로 테스토스테론을 만들어 낸다. 이렇게 만들어진 테스토스테론 양은 남성의 그것과 비교하였을 때 매우 적지만 그것만으로도 여성의 이차 성징 발현에 충분하다. 여성의 테스토스테론은 여성의 겨드랑이와 생식기 주위 등의 털 생성에 중요한 역할을 한다. 분비량이 많을 경우 다모증의 일종인 조모증hersutism을 야기할 수 있다. 다낭성 난소 증후군polycystic ovary syndrome을 앓고 있는 여성의 경우 난소에서 테스토스테론이 과량 분비될 수 있는데, 이럴 경우 두피에 여성형 탈모 또는 신체 여러 부위에 조모증이 빈번히 관찰된다. 또 여성의 테스토스테론은 여성 신체 중요부위의 성감대를 형성함과 동시에 사춘기 때부터 여성의 성욕libido을 불러일으키는 매우 중요한 호르몬으로 그 역할을 한다. 일반적으로 가임여성의 경우 난소에서 난자가 배란이 시작될 즈음 바로 그곳에서 테스토스테론의 분비량이 증가한다. 학계에서는 테스토스테론의 분비량 증가 이유가 아마도 여성의 성욕을 증진시켜, 임신율을 높이기 위한 것이라 추정하고 있다.

4. 여성형 탈모의 원인

여성형 탈모는 발생 시기에 따라 초기 또는 후기로 구분할 수 있다. 초기 여성형 탈모는 이르면 사춘기 때부터 관찰되기 시작하는데 그 이유는 남성형 탈모와 마찬가지로 테스토스테론과 매우 밀접한 관계를 가지고 있다. 매우 극단적인 경우 나이가 6에서 8세 사이의 여아가 조숙증에 걸릴 경우 부신피질에서 테스토스테론 전구물질이 분비되기 시작하는데 이럴 경우 매우 이른 나이에도 불구하고 초기 여성형 탈모가 발생될 수 있다. 그러나 여성형 탈모의 상당수를 차지하는 후기 여성형 탈모는 나이가 40대쯤 되어 또는 폐경기를 전후하여 발생되는데 이럴 경우 테스토스테론보다는 에스트로겐 호르몬과 더 밀접한 관련이 있다고 학계는 추정하고 있다. 폐경기를 겪고 있는 여성에게는 에스트로겐 호르몬이 분비되지 않는다. 이로 인해 매우 많은 종류의 여성 갱년기 장애가 발생되기도 한다. 이러한 상황에서 여성은 빈혈과 갑상선 호르몬 분비 이상, 스트레스 그리고 노화 등의 원인이 복합적으로 작용되어 후기의 여성형 탈모가 야기될 수 있다고 추정하고 있다. 또 한편으로는 여성에게 분비되는 소량의 테스토스테론만으로도 탈모를 유발할 수 있다고 한다. 그 이유는 상대적으로 억눌려 있었던 테스토스테론의 역할이 에스트로겐 결핍으로 인해 상대적으로 더 두드러지게 나타난다는 것이다. 이 가설은 에스트로겐이 테스토스테론의 탈모발생을 억제할 수 있다는 가정이 필요하다. 앞으로 원인 규명에 대한 추가연구가 절실히 요구되는 탈모 분야 중 하나이다.

요약하여 보면 초기의 여성형 탈모는 안드로겐 호르몬에 의해 발생될 수 있다. 그러나 후기의 여성형 탈모는 안드로겐 호르몬보다는 비안드로겐 호르몬인 에스트로겐 결핍에 의해 발생될 가능성에 더 무게를 두고 있다. 여기에 노화와 빈혈 그리고 갑상선 호르몬 분비 이상과 같은 복합적인 요인으로 후기 여성형 탈모가 야기되고 악화될 수 있다고 추정하고 있다. 제21장에서 더 자세하게 토론하겠지만 여성형 탈모 치료는 크게 두 가지, 즉, 테스토스테론 작용을 억제하는 방향과 에스트로겐이 함유되어 있는 경구피임약의 복용을 병용하여 이루어지고 있는 실정이다.

여성형 탈모 과정

초기 여성형 탈모는
안드로겐성 탈모

폐경기를 전후해 발생되는
후기 여성형 탈모는 안드로겐보다는
에스트로겐에 의해 탈모가 야기된다고 추정

머리카락세포 증식 등 억제

모낭주기의 성장기 축소와
모낭의 축소화 야기

여성형 탈모 유발

그림 2 여성형 탈모는 발생 시기에 따라 초기 또는 후기로 구분할 수 있다. 초기 여성형 탈모는 남성형 탈모와 마찬가지로 테스토스테론과 매우 밀접한 관계를 가지고 있다. 후기 여성형 탈모는 나이가 40대 쯤 되어 또는 폐경기를 전후하여 발생되는데 이럴 경우 테스토스테론 보다는 에스트로겐 호르몬과 더 밀접한 관련이 있다고 학계는 추정하고 있다. 사실상 아직 정확한 원인이 규명되지 않은 상태이다.

5. 요점

1) 여성형 탈모도 남성형 탈모와 마찬가지로 특정한 탈모진행 패턴을 가지고 있다. 하지만 남성의 그것과 다르다. 일반적으로 이마에 접해 있는 앞 머리카락 선은 유지되지만 정수리를 포함한 머리 위 중간 부분에서

머리카락이 가늘어지는 것이 특징이다.

2) 여성형 탈모 역시 남성형 탈모에서 관찰되는 두 가지 특징이 그대로 존재한다. 첫째, 여성형 탈모를 겪고 있는 모낭의 성장기는 정상에 비해 점점 짧아지고 반면에 휴지기는 상대적으로 더 길어진다. 둘째, 모낭축소이다.

3) 남성 호르몬인 안드로겐, 특히 테스토스테론은 남성의 이차 성징 발현에 매우 중요한 호르몬이지만 여성에게도 분비되어 여성의 이차 성징 발현에도 매우 중요한 역할을 한다. 여성도 사춘기 때 분비되는 테스토스테론은 여성의 겨드랑이와 생식기 주위 등의 털 생성에 중요한 역할을 한다. 또 여성 신체 중요부위의 성감대를 형성함과 동시에 사춘기 때부터 여성의 성욕을 불러일으키는 매우 중요한 호르몬이다.

4) 여성형 탈모는 발생 시기에 따라 초기 또는 후기로 구분할 수 있다. 초기 여성형 탈모는 남성형 탈모와 마찬가지로 테스토스테론과 매우 밀접한 관계를 가지고 있다. 후기 여성형 탈모는 나이가 40대쯤 되어 또는 폐경기를 전후하여 발생되는데 이럴 경우 테스토스테론보다는 에스트로겐 호르몬과 더 밀접한 관련이 있다고 학계는 추정하고 있다. 따라서 여성형 탈모 치료는 크게 두 가지, 즉, 테스토스테론 작용을 억제하는 방향과 에스트로겐이 함유되어 있는 경구 피임약의 복용을 병용하여 이루어지고 있다.

원형탈모

우리 주위 또는 언론을 통해 동그랗게 머리카락이 빠진 두피를 가끔 볼 수 있다. 원형탈모다. 아직까지 원인은 정확하게 규명되지 않았지만 우리 면역계가 머리카락을 만드는 모낭을 공격하여 파괴하고, 이로 인해 머리카락이 부분적으로 갑자기 소실되는 탈모질환으로 알려져 있다. 심할 경우 두피 전체의 탈모로 이어지고, 더욱 심할 경우 눈썹과 음모를 포함해 몸 전체의 털이 빠지게 된다.

미국의 경우 1,000명 중 약 17명이 일생 동안 이 질환에 걸릴 수 있다는 조사가 보고되었다. 미국인의 약 1에서 2% 정도이다. 이 중에서 약 90%는 특별한 치료 없이 자연적으로 머리카락이 다시 생기지만 나머지는 재발과 악화로 이어지며 심할 경우 환자의 약 5%가 두피 전체, 더 나아가 눈썹을 포함해 몸 전체의 털이 빠질 수 있다고 알려져 있다.

사실상 원형탈모 통계의 양상은 국가마다 다르고 또 조사기관에 따라 다르지만, 일반적으로 초기의 원형탈모가 심하지 않은 경우 회복률이 높고, 심할 경우, 회복률이 낮은 것으로 알려져 있다. 실례를 들어 보자. 이탈리아에서 발표된 결과에 의하면 1983년과 1990년 사이에 치료받은 191명에 대해 2005년 전화 설문조사를 실시하여 다음과 같은 결과를 얻었다. 두피의 25% 이하 머리카락 손실을 경험한 경우 약 68%, 25~50%는 32%, 50% 이상의 경우 회복률은 약 8%임을 보여 주었다*(Tosti et al, J Am Acad Dermtol, 2006, 55권, 438~41쪽)*. 즉, 초기의 원형탈모 상태와 그 이후 회복률과 사이에 뚜렷한 상관관계가 있음을 보여주는 결과이다.

미국 대사관은 치외법권지역이다

대한민국
역사박물관

주한
미국대사관

그림 1 치외법권이라 함은 한 나라의 영토 안에 있으면서도 그 나라 통치권의 지배를 받지 않는 국제법상의 권리를 말한다. 서울 광화문에 위치한 미국 대사관은 우리나라 통치권의 지배를 받지 않는다. 이와 같이 우리 몸에도 면역으로부터 공격을 받지 않는 치외법권이 적용되는 곳이 몇 군데 존재한다.

1. 면역계가 공격하지 않는 특정 생체조직 부위

앞서 언급한 바와 같이 원형탈모는 자기 자신의 면역세포가 모낭을 공격하는 자가면역질환으로 알려져 있다. 아직까지 원인은 정확하게 규명되지 않았지만 원형탈모 발병 원인에 대한 몇 개의 이론이 학계에 대두되었다. 이 중에서 학계에서 가장 선호하는 이론 중 하나에 대해 알아보기로 하자.

모낭, 더 자세하게 표현하면 성장기의 모낭은 일반적으로 우리 면역계가 접근할 수 없는 곳이다. 즉, 일종의 치외법권이 인정되는 지역이다. 여기서 치외법권이라 함은 한 나라의 영토 안에 있으면서도 그 나라 통치권의 지배를 받지 않는 국제법상의 권리를 말한다. 예를 들어보자. 얼마 전 국가나 기업의 비리를 폭로하는 전문 웹사이트 위키릭스Wikileaks의 창업자 줄리언 어산지Julian Assange는 성범죄 혐의로 영국에서 체포되었다. 보석 중인 상황에서 런던 주재 에콰도르 대사관에 피신하여 정치망명을 신청하였다. 일개 국가를 대표하는 대사관은 치외법권이 인정되는 곳이기 때문에 영국 경찰이 에콰도르 대사관에 출입하여 어산지를 체포할 수 없었다.

이와 같이 우리 몸에도 치외법권이 적용되는 곳이 몇 군데 존재한다. 눈의 수정체 앞 공간인 전방, 정자와 난자를 생산하는 고환과 난소 일부, 부신피질, 중추신경계, 임산부 배 속에 있는 태아 그리고 모낭 등이다. 이러한 조직이나 기관은 우리 면역계의 면역활동이 효율적으로 억제되는 장소이다. 매우 신기하다. 그 이유는 아마도 만약 면역세포가 이곳에 접근하여 실수로 공격한다면, 파괴될 가능성이 있어 번식과 생존에 필요한 중요한 조직과 기관을 잃어버릴 수 있기 때문이 아닐까 추정한다. 보다 자세한 예를 들어보자. 임산부인 엄마와 태아는 유전적으로 서로 다르다. 하지만 엄마의 면역계가 태아를 공격하지 않는다. 치외법권이 적용되기 때문이다. 또 눈의 수정체 앞 공간인 전방에서 치외법권이 적용되지 않는다면 외부로부터 들어온 항원에 의해 심한 염증반응이 야기될 수 있다. 이럴 경우, 눈의 수정체가 손상될 수 있고 심하면 실명까지 이르게 될 수 있다. 너무나 신기하다. 이를 면역학 용어로 면역치외법권immune privilege이라 한다. 우리나라에선 이를 면역회피 또는 면역특권이라 번역하여 사용하는데 굳이 번역한다면 필자는 면역치외법권이 더 적절한 표현이 아닐까 사료된다.

생체 내 면역치외법권지역 예: 임산부의 태아

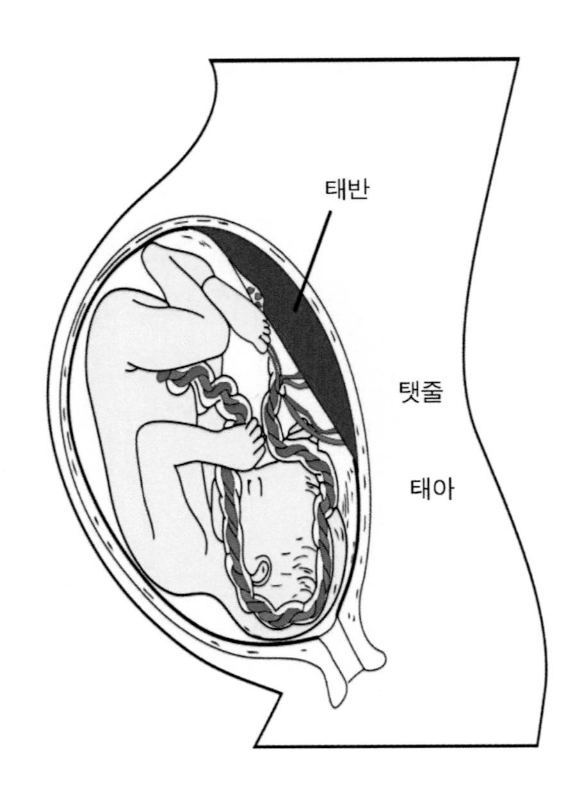

그림 2 우리 몸에도 치외법권이 적용되는 곳이 몇 군데 존재한다. 눈의 수정체 앞공간인 전방, 정자와 난자를 생산하는 고환과 난소 일부, 부신피질, 중추신경계, 임산부 배 속에 있는 태아 그리고 모낭 등 면역계로 부터 공격을 받지 않는 면역치외법권이 적용되는 곳이다. 위의 그림은 임산부 배 속에 있는 태아를 묘사한 것이다. 임산부인 엄마와 태아는 유전적으로 서로 다르지만 엄마의 면역계가 태아를 공격하지 않는다. 엄마는 물론 태아도 다양한 면역억제 생리물질을 분비하여 엄마의 면역계로부터 태아를 보호하는 면역치외법권지역이 형성되기 때문이다.

2. 모낭이 면역치외법권을 가지는 이유

모낭의 면역치외법권에 대해 알아보기로 하자. 일반적으로 세포가 면역계로부터 공격을 받으려면 우선 공격받을 세포가 공격 포인트인 항원을 면역세포에게 제시 또는 보여주어야 한다. 예를 들어보자. B형 간염은 B형 간염 바이러스가 숙주인 간세포에 침입하고, 단백질 생산공장인 리보좀과 같은 숙주의 시스템을 이용하여 바이러스가 증식하는데 필요한 바이러스 자신의 단백질을 만들어 낸다. 다행히 간세포는 바이러스 단백질을 면역세포가 인지할 수 있도록 제시하여 자신이 공격받을 수 있게 한다. 이때 간세포는 자신의 주조직적합성 항원수용체major histocompatibility complex에 바이러스 항원을 적재하여 효율적으로 면역세포에 제시한다. 바이러스 항원을 인지한 면역세포는 활성화되고, 감염된 세포를 공격하여 죽인다. 이런 식으로 감염된 숙주세포인 간세포는 죽고 바이러스는 더 이상 증식하지 못해 결국 바이러스는 우리 몸으로부터 제거된다. 이때 만약 간세포가 주조직적합성 항원수용체가 없어 바이러스 단백질을 면역세포에 효율적으로 제시하지 못한다면 면역세포는 감염된 세포를 인지할 수 없게 되어 죽이지 못하고 결국 B형 간염 발생으로 이어지게 된다. 이것은 실제로 B형 간염환자에서 일어나는 현상 중 하나이다.

모낭주기의 성장기에 있는 세포는 주조직적합성 항원수용체가 거의 발현되지 않는다. 따라서 머리카락 세포가 면역세포의 공격포인트인 항원이 존재한다 하더라도 면역세포에 제시할 방법이 없어 면역세포가 공격할 수 없게 된다. 또 인근에 IL-10 또는 IGF-1과 같은 많은 면역억제 생리인자가 분비되어 면역계의 활성 및 공격을 원천적으로 억제한다. 이것이 바로 모낭의 면역치외법권이 생성되는 이유들이다. 이 이외에도 모낭의 면역치외법권을 생성하는 다른 이유가 많이 존재한다.

2012년 가을 종편방송인 TV조선에서 방영된 한 의학 프로그램에서 탈모전문가가 탈모에 대해 강의한 적이 있다. 강의 후 한 방청객이 다음과 같은 질문을 하였다. 다른 사람의 모낭을 이식받을 수 있는지였다. 그 전문가는 조직이식 거부반응으로 가능하지 않다고 하였으나 아직까지 그렇게 단언하기에는 조금 이른 감이 있다. 그 이유는 모낭의 면역치외법권 때문에 이식이 가능할 수 있다는 점이다. 이를 뒷받침하는 연구결과를 소개하고자 한다. 미국의 빌링햄Billingham 연구진은 검은 털을 가진 기니아 피그의 피부를 하얀 털의 기니아 피그에 이식하였다*(Adv Biol Skin, 1971, 11권, 183~98쪽)*. 이식 2주 후 검은 털이 빠지더니 나중 약 3개월 후 그곳에서 검은 털이 나오기 시작하였다. 상식적인 차원에서 이식된 조직의 거부반응으로 인해 검은 털의 관찰은 불가능한 일이었다. 또 1999년 레이놀즈Reynolds 등은 남성의 더말쉬드세포를 여성에게 이식하고 관찰한 결과 이식 5주 후 남성의 머리카락이 생성됨을 관찰하였다*(Nature, 402권, 33~4쪽)*. 더말쉬드 세포는 제3장에서 언급한 바와 같이 더말파필라세포의 사촌이다. 이 연구결과는 앞으로 모낭의 동종이식이 가능할 수 있음을 시사하는 결과들이다. 이런 초기 연구결과들과 더불어 앞으로 후속연구가 계속 이어져 탈모치료를 위해 자기 모낭이 아닌 친구의 모낭으로도 이식이 가능한 날이 곧 오기를 희망한다.

모낭의 치외법권지역 파괴

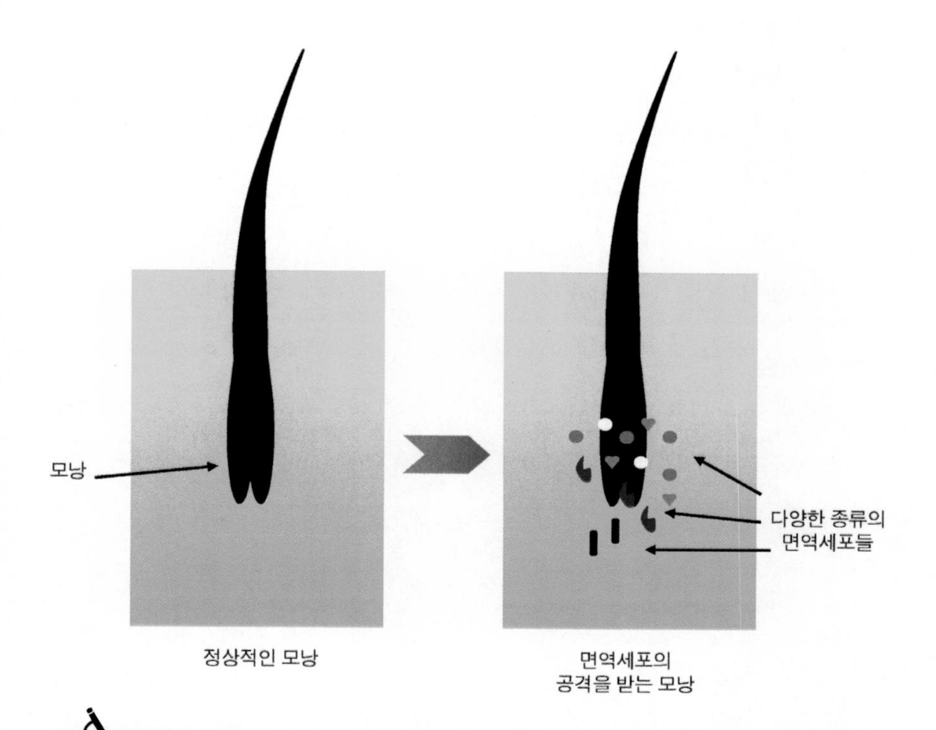

그림 3 현재까지 정확한 원형탈모의 원인을 아직 찾지 못하고 있는 실정이지만 학계에서는 모낭의 면역치외법권 손상을 주요 이유 중 하나라 의심하고 있다. 원형탈모가 야기된 모낭의 머리카락세포 또는 그 인근의 세포에서 면역계 공격으로부터 보호하는 여러 생리물질 분비 이상이 관찰되었다. 이로 인해 모낭 주위 또는 안쪽으

로 다량의 공격면역세포들이 모여들어 면역세포의 벌떼를 이루는데 이것이 전형적인 원형탈모 모낭의 한 특징이다. 물론 이 벌떼는 모낭을 공격한다.

3. 원형탈모 모낭의 특징과 면역치외법권 파괴

현재까지 정확한 원형탈모의 원인을 아직 찾지 못하고 있는 실정이지만 학계에서는 모낭의 면역치외법권 손상을 주요 이유 중 하나라 의심하고 있다. 이를 뒷받침하는 연구결과를 간단하게 알아보기로 하자. 우선 원형탈모의 머리카락 세포에서 주조직적합성 항원수용체가 발현되었고 또 앞서 언급한 면역계 억제 생리인자인 IL-10 또는 IGF-1도 양적으로 현저하게 줄어든 상태임을 관찰하였다. 그리고 모낭 주위의 경우 일반적으로 면역세포가 거의 관찰이 되지 않지만 원형탈모 모낭의 경우, 그 주위 또는 모낭 안쪽으로 다량의 보조 T 세포 또는 살상 T 세포가 존재함을 관찰하였다. 모두 면역공격에 필요한 세포들이다. 학계는 모낭 주위에 너무 많은 면역세포가 모여들었다하여 이를 "면역세포의 벌떼swarm of bees"라고 표현하기도 한다. 정리하여 보면 원형탈모의 모낭은 면역치외법권이 파괴되어 있고, 아마도 이런 이유 때문에 많은 면역세포가 몰려 들어와 모낭을 공격하여 결국 원형탈모로 이어질 수 있다. 현재까지 알려진 바에 의하면 다행히 벌지구역의 줄기세포는 공격받지 않지만 벌지구역 아래에 존재하는 여러 종류의 머리카락 세포 또는 멜라닌세포가 공격을 받는 것으로 알려져 있다.

원형탈모의 전형적인 패턴

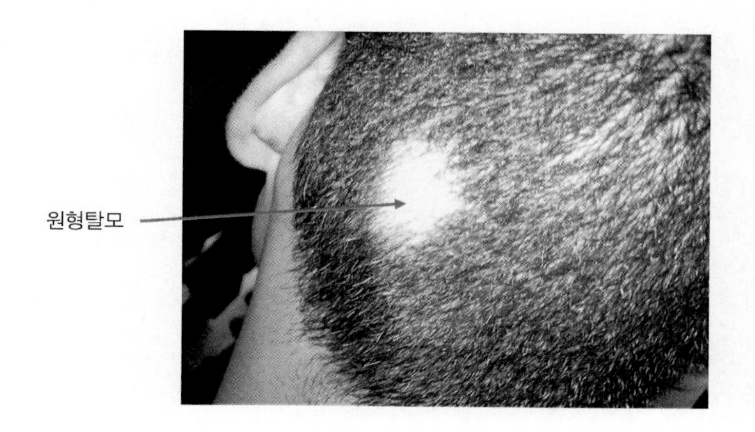

그림 4 우리 면역계가 머리카락을 만드는 모낭을 공격하고 파괴하여 두피의 머리카락이 부분적으로 소실되어 있다. 동그랗게 머리카락이 빠진 두피가 관찰되는데 원형탈모의 전형적인 패턴이다. 심할 경우 두피 전체의 탈모로 이어지고, 더욱 심할 경우 눈썹과 음모를 포함해 몸 전체의 털이 빠지게 된다.

4. 원형탈모 모낭의 면역치외법권이 파괴되는 복합적인 요인

유전, 스트레스, 호르몬, 다이어트 등의 유전과 환경요인으로 면역계와 모낭에 이상이 생겨 원형탈모가 발생된다고 추정하고 있다. 여기서 이 모든 요인에 대해 토론하는 것은 한계가 있다고 판단되기 때문에 유전 요인에 대해서만 간단하게 알아보기로 하자.

일반적으로 유전자와 유전으로 인한 자가면역질환의 관계를 알기 위한 연구방법은 여러 방법이 존재하지만 그 중 지놈비교상관연구genome-wide association study(GWAS)를 많이 이용한다(*http://en.wikipedia.org/wiki/Genome-wide_association_study*). 쉽게 표현하면 정상인과 원형탈모인의 유전자의 총집합체인 지놈을 채취하고 비교하여 차이점을 발견한다. 이런 식으로 차이가 있는 유전자를 발견하면 그 유전자를 원형탈모에 관련이 있는 유전자라고 추정하는 방법이다. 이런 식으로 조사한 결과 적지 않은 유전자가 원형탈모와 관련이 있다고 보고되었고, 그 중 가장 유명한 유전자는 바로 주조직적합성 항원수용체 유전자이다. 상식적으로 만약 이 유전자에 이상이 있다면 면역세포에 비정상적으로 공격 포인트인 자가항원의 정보를 제공하여 필요치 않은 면역반응을 야기할 수 있다는 것을 쉽게 추론할 수 있다.

5. 원형탈모 치료의 어려움

현재까지 원형탈모는 유전자 한 개가 아닌 여러 개가 복합적으로 관여하여 발생된다고 학계는 추측하고 있다. 주조직적합성 항원수용체 유전자는 물론 CTLA4, IL2/21, ULBP3/6과 같은 유전자들과도 관련이 있다고 알려져 있다. 이 유전자들은 모두 면역세포 활성 조절에 관여하는 유전자들이다. 만약 한 개의 유전자 이상으로 원형탈모가 발생된다면 유전자요법 등으로 치료제 개발이 가능할 수 있지만 여러 개의 유전자가 복합적으로 관여할 경우 모든 유전자 이상을 정상으로 회복시킬 수 있는 유전자요법 치료제 개발은 사실상 현재로선 불가능한 일이다. 다행히 원형탈모의 90%는 자연적으로 치유되고 또 강력한 면역억제제 또는 면역환경을 조절하는 치료제 이용으로 원형탈모의 진행을 효과적으로 억제할 수 있기 때문에 매우 다행스럽다. 그럼에도 불구하고 원형탈모가 계속 진행되고 재발될 경우 새로운 패러다임의 면역조절 치료제 개발이 요구된다. 필자는 이러한 원형탈모 치료제 개발에 매우 큰 관심을 가지고 있다. 가까운 미래에 현재 치료한계를 극복할 수 있는 방법이 개발되지 않을까 기대해 본다.

6. 요점

1) 원형탈모는 일종의 자가면역질환이며 두피에서 원형모양으로 머리카락이 빠진다. 심할 경우 두피 전체의 탈모로 이어지고, 더욱 심할 경우 눈썹과 음모를 포함해 몸 전체의 털이 빠지게 된다.

2) 치외법권이라 함은 한 나라의 영토 안에 있으면서도 그 나라 통치권의 지배를 받지 않는 국제법상의 권리를 말한다. 서울 광화문에 위치한 미국 대사관은 우리나라 통치권의 지배를 받지 않는다. 이와 같이 우리 몸에도 면역으로부터 공격을 받지 않는 치외법권이 적용되는 곳이 몇 군데 존재한다. 눈의 수정체 앞 공간인 전방, 정자와 난자를 생산하는 고환과 난소 일부, 부신피질, 중추신경계, 임산부 배 속에 있는 태아 그리고 모낭 등이다.

3) 모낭주기의 성장기에 있는 세포는 면역계에 공격지점을 알리는 주조직적합성 항원수용체가 거의 발현되지 않고 또 인근에 IL-10 또는 IGF-1과 같은 많은 면역억제 생리인자가 분비되어 면역계의 공격 및 활성을 억제한다. 이것이 바로 모낭의 면역치외법권이 생성되는 주요 이유들이다.

4) 현재까지 정확한 원형탈모의 원인을 아직 찾지 못하고 있는 실정이지만 학계에서는 모낭의 면역치외법권 손상을 주요 이유 중 하나라 의심하고 있다. 원형탈모가 야기된 모낭의 머리카락 세포에서 주조직적합성 항원 수용체가 발현되고 또 앞서 언급한 면역계 억제 생리인자도 양적으로 현저하게 줄어든다. 이로 인해 모낭 주위 또는 안쪽으로 다량의 공격면역세포들이 모여들어 면역세포의 벌떼를 이루는데 이것이 전형적인 원형탈모 모낭의 한 특징이다.

5) 유전, 스트레스, 호르몬, 다이어트 등의 유전과 환경요인이 복합적으로 작용함으로서 면역계와 모낭에 이상이 생겨 원형탈모가 발생된다고 추정하고 있다. 이로 인해 근본적인 원형탈모 치료제는 아직 개발되지 않았다. 다행히 원형탈모의 90%는 자연적으로 치유되고 또 강력한 면역억제제 또는 면역환경을 조절하는 치료제 이용으로 원형탈모의 진행을 효과적으로 억제할 수 있기 때문에 매우 다행스럽다. 그럼에도 불구하고 원형탈모가 계속 진행되고 재발될 경우가 발생한다. 원형탈모의 5%가 이에 속한다.

스트레스성 탈모

현대 경쟁사회 속에서 살아가는 우리는 항상 스트레스에 파묻혀 살고 있다. 직장이나 일상생활에서 생기는 스트레스는 좋으나 싫으나 우리는 껴안고 살아가야 한다. 잘 극복한다면 청량제 같은 역할을 하기도 한다고 알려져 있으며 어느 정도의 스트레스는 일의 생산성을 향상시킨다는 긍정적인 연구보고도 존재하지만 대다수의 경우 스트레스가 만성으로 이어질 경우 우리 면역계를 약화시키고 이로 인해 감기 또는 기회감염이 빈번하게 발생되며 우울증이나 두통 등을 야기하기도 한다. 또 고혈압을 포함한 심혈관계 질환과 제2형 당뇨병과 같은 성인병이 야기될 수 있다고 알려져 있어 만성 스트레스는 우리 건강에 심각한 위협을 주는 현대 경쟁사회 속에서 피하기 어려운 불청객이기도 하다.

여기서 스트레스성 탈모에 대해 토론하기 전에 스트레스가 발생할 경우 일반적으로 우리 몸에서 어떤 반응이 일어나 스트레스가 극복되는지에 대해 간단히 알아보자.

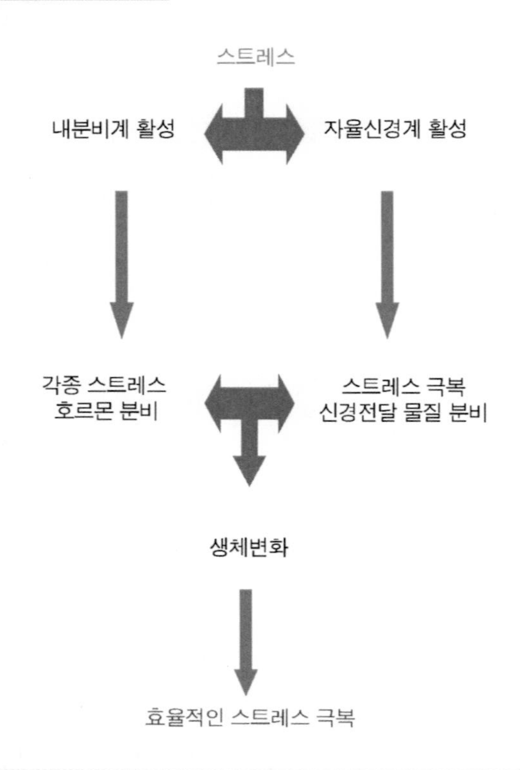

그림 1 일반적으로 생명에 위협을 줄 수 있는 돌발 상황 또는 스트레스 상황을 효과적으로 대처하기 위해 우리 몸에서 최소한 두 가지가 일어난다. 즉, 내분비계와 중추신경의 자율신경계의 활성화이다.

1. 스트레스 극복을 위한 HPA축과 자율신경 활성화

요즘 도심에 멧돼지가 출현하는 뉴스를 종종 듣는다. 서울의 중심지인 비원이나 창경궁도 예외는 아니다. 만약 창경궁을 관람하다가 으슥한 곳에서 갑자기 집채만 한 산돼지가 나타나 쫓아온다면 얼마나 당황스럽고 스트레스를 받을까? 생존의 위협을 받을 상황일 수도 있다. 이렇게 긴박한 상황에서 우리는 최소한 두 가지 중 한 가지를 순간적으로 결정할 것이다. 멧돼지와 싸우거나 아니면 줄행랑을 쳐 그 상황을 모면하려고 할 것이다. 이 둘 중 어느 것을 취한다 할지라도 우리 몸은 비상사태에 돌입해야 한다. 그래야 민첩하게 돌발 상황에 대처할 수 있기 때문이다.

일반적으로 생명에 위협을 줄 수 있는 돌발 상황에 효과적으로 대처하기 위해 우리 몸에서는 최소한 두 가지 현상이 일어난다. 즉, 내분비계와 자율신경계의 활성화이다. 전자의 경우 돌발 상황을 인지한 우리는 대뇌에 존재하는 시상하부에서 CRH 호르몬이 방출되고 뇌하수체를 자극한다. 자극받은 뇌하수체는 ACTH 호르몬을 방출하여 혈류를 타고 부신피질에 도달하여 자극한다. 이로 인해 부신피질은 제7장에서도 언급한 바 있는 스트레스 호르몬인 코르티코스테이드 호르몬을 방출한다. 요약하면 시상하부-뇌하수체-부신피질의 경로를 통해 각각 CRH 호르몬-ACTH 호르몬-코르티코스테이드 호르몬인 스트레스 호르몬이 방출되는데 이 축을 HPA축HPA axis이라 한다. HPA는 시상하부hypothalamus, 뇌하수체pituitary gland 그리고 부신피질adrenal cortex의 축을 요약하여 부르기 쉽게 만들어진 용어이며 스트레스 반응을 언급할 때 약방감초처럼 인용되는 용어이다.

한편 돌발 상황을 인지하였을 때 HPA축뿐만 아니라 중추신경의 자율신경계도 활성화된다. 자율신경계는 온 몸에 퍼져있다. 그 중 부신수질에도 연결되어 있는데 이를 통하여 부신수질을 자극한다. 자극받은 부신수질은 노아드레날린이라는 또 다른 스트레스 극복 신경전달물질을 방출한다.

요약하면 HPA축과 자율신경 이 두 가지 경로를 통해 부신피질과 수질에서 스트레스 호르몬과 신경전달물질이 방출되고, 방출된 이 물질은 혈류를 타고 몸 전체에 퍼져 스트레스에 대해 효과적으로 대처하게 된다. 여기서 자율신경의 경우 신경을 통해 스트레스 정보를 빠른 시간 내에 부신수질에 전달할 수 있다. 일반적으로 신경을 통한 정보전달 속도는 1초당 수십 미터로 알려져 있기 때문에 우리의 키가 보통 2미터 미만인 것을 고려해 볼 때 머리에서 발끝까지 수십 분의 일초 내에 정보가 도달된다. 사실상 눈 깜짝할 새보다 더 빠르다. 한편 HPA 축의 경우 관련 기관의 호르몬 방출을 통해 정보가 전달되기 때문에 자율신경보다 조금 더디게 스트레스 반응을 보이지만 상대적으로 많은 스트레스 호르몬을 몸 전체에 분비시켜 보다 효율적인 스트레스 극복에 일조한다고 알려져 있다.

스트레스 극복에 필요한 생리물질이 분비되는 부신

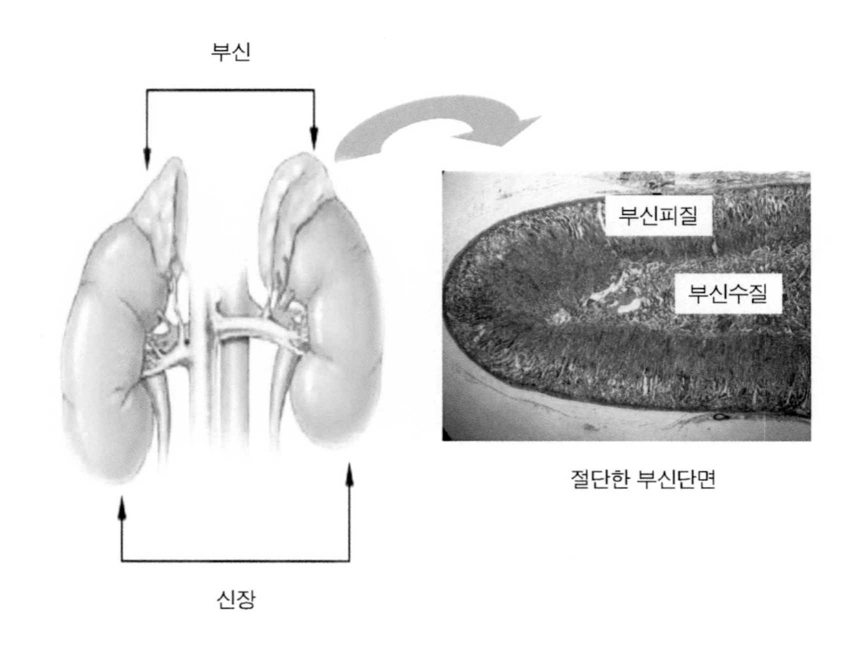

절단한 부신단면

그림 2 스트레스는 내분비계와 중추신경의 자율신경계를 통해 최종적으로 신장 위에 부착되어 있는 부신을 활성화한다. 활성화된 부신은 바깥쪽의 피질에서 스트레스 호르몬을 그리고 안쪽의 수질에서 신경전달물질인 노아드레랄닌이 방출된다. 오른쪽 그림에서 부신수질과 피질을 관찰할 수 있다.

2. 스트레스 호르몬과 신경전달물질로 인한 생체반응 변화

우리는 스트레스를 효과적으로 대처하기 위해 HPA축과 자율신경이 활성화되어 결국 부신피질과 수질에서 각종 호르몬과 신경전달물질이 방출됨을 알았다. 여기서 이들 물질들이 어떻게 스트레스 대처에 사용되는지에 대해 간단하게 알아보자.

멧돼지를 만난 상황에서 생존을 유지하기 위해서는 반드시 심장과 근육과 같은 기관의 기능이 더욱 활성화되어야 한다. 물론 스트레스 호르몬과 스트레스에 의해 분비된 신경전달물질에 의해 활성화가 이루어진다. 온 몸에 신선한 산소를 가능한 많이 공급해 주어야 하기 때문에 심장의 기능이 더욱 활성화되어야 한다. 이런 이유 때문에 긴박한 상황을 겪을 때 우리는 가슴이 콩닥콩닥거림을 느낄 수 있다. 심장의 수축 이완이 빨라지기 때문이다. 이와 더불어 멧돼지와 싸우거나 줄행랑을 칠 경우 근육이 반드시 활성화되어야 한다. 느릿느릿하게 행동할 경우 멧돼지에 당하기 때문이다.

한편 긴박한 스트레스 극복에 직접적으로 사용되지 않는 기관인 면역계와 소화기관의 기능은 반대로 억제된다. 예로 순간적인 위기극복에 소화

기능은 필요하지 않다. 그 이유는 음식을 소화하고 양분을 흡수한 다음, 그 양분을 이용하여 에너지를 만드는데 많은 시간이 필요하기 때문에 긴박한 스트레스 극복에 소화기관 사용은 매우 비효율적이다. 따라서 스트레스 호르몬과 신경전달물질을 통해 소화기관의 기능은 억제되고 그 반대로 우리 몸은 이미 만들어진 에너지를 이용하여 긴박한 스트레스 상황을 순간적으로 극복하려는 방향으로 변하게 된다. 또 소화기관으로 오고가는 혈관 역시 수축하게 된다. 신장도 마찬가지이다. 신장으로 가는 혈관 역시 수축되어 몸 밖으로 배출할 수분양이 적어지게 되고 화장실에 갈 생각을 잊게 함으로써 위기극복에 집중할 수 있도록 한다. 그러나 신기한 것은 몸 전체에 분포되어 있는 혈관 모두가 수축되는 것은 아니다. 근육을 먹여 살리는 혈관은 위기극복에 필요한 산소와 영양분을 충분히 제공받기 위해 수축되지 않고 팽창한다. 심장을 먹여 살리는 관상동맥도 마찬가지이다. 전체적으로 볼 때 위기극복에 절대적으로 필요한 기관은 더 많은 혈액이, 그 반대는 보다 적게 혈액이 흐르게 된다. 바로 이러한 신통방통한 일들을 부신 피질과 수질에서 분비된 스트레스 호르몬과 신경전달물질이 하게 된다. 혀를 내두를 정도로 너무 신기하다.

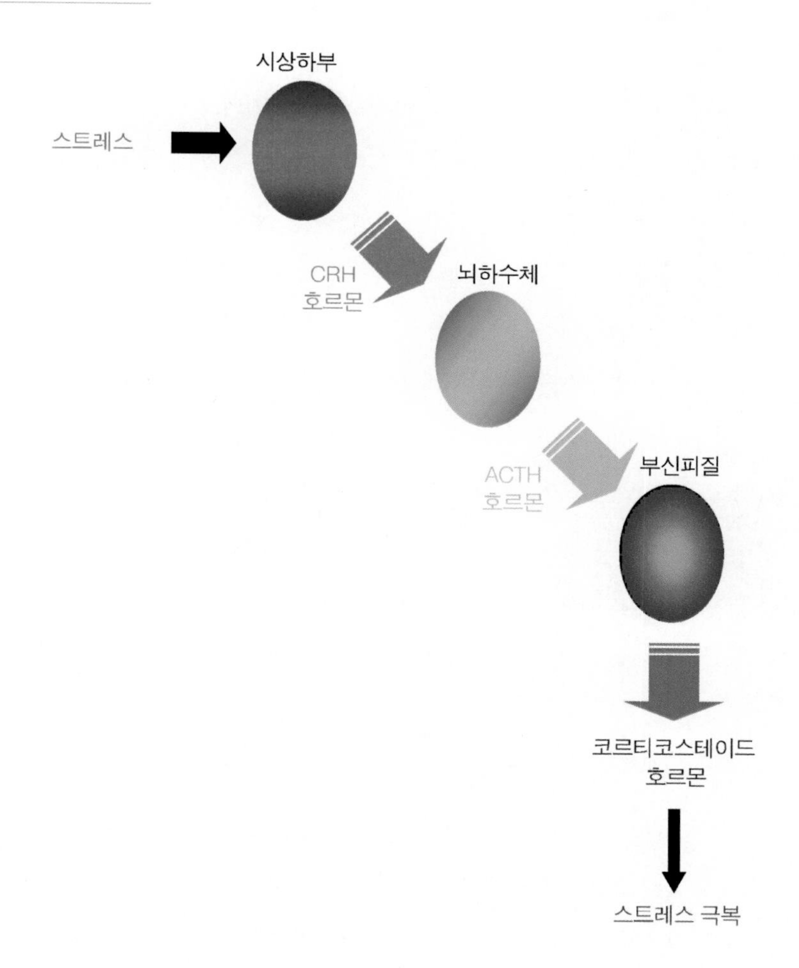

그림 3 내분비계의 경우 스트레스를 인지한 우리는 뇌의 시상하부-뇌의 뇌하수체-신장의 부신피질의 경로를 통해 각각 CRH 호르몬-ACTH 호르몬-코르티코스테이드 호르몬을 방출하여 스트레스 극복에 사용된다.

3. 스트레스와 탈모

지금까지 스트레스 극복을 위해 몸 안에서 일어나는 것들을 간략하게 알아보았다. 이를 토대로 지금부터 스트레스가 왜 탈모를 유발할 수 있는지에 대해 알아보기로 하자. 사실상 스트레스성 탈모 연구는 지난 10년 간 비교적 왕성하게 진행되었지만 완전한 이해, 즉, 스트레스가 어떤 분자기전을 통해 탈모로 이어지는지에 대한 규명은 아직 미흡하다고 판단된다. 따라서 앞으로 더 많은 연구가 이루어져야 할 것으로 사료된다.

계속되는 스트레스로 앞서 언급한 바와 같이 시상하부에서 CRH 호르몬이 분비되고 이로 인해 결국 부신피질에서 스트레스 호르몬이 방출된다. 또 한편 중추신경의 자율신경계도 활성화되어 신경을 통해 부신수질을 자극한다. 이로 인해 노아드레날린이라는 스트레스 신경전달물질이 방출되어 스트레스 극복에 일조한다. 이러한 과정 중에 모낭에도 많은 변화가 일어난다. 스트레스에 의해 활성화된 중추신경의 자율신경은 부신수질뿐만 아니라 모낭에도 연결되어 있다. 모낭은 우리 몸에서 신경이 제일 많이 발달된 곳 중 한 곳이라 알려져 있다. 따라서 스트레스에 대해 자율신경은 부신수질뿐만 아니라 자율신경이 연결되어 있는 모낭과 같은 신체의 모든 부위에서 반응한다.

우리가 스트레스를 받으면 모낭주위에 퍼져있는 교감신경 말단 부위와 그 인근에 분포되어 있는 통증감각 신경 말단부위에서 여러 물질이 분비된다. 그 중 하나가 유명한 SP물질substance P 물질이다*(Am J Pathol, 2007, 171권, 1872-86쪽)*. 이렇게 자율신경 말단에서 분비된 SP물질은 인근에 존재하는 세포, 특히 비만세포mast cell를 자극하여 여러 종류의 염증유발 물질 분비를 유도한다. 그 중 히스타민histamin은 인근의 혈관을 이완시켜 여러 면역세포가 손쉽게 접근할 수 있도록 일조한다. 이 중에서 대식세포나 또는 이미 SP 물질에 자극받은 비만세포는 TNF-alpha 또는 IL-1과 같은 염증 유발인자들을 분비한다. 이렇게 분비된 염증 유발인자들은 모낭에 있는 머리카락 세포의 증식을 억제하거나 또는 머리카락 세포의 세포자멸사를 유도한다고 알려져 있다. 즉, 모낭의 모낭주기를 성장기에서 퇴행기로 조기유도한다. 한편 부신피질에서 분비된 스트레스 호르몬은 혈관을 수축시켜 모낭에 산소와 영양분 공급을 억제한다. 결국 전신적 또는 국소적으로 스트레스에 잘 대처하기 위해 분비되는 여러 가지 호르몬, 신경전달물질 또는 각종 생리인자들에 의해 아무 죄가 없는 성장기의 모낭이 조기 퇴행기를 맞게 되어 탈모로 이어지게 된다. "고래싸움에 새우 등 터진다"는 속담이 생각난다. 그 이유는 스트레스와 우리 몸과의 싸움에서 애꿎은 모낭이 다치는 꼴이 되기 때문이다. 불쌍한 모낭에 미력이나마 힘을 보태고 싶다.

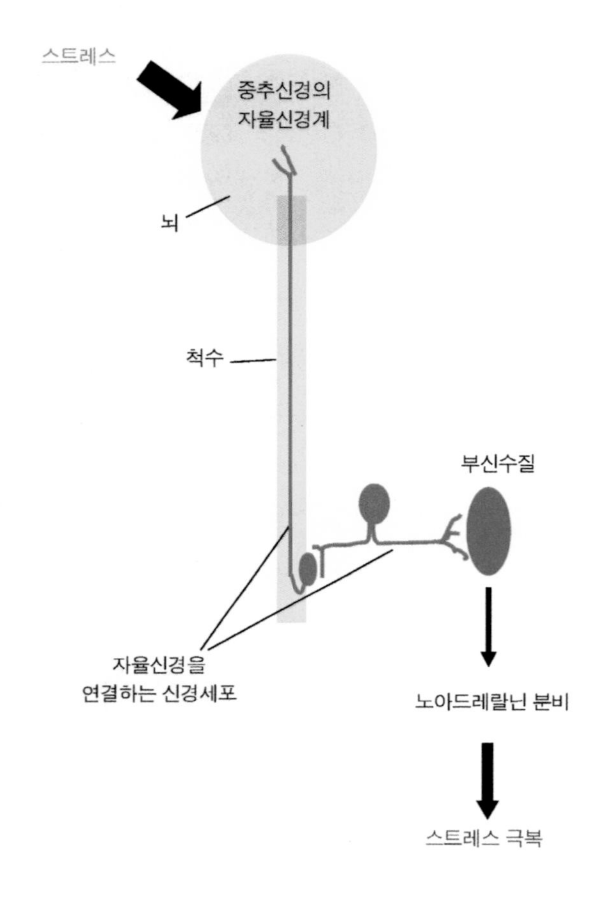

그림 4 스트레스를 인지한 뇌의 자율신경계는 활성화되어 이 신경이 연결되어 있는 부신수질을 자극한다. 자극받은 부신수질은 노아드레날린 신경전달물질을 분비하여 내분비계 활성화와 더불어 스트레스 극복에 일조한다.

4. 스트레스성 탈모 치료의 어려움과 우리들의 극복 자세

스트레스로 인한 탈모를 치료하는 약은 아직 개발되어 있지 않은 상황이다. 그 이유는 사실상 독일의 파우스Paus와 아크Arck 그룹에 의해 최근에 스트레스성 탈모 연구가 시작되었고(*Am J Pathol, 2007, 171권, 1872-86쪽*), 아직까지 스트레스성 탈모 이유에 대해 학문적으로 완전히 규명하기 위해 추가연구가 필요하기 때문이라 추측되며 따라서 학문적으로 스트레스성 탈모 이유가 완전히 규명된 후 그 연구결과를 토대로 탈모치료약을 개발하기 위해선 앞으로 많은 시간이 요구될 것으로 추측되기 때문이다. 아마도 스트레스성 탈모치료 약물 타겟은 스트레스성 탈모를 유발하는 스트레스 호르몬, 신경전달물질, CRH 호르몬, 또는 SP 물질 그리고 비만세포 기능억제 등이 아닐까 판단된다.

이러한 상황에서 스트레스성 탈모억제를 위해 우리가 비교적 손쉽게 할 수 있는 방법은 무엇일까? 긍정적인 자세, 즉, 스트레스를 긍정적으로 받아들여 극복하거나 요가나 운동과 같은 규칙적인 취미생활 등을 하는 것이다. 또 충분한 수면으로 육체적인 스트레스를 극복하며 시큼한 레몬을 상상하여 정신적인 분위기를 바꾸는 것도 손쉬운 스트레스성 탈모를 예방하는 방법 중 하나가 아닐까 사료된다. 이렇게 한다면 아마도 우리의 시상하부 또는 몸 전체에 퍼져 있는 교감신경이 스트레스성 탈모를 예방하려는 우리의 정성어린 마음을 알아주지 않을까 희망해 본다.

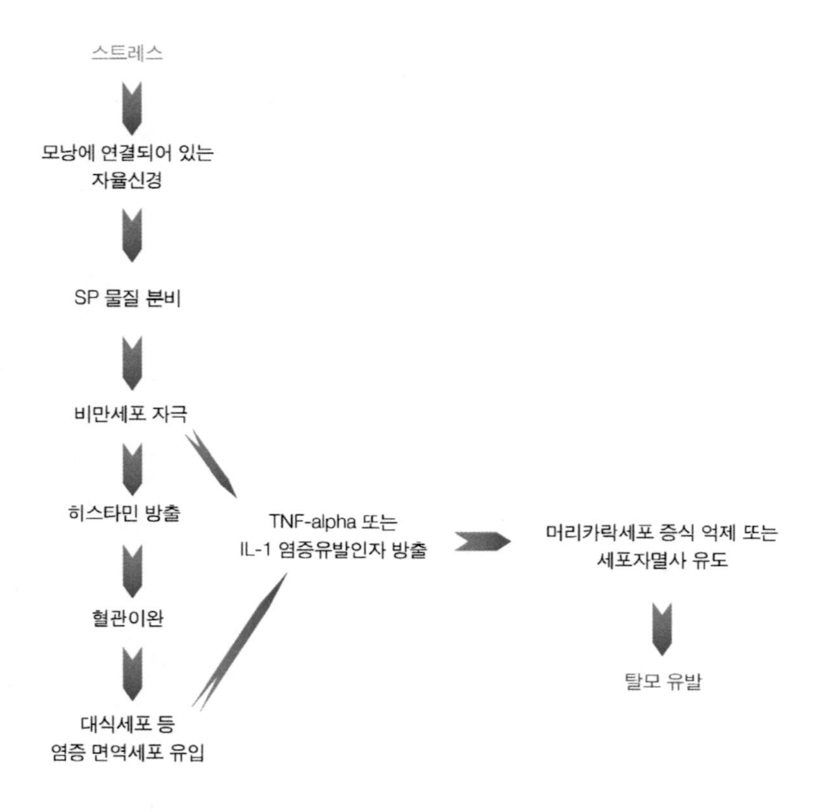

그림 5 중추신경의 자율신경은 부신수질뿐만 아니라 모낭에도 연결되어 있다. 따라서 우리가 스트레스를 받으면 모낭주위에 퍼져있는 자율신경 말단 부위에서 여러 물질이 분비된다. 그 중 하나가 SP물질이다. SP물질은 대식세포 또는 비만세포를 활성화하여 TNF-alpha 또는 IL-1과 같은 염증 유발인자들을 분비한다. 이렇게 분비된 염증 유발인자들은 모낭에 있는 머리카락세포의 증식을 억제하거나 또는 머리카락세포의 세포자멸사를 유도한다.

5. 요점

1) 일반적으로 생명에 위협을 줄 수 있는 돌발 상황 또는 스트레스 상황에 대해 효과적으로 대처하기 위해 우리 몸에서 최소한 두 가지가 일어난다. 즉, 내분비계와 중추신경의 자율신경계의 활성화이다.

2) 내분비계의 경우 스트레스를 인지한 우리는 뇌의 시상하부-뇌의 뇌하수체-신장의 부신피질의 경로를 통해 각각 CRH 호르몬-ACTH 호르몬-코르티코스테이드 호르몬을 방출하여 스트레스 극복에 사용된다.

3) 스트레스를 인지한 우리는 내분비계뿐만 아니라 중추신경의 자율신경계도 활성화되어 이 신경이 연결되어 있는 부신수질이 자극된다. 자극받은 부신수질은 노아드레날린이라는 또 다른 스트레스 극복 신경전달물질이 방출된다.

4) 스트레스에 의해 분비된 스트레스 호르몬과 신경전달물질에 의해 심장과 근육이 더욱 활성화된다. 위기극복을 효율적으로 하기 위해 심장과 근육에 분포되어 있는 혈관은 더 많은 에너지 양분과 산소를 제공하기 위하여 확장되나 반면에 소화기관이나 신장의 혈관은 수축된다. 순간적인 위기극복에 반드시 필요한 기관이 아니기 때문이다. 전체적으로 볼 때 위기극복에 절대적으로 필요한 기관은 보다 많은 혈액이, 그 반대는 보다 적게 혈액이 흐르게 된다. 바로 이러한 신통방통한 일들을 부신 피질과 수질에서 분비된 스트레스 호르몬과 신경전달물질이 하게 된다.

5) 중추신경의 자율신경은 부신수질뿐만 아니라 모낭에도 연결되어 있다. 따라서 우리가 스트레스를 받으면 모낭주위에 퍼져있는 자율신경 말단부위와 그 인근에 분포되어 있는 통증감각 신경 말단부위에서 여러 물질이 분비된다. 그 중 하나가 SP물질이다. SP물질은 인근에 존재하는 비만세포를 자극하여 여러 종류의 염증유발 물질을 분비한다. 그 중 히스타민은 인근의 혈관을 이완시켜 여러 면역세포가 손쉽게 접근할 수 있도록 일조한다. 이 중에서 대식세포나 또는 이미 SP 물질에 자극받은 비만세포는 TNF-alpha 또는 IL-1과 같은 염증 유발인자들을 분비한다. 이렇게 분비된 염증 유발인자들은 모낭에 있는 머리카락 세포의 증식을 억제하거나 또는 머리카락 세포의 세포자멸사를 유도한다. 즉, 모낭의 모낭주기를 성장기에서 퇴행기로 조기유도한다.

6) 또 부신피질에서 분비된 스트레스 호르몬은 혈관을 수축시켜 모낭에 산소와 영양분 공급을 억제한다. 결국 전신적 또는 국소적으로 스트레스를 잘 대처하기 위해 분비되는 여러 가지 호르몬, 신경전달물질 또는 각종 생리인자들에 의해 아무 죄가 없는 성장기의 모낭이 조기 퇴행기를 맞게 되어 탈모로 이어지게 된다.

7) 스트레스로 인한 탈모를 치료하는 약은 아직 개발되지 않은 상황이다. 스트레스를 긍정적으로 받아들이고 요가나 운동과 같은 규칙적인 취미생활 등을 한다면 스트레스로 인한 탈모를 예방할 수 있지 않을까 사료된다.

흡연과 탈모

필자는 1997년부터 약 3년간 미국 하버드 의과대학 부속병원인 데나-파버 암연구소에서 악성신장암 발생과 관련 변이유전자와 관계에 대해 연구하였다. 즉, 어느 유전자가 변이mutation되었고 또 변이된 유전자가 어떻게 악성신장암을 유발하는지에 대해 분자생물학적 기법을 이용하여 매우 많이 연구하였다. 이러한 연구를 통해 암이 발생되는 전반적인 기초지식뿐만 아니라 전문지식도 매우 많이 터득하였다.

흡연하면 암 발생을 쉽게 연상할 수 있다. 그만큼 우리 몸, 특히 우리 몸을 구성하는 기본 단위인 세포에 많은 해를 가할 수 있다는 의미이다. 따라서 흡연이 어떻게 우리 몸을 다치게 하는지 먼저 알아보고, 그 다음 탈모와의 관계를 알아보기로 하자.

담배연기는 온갖 독극물이 함유되어 있는 칵테일

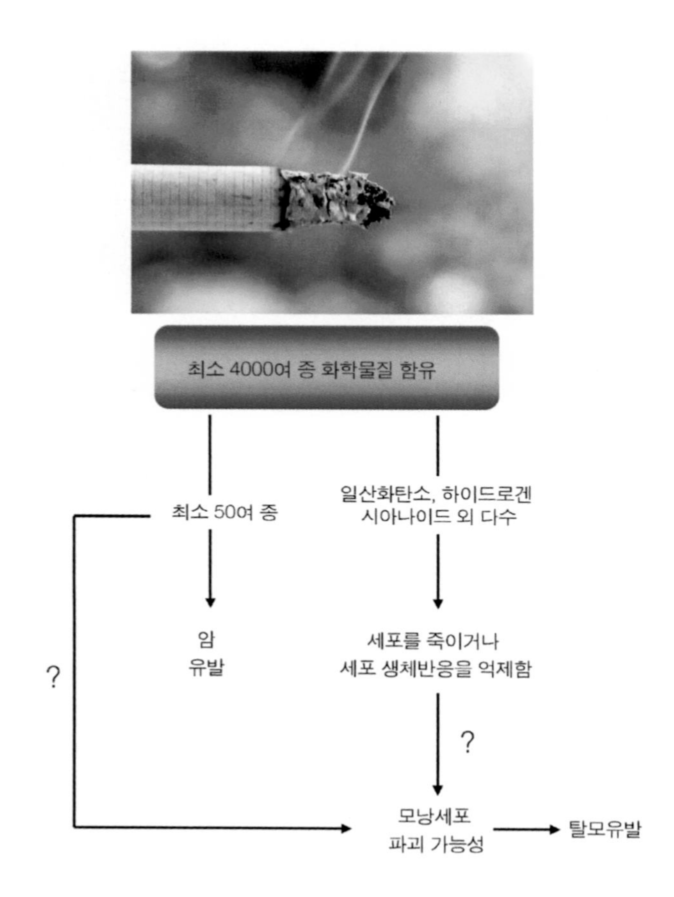

그림 1 담배연기에는 최소 4000여종의 화학물질이 함유되어 있으며 그 중 최소 50여 가지는 암을 유발할 가능성이 있는 물질이라 판명되었다. 그 이외에도 생명의 기본단위인 세포를 죽이는 화학물질과 생명유지에 요구되는 생체반응을 방해하는 화학물질 등이 다량 포함되어 있다. 이러한 유해물질들이 탈모를 유발하는지에 대해 아직 정확하게 규명되지 않았지만 그 의문에 대한 답은 쉽게 예측할 수 있으리라 사료된다.

1. 담배연기는 온갖 독극물이 함유되어 있는 칵테일

우리는 주변에서 적지 않은 암 유발물질에 노출되며 살아가고 있다. 그 중 우리가 가장 쉽게 노출될 수 있는 물질 중 하나는 흡연 시 발생되는 연기이다. 담배연기에는 최소 4,000여종의 화학물질이 함유되어 있으며 그 중 최소 50여 가지는 암을 유발할 가능성이 있는 물질이라 판명되었다. 아마도 그 50여 가지는 우리 유전자의 변이, 즉, 유전자를 망가트려 암 발생을 야기할 것이라 쉽게 추측할 수 있다. 그렇다면 나머지 화학물질은 암을 유발하지 않으므로 우리 몸에 무해한 화학물질인가? 그렇지 않다. 생명의 기본단위인 세포를 죽이는 화학물질과 세포의 생명유지에 요구되는 생체반응을 방해하는 화학물질 등이 다량 포함되어 있다. 다시 말해 담배연기는 암 유발물질, 세포를 죽이는 물질 그리고 세포의 생명유지를 위한 생체반응을 방해하는 화학물질이 포함된 온갖 독극물이 함유되어 있는 칵테일이다. 흡연은 그 칵테일의 독배를 마시는 것과 똑같다.

2. 담배연기 화학물질로 유발될 수 있는 질환

그 모든 화학물질이 흡연을 통해 여과 없이 폐에 도착한다. 여기서 일차적으로 폐기종, 만성기관지염 또는 폐암을 유발한다. 사실상 흡연은 폐암뿐만 아니라 몸 전체 구석구석에 암을 유발한다. 예로 구강, 코, 목, 기도, 기관지, 식도, 위장, 췌장, 신장, 요도, 방광, 자궁경부, 골수와 혈액세포 등에 암을 유발한다는 많은 연구결과가 보고되었다.

흡연은 암 발생은 물론 일단 담배연기가 혈관에 흡수되면 혈관을 이루는 혈관내피세포에 해를 가한다. 심장의 맥박과 혈압 상승을 유도한다. 혈액을 응고시켜 심장, 뇌 그리고 사지로 이어지는 혈관의 혈류를 방해할 수 있다. 이런 이유 때문에 흡연이 지속된다면 결국 혈관 이상으로 급성심근경색이나 뇌졸중과 같은 심혈관 질환을 야기한다. 흡연은 제2형 당뇨병을 악화시킨다. 예로 근육과 같은 혈당흡수 조직의 혈당 흡수를 방해하여 혈당을 상승시키고, 이로 인해 혈당유지를 위해 사용되는 혈당조절 호르몬인 인슐린도 더 많이 투여해야 한다. 이러한 이유로 장기적인 흡연은 당뇨병의 합병증인 심혈관 질환, 만성신장병, 백내장, 사지가 저리는 신경변증 또는 당뇨발을 더욱 악화시킨다. 만약 임산부가 담배연기에 노출될 경우 임산부의 혈관을 통해 태아도 똑같이 담배연기에 노출되기 때문에 태아에 이루 말할 수 없는 해를 끼치게 된다. 예로 제1장에서 언급한 바와 같이 태아의 기관이 형성되기 시작하는 배아기 때 산모가 직간접적으로 흡연을 할 경우 유전자 변이를 야기하는 담배연기 화학물질에 노출되어 기형아 출산 확률이 높다. 물론 임산부에도 해를 끼쳐 저체중 신생아 출산, 조산 또는 최악의 경우 사산을 유도할 수 있다.

3. 생체에 영향을 미치는 담배연기 화학물질의 작용 예

담배연기에 포함되어 있는 최소 4,000여 종의 화학물질 중 몇 개만 예를 들어 그 유해성에 대해 알아보기로 하자.

담배연기 화학물질 중 포름알데히드formaldehyde는 효소의 구성성분인 단백질과 단백질 또는 단백질과 유전자의 구성성분인 DNA와 화학적으로 공유결합시킨다. 일단 결합되면 다시 자연적으로 분리될 수 없기 때문에 공유결합된 단백질이나 DNA는 정상 기능을 할 수 없게 되어 세포는 정상적으로 기능을 할 수 없는 것은 물론 유전자 변이도 유도된다. 따라서 세포가 죽거나 또는 암세포 발생을 유도할 가능성이 있다. 또 우리 면역계는 화학적으로 공유결합된 이런 물질을 전에 경험하지 못한 새로운 물질이라 간주하여 공격하며 염증반응을 일으킨다. 새집증후군의 주요 원인물질인 포름알데히드는 이런 식으로 아토피를 유발할 수 있다.

담배연기 화학물질 중 일산화탄소의 경우 세포생존에 절대적으로 필요한 산소운반을 방해하여 세포생존에 해를 가한다. 산소운반 세포인 적혈구는 헤모글로빈이라는 산소운반체 단백질을 가지고 있다. 헤모글로빈은 생체조직에서 이산화탄소를 회수하여 폐로 이동하고 신선한 산소와 교체된다. 이로 인해 신선한 산소를 얻은 헤모글로빈은 다시 조직으로 이동하여 산소를 생체조직에 제공하고 이산화탄소를 다시 회수하여 폐로 이동한다. 일산화탄소는 이 과정을 방해한다. 그 이유는 일산화탄소는 산소보다 헤모글로빈에 약 150배 더 강력하게 결합하는 성질을 가지고 있다. 이런 이유로 일단 일산화탄소가 헤모글로빈을 점령하면 신선한 산소에 그 자리를 양보하지 않는다. 따라서 일산화탄소에 노출될 경우 산소결핍으로 사망에 이르게 된다. 연탄가스에도 다량의 일산화탄소가 존재하는데 만약 중독되면 가능한 빨리 고압산소탱크를 이용하여 물리적으로 헤모글로빈에 결합된 일산화탄소를 제거하고 산소를 결합시켜 주어야만 연탄가스 중독으로부터 생명을 건질 수 있다.

또 우리가 흔히 말하는 청산가리의 사촌격인 하이드로겐 시아나이드 hydrogren cyanide는 담배연기 화학물질 중 하나이다. 제2차 세계대전 중 독일 나치가 유대인 학살에 사용한 화학물질이다. 하이드로겐 시아나이드는 세포생존에 절대적으로 필요한 미토콘드리아에서 에너지 생산을 중지시킨다. 미토콘드리아는 제4장에서 간단하게 언급되어 있다.

따라서 일산화탄소나 청산가리 사촌은 세포의 암 발생에 관여하지 않지만 세포를 죽이는 역할을 하게 된다. 이런 물질이 머리카락 생성에 관여하는 세포에 도달하면 어떻게 될까? 굳이 말할 필요가 없을 것이다. 여기서 언급된 몇 개의 화학물질은 사실상 빙산의 일각이다. 이 외에도 몸에 유해한 비소, 납, 카드뮴과 같은 중금속도 포함되어 있다. 한마디로 담배 연기는 유해물질이 듬뿍 들은 칵테일 또는 탕국이나 만찬가지이다.

4. 흡연으로 인한 생체 피해 복구능력과 한계

지금까지 흡연의 유해성에 대해 알아보았다. 매우 심각하다. 하지만 단시간의 흡연으로 여기서 언급한 질환이 모두 발생되는 것은 아니다. 발생하기까지 오랜 시간이 걸릴 수 있다. 그 이유는 아마도 유해 화학물질 농도가 상대적으로 낮고, 또 이런 물질들로 우리의 유전자가 망가질 경우 이래저래 극복할 수 있는 시스템을 우리 생체는 가지고 있기 때문이다. 또 유해 화학물질은 온 몸을 공격할 수 있기 때문에 우리 면역계가 활성화가 되어 면역계의 염증반응을 통해 흡연의 피해로부터 우리 몸을 복구할 가능성이 있다. 또 담배로 인한 유해 물질을 제거하기 위해 기침과 가래가 발생되어 몸 밖으로 다시 배출하기도 한다.

하지만 이 모든 복구시스템에도 한계가 있는 법. 복구시스템의 임계점에 도달하고 넘어서면 결국 질환으로 이어질 수밖에 없다. 여기서 복구시스템은 개개인이 가지고 있는 유전자에 의해 결정되는 것은 상식이다. 다행히 좋은 유전자를 물려받아 오랫동안 흡연하였음에도 불구하고 간간히 장수하는 사람을 볼 수 있다. 하지만 그 수가 얼마나 되겠는가? 재수 없게 나쁜 방향으로만 전개되는 머피의 법칙Murphy's law이 항상 도사리고 있음을 잊지 말아야 할 것이다. 지금도 늦지 않았다고 사료된다. 하루 빨리 금연으로 가까운 미래에 보다 건강한 생활을 만끽할 수 있기를 기원해 본다.

5. 흡연과 탈모

흡연과 피부노화에 대한 연구는 적지 않게 많이 이루어졌다. "흡연은 주름살과 같은 피부노화를 야기한다"가 결론이다. 쉽게 연구결과를 예측할 수 있는 분야이다.

그러나 흡연과 탈모의 관계에 대해 과학자들의 호기심이 없었든지, 아니면 연구를 하려 하였으나 연구지원 단체에서 연구비를 주지 않았든지 또는 흡연과 탈모의 관계를 연구할 필요 없이 그 결과를 쉽게 예측할 수 있었는지 그 이유가 어떻든지 간에 사실상 그리 많은 연구가 이루어지지 않았다. 담배연기에 포함되어 있는 화학물질로 인해 혈관과 세포를 망가트려 온갖 질환이 유발될 수 있다는 많은 연구결과를 고려해 볼 때 생체의 일부분인 모낭의 머리카락 세포도 영향을 받을 수밖에 없다는 단순한 논리로 그 연구를 하지 않을 수도 있다고 추측해 본다. 사실상 최근에 흡연과 탈모의 상관관계에 대해 단지 수편의 논문만 발표되었을 정도이다. 이 중 세 개의 연구결과에 대해 알아보기로 하자.

2000년 이탈리아의 드플로라De Flora 연구진은 흡연과 탈모와의 관계를 밝히기 위해 3개월 동안 실험동물인 쥐를 담배연기에 노출시킨 후, 탈모와 검은색의 털이 회색으로 변하였음을 관찰하였다*[Toxicol Lett, 114권, 117~23쪽]*. 탈모가 야기된 지역에서 세포자멸사한 모낭이 매우 많이 관찰되었고, 이로 인해 전체적으로 탈모지역에 성장기의 모낭 수가 현저히 감소되었음을 관찰하였다. 즉, "흡연은 탈모를 유발할 가능성이 있다"는 연구결과이다. 예측할 수 있는 연구결과가 아닐까 사료된다.

역학 통계조사에 의해서도 흡연과 탈모의 상관관계가 있음을 보여 주었다. 1996년 영국의 모슬리Mosley 등은 606명을 조사한 결과 흡연과 탈모가 서로 상관관계가 있음을 보여 주었다*[British Medical Journal, 313(7072)권, 1616쪽]*. 이 조사는 흡연과 백발형성도 서로 상관관계가 있음을 보여 주었다. 2007년 타이완의 첸Chen 연구진은 안드로겐성 탈모를 가진 740명의 남성을 상대로 안드로겐성 탈모와 흡연과의 상관관계가 있는지에 대해 조사하였다*(Arch Dermatol, 143권, 1401~6쪽)*. 결과는 "상관관계가 존재한다"이다. 더 나아가 흡연 정도와 기간도 안드로겐성 탈모와 매우 깊은 상관관계가 있음을 보여 주었다.

6. 금연은 개인과 국가가 함께 해결해야 할 문제

필자도 20대에 흡연을 하였고, 그 이후 금연하였다. 처음에는 호기심으로 시작하여 중독이 되었다. 흡연 후 일시적으로 자신감이나 안도감을 얻는 것은 일부 인정하였지만 결국 담배가 필자를 태워버린다는 느낌, 즉, 건강에 이상이 오는 것을 느끼기 시작하여 이를 악 물고 금연에 이르게 되었다.

흡연가의 대다수는 흡연으로 인해 건강에 해가 올 수 있다는 심각성은 모두 인지하지만 중독, 스트레스 해소, 특히 흡연 후 느끼는 자신감과 안도감 때문에 현대 경쟁사회에서 금연은 매우 어려운 실정이다. 사실상 필자가 1990년 대 중후반에 연구생활을 보낸 미국 보스턴의 데나-파버 암연구소에서 누군가가 필자에게 이런 말을 한 적이 있었다. "10년 전만 하더라도 이 암연구소 내에서도 흡연을 하였다." 매우 경악스러운 말이었다. 암 연구에 대해 나름대로 일가견이 있는 기초의과학자조차 그것도 연구실 내에서 흡연을 하였다는 소리는 이해할 수 없었다. 1990년 대 중후반 이 암연구소에서 흡연은 물론 금지되었고 밖에서 흡연을 즐기는 사람도 매우 적었던 것으로 기억된다. 아마도 흡연의 심각성과 그동안 국가정책에 의한 금연운동으로 인해 암 연구에 종사하는 기초의과학자까지도 계몽(?!)되지 않았나 사료된다.

우리나라에서도 요즘 국가차원의 금연운동이 진행되고 있는 것처럼 보인다. 아직 초기라 사료되지만 지속적으로 유지된다면 가까운 미래에 Smoke-Free 사회가 이루어지지 않을까 낙관한다. 흡연을 조장하고 또는 묵인하는 사회는 국가를 병들게 한다. 사회와 국가 기본 구성원은 국민 개개인이고, 국민 건강은 곧 글로벌 시대의 국가 경쟁력과 직결되기 때문이다.

따라서 개인의 적극적인 금연은 물론 사회 및 국가도 함께 개인이 보다 쉽게 금연할 수 있는 사회 분위기를 만들어야 할 의무가 있다고 사료된다. 이런 취지로 정부는 금연부를 신설하고 금연장관을 임명하여 일관적이고 효율적인 금연정책을 펼쳐 나가길 희망한다. 만약 이 정책이 성공한다면 전 세계에서 우리나라 금연정책을 배우러 몰려들 것으로 기대된다. 그렇게 된다면 아마도 가수 "싸이"의 말춤보다 더 많이 한류 특유의 금연문화를 전파하는데 큰 일조를 하지 않을까 꿈꾸어 본다. 여기서 더 큰 꿈을 꾸어 보자. 만약 이러한 국가정책이 실효를 거두고 전 세계에 퍼져 나가 인류건강 증진에 크게 기여한다면 아마도 어느 연말에 스웨덴의 오슬로에서 청와대로 전화할지 모른다. 새로 생긴 인류건강증진 노벨상을 수상하러 스톡홀름으로 빨리 오라고…….

7. 요점

1) 담배연기에는 최소 4,000여종의 화학물질이 함유되어 있으며 그 중 최소 50여 가지는 암을 유발할 가능성이 있는 물질이라 판명되었다. 그 이외에도 생명의 기본단위인 세포를 죽이는 화학물질과 세포의 생명유지에 요구되는 생체반응을 방해하는 화학물질 등이 다량 포함되어 있다.

2) 흡연을 통해 담배연기는 여과 없이 폐에 도착한다. 여기서 일차적으로 폐기종, 만성기관지염 또는 폐암을 유발한다. 그리고 구강, 코, 목, 기도,

기관지, 식도, 위장, 췌장, 신장, 요도, 방광, 자궁경부, 골수와 혈액세포 등에 암을 유발한다. 흡연이 지속되면 혈관이상을 야기하여 심혈관 질환으로 이어진다. 또 제2형 당뇨병을 악화시켜 다양한 당뇨병의 합병증에 더 쉽게 노출될 수 있다. 만약 임산부가 흡연할 경우 태아에 악영향을 주어 기형아 발생 확률이 높고 임산부에게도 악영향을 주어 저체중 신생아 출산, 조산, 또는 최악의 경우 사산을 유도할 수 있다.

3) 담배연기 화학물질 중 포름알데히드는 세포를 죽이거나 또는 암세포 발생을 유도할 가능성이 있다. 또 염증반응을 일으킨다. 일산화탄소의 경우 세포생존에 절대적으로 필요한 산소운반을 방해하여 세포생존에 해를 가한다. 청산가리의 사촌격인 하이드로겐 시아나이드는 제2차 세계대전 중 독일 나치가 유대인 학살에 사용한 화학물질 중 하나이며 세포생존에 절대적으로 필요한 미토콘드리아에서 에너지 생산을 중지시킨다. 이 이외에도 몸에 유해한 비소, 납, 카드뮴과 같은 중금속도 포함되어 있다.

4) 2000년 이탈리아의 드플로라 연구진은 흡연이 탈모를 야기할 가능성이 있는 연구결과를 발표하였다. 1996년 영국의 모슬리 등은 606명을 조사한 결과 흡연과 탈모가 서로 상관관계가 있음을 보여 주었다. 2007년 타이완의 첸 연구진은 안드로겐성 탈모를 가진 740명의 남성을 상대로 안드로겐성 탈모와 흡연과의 상관관계를 조사한 결과 매우 밀접한 상관관계가 있고 흡연 정도와 기간도 안드로겐성 탈모와 매우 깊은 상관관계가 있음을 보여 주었다.

5) 흡연가의 대다수가 흡연으로 인해 건강에 해가 올 수 있다는 심각성은 모두 인지하지만 중독, 스트레스 해소, 특히 흡연 후 느끼는 자신감과 안도감 때문에 현대 경쟁사회에서 금연은 매우 어려운 실정이다. 흡연을 조장하고 또는 묵인하는 사회는 국가를 병들게 한다. 사회와 국가 기본 구성원은 국민 개개인이고, 국민 건강은 곧 글로벌 시대의 국가 경쟁력과 직결되기 때문이다. 개인의 적극적인 금연은 물론 사회 및 국가도 함께 개인이 보다 쉽게 금연할 수 있는 사회 분위기를 만들어야 할 의무가 있다고 사료된다.

휴지기 탈모

우리 주위 또는 언론을 통해 출산 후 또는 임신 중 탈모를 호소하는 여성을 적지 않게 접할 수 있으며 계절변화로 인한 탈모를 경험하는 사람 역시 우리 주위에서 자주 찾아 볼 수 있다. 그러나 다행스럽게도 이러한 유형의 탈모는 휴지기 탈모에 속해 자연적으로 회복될 수 있는 탈모이기 때문에 그리 큰 염려를 하지 않아도 된다는 말을 먼저 하고 싶다. 제일 먼저 휴지기 탈모에 대해 알아보기로 하자. 휴지기 탈모는 탈모의 대다수를 차지하는 안드로겐성 탈모 다음으로 많이 발생되며 안드로겐성 탈모 그리고 원형탈모와 함께 가장 빈번하게 발생되는 3대 탈모유형에 속한다.

1. 휴지기 탈모

휴지기 탈모telogen effluvium란 한꺼번에 많은 수의 모낭이 휴지기에 빠져들고 이로 인해 탈모가 유발되는 그런 탈모유형을 말한다. 어림잡아 성장기에 있는 모낭은 일반적으로 전체 모낭의 약 90% 안팎, 퇴행기와 휴지기의 경우 약 10% 안팎으로 추정하고 있다. 두피에 있는 모낭이 약 10만 개, 그 중 10%가 휴지기에 있는 모낭이기 때문에 약 1만 개 정도의 머리카락이 이 기간 동안 빠질 가능성이 있다. 휴지기는 일반적으로 짧게는 3개월 길게는 6개월 정도이므로 하루에 적게는 55(10000개/180일)개에서 많게는 110(10000개/90일)개 머리카락이 빠진다는 결론이 나온다. 일반적으로 샴푸할 때 또는 빗질을 할 때 자연스럽게 빠지는 머리카락은 최대 약 100개로 추정하고 있다. 하지만 휴지기 탈모는 휴지기에 처해 있는 모낭 수가 이보다 많이 존재하기 때문에 하루에 100개 이상 빠질 수 있다는 결론이 나온다.

일반적으로 출산 후 탈모, 계절변화에 의한 탈모 또는 열병을 앓았다거나, 수술, 심한 정신적 충격, 탈모를 유발하는 일반 약제 복용, 갑상선 호르몬 분비 이상, 철분과 같은 영양분 부족, 다이어트성 탈모, 또는 암 치료를 위한 항암제 복용 등으로 휴지기 탈모가 야기된다. 즉, 이러한 이유로 인해 많은 모낭 세포가 세포자멸사에 빠지게 된다. 하지만 휴지기 탈모에 대해 너무 걱정할 필요는 없다. 휴지기 탈모는 다른 원인으로 인한 탈모가 복합적으로 진행되지 않는 한 자연스럽게 치료되거나 또는 원인이 규명되어 적절히 의학적 치료를 받으면 비교적 손쉽게 치료될 수 있는 발모를 위한 탈모이다. 제10장에서 언급한 바와 같이 모낭주기에서 휴지기 다음 반드시 성장기가 온다는 것을 명심하기 바란다. 따라서 휴지기 탈모는 발모를 위한 탈모라 생각하고 긍정적으로 대처하기를 바란다.

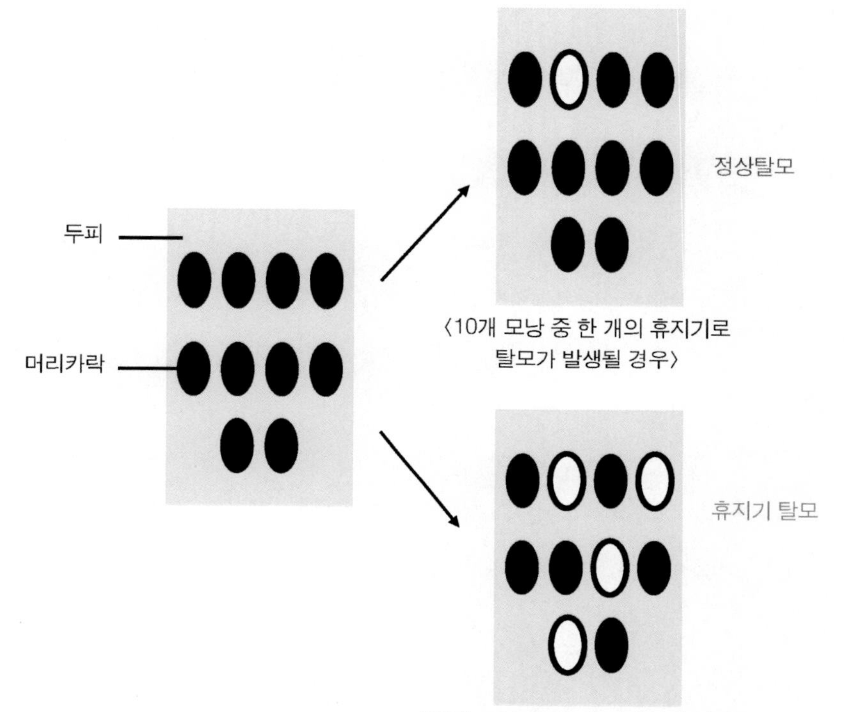

그림 1 성장기의 모낭은 일반적으로 전체 모낭의 약 90% 안팎, 퇴행기와 휴지기의 경우 약 10% 안팎으로 추정하고 있다. 휴지기 탈모란 한꺼번에 많은 수의 모낭이 휴지기에 빠져 들고 이로 인해 탈모가 유발되는 탈모유형이다. 일반적으로 출산 후 탈모, 피임약 관련 탈모, 계절변화에 의한 탈모 또는 열병을 앓았다거나, 수술, 심한 정신적 충격, 탈모를 유발하는 일반 약제 복용, 갑상선 호르몬 분비 이상, 철분과 같은 영양분 부족, 다이어트성 탈모 또는 암치료를 위한 항암제 복용 등으로 모낭 세포가 세포자멸사에 빠져 휴지기 탈모가 야기 된다. 휴지기 탈모는 다른 원인으로 인한 탈모가 복합적으로 진행되지 않는 한 자연스럽게 치료되거나 또는 원인이 규명되어 적절히 의학적 치료를 받으면 비교적 손쉽게 치료될 수 있는 발모를 위한 탈모이다. 너무 걱정하지 말자.

2. 출산 후 탈모

임산부의 약 90%는 출산 후 탈모를 경험한다. 임신을 유지하는 호르몬은 정상적으로 휴지기에 들어갈 모낭을 방해하여 계속 성장기로 지속시켜 주고 있다. 즉, 휴지기에 들어가 빠져야 할 머리카락이 빠지지 않고 있다가 출산 후 에스트로겐과 같은 임신유지 호르몬 분비가 급격히 떨어지는 이유로 지금까지 빠지지 못했던 머리카락이 서서히 또는 한 번에 모두 빠지기 때문에 출산 후 탈모를 경험한다. 모유 생산을 유도하는 프로락틴 호르몬도 모낭의 퇴행기를 유도한다는 연구결과도 있다. 정상적으로 하루에 100개 정도 빠지는 머리카락이 임신 기간에 빠지고 않고 있다가 한 번에 빠지는 것과 비슷하다. 간단하게 주먹구구식으로 계산해 보면 100개 x 266일(임신기간) = 26,600 개가 출산 후 우수수 빠진다고 생각하면 그리 과장되지 않은 말일 것이다. 많은 양이다. 일반적으로 출산 후 3개월서부터 시작하여 5개월까지 진행된다. 그러나 머리카락이 빠진 모낭은 다시 머리카락 생성을 위해 분주히 뛰고 있다. 즉, 제10장 그림3에서 보는 바와 같이 휴지기에 더말파필라세포는 벌지구역에서 다음 성장기를 위해 이차헤어점세포를 얻어 놓은 상태라는 것을 잊지 말아야 한다.

이러한 탈모를 개선하기 위해 병원에 가서 탈모를 호소한다 할지라도, 물론 나름대로의 방법이 제시될 수 있기는 하지만, 딱히 마땅한 치료약이 있을 수 없다. 아니 필요치 않다 사료된다. 그 이유는 벌써 더말파필라세포가 알아서 다음 성장기를 위해 이차헤어점세포를 확보해 놓은 상태이기 때문이다. 따라서 출산 후 좋은 몸조리가 이 유형의 탈모를 치료하는 최선의 해결책이라 사료된다.

3. 피임약 관련 탈모

피임약을 복용하다가 임신을 위해 피임약 복용을 중단할 경우에 탈모를 경험할 수 있다. 이 경우도 출산 후 탈모와 비슷한 이유에 의해 탈모가 유발된다. 피임약에는 많은 양의 에스트로겐 호르몬이 존재하여 정상적으로 휴지기에 빠져야 할 모낭을 계속 성장기로 유지시키고 있기 때문이다. 피임약 복용을 중단하면 호르몬의 양이 급격히 떨어질 수 있기 때문에 출산 후 탈모와 비슷한 탈모를 경험할 수 있다. 따라서 이런 유형의 탈모는 너무 걱정하지 않아도 되는 탈모라 사료된다.

4. 임신 중 탈모

임신 초기에 탈모를 경험할 수 있다. 보통 임신 3개월 후에 발생된다. 이 탈모 역시 임신으로 인한 생체의 새로운 호르몬 변화에 임산부 모낭이 적응하는 과정에서 경험하는 탈모이다. 또 피임약 중단으로 인한 영향이 임신 후에 나타나는 경우일 수도 있다. 앞에서 언급한 바와 같이 이런 유형의 탈모는 자연적으로 해결될 수 있는 탈모이므로 그리 염려할 필요가 없다고 사료된다.

일반적으로 임산부의 머리카락 상태는 임신 전의 상태와 비교해 볼 때, 머리카락 숱이 더 많고 머릿결 상태도 더 좋다. 그 이유는 에스트로겐과 같은 임신 유지 호르몬이 모낭 주기의 성장기를 유지시켜 주기 때문이라 알려져 있다.

5. 동물의 계절탈모를 조절하는 생체리듬 짜이트게버: 빛

일반적으로 추운 지방에 사는 동물은 생존을 위해 털갈이가 필요하다. 일 년에 두 번 정도 털갈이를 하며 겨울에는 보온을 위한 털이 여름에는 체온을 방출할 수 있는 가벼운 털이 요구된다. 여러 연구결과에 의해 양, 햄스터 또는 밍크와 같은 동물의 털갈이는 일조량과 호르몬에 의해 이루어진다고 알려져 있다.

제11장에서 다룬 바와 같이 취침주기의 생체리듬은 밤낮의 길이에 따른 빛에 의해 결정되고, 이 빛을 우리는 취침주기 생체리듬의 짜이트게버라 하였다. 짜이트게버는 생체리듬의 주기성을 결정하는 인자라 하여 온도, 빛, 음식, 소음, 사회생활 등 모든 조건이 여기에 속한다고 하였다. 동물 털갈이를 조절하는 생체리듬의 경우에도 빛이 짜이트게버로 작용하고 있는 것으로 알려져 있다. 빛은 멜라토닌 호르몬 분비를 유도하고 이렇게 분비된 멜라토닌 호르몬은 프로락틴 호르몬 분비를 유도한다. 이 호르몬이 최고로 많이 분비될 경우 가을에 털갈이가 유도된다고 알려져 있다.

동물 털갈이를 유도하는 분자기전의 이해에 아직 많은 추가연구가 요구되지만, 우리는 동물 털갈이를 제어하는 가장 중요한 인자는 최소한 빛, 멜라토닌 그리고 프로락틴 호르몬임을 알 수 있다.

6. 인간의 계절탈모

사람의 계절탈모는 동물의 털갈이에 비교할 때, 매우 미미할 정도로 관찰된다. 1991년 영국의 랜달Randall 연구진은 사람의 계절탈모 가능성을 연구하기 위해 영국 쉐필드Sheffield 지역에 거주하는 백인 14명을 상대로 18개월간 털과 모낭을 관찰하였다*(Br J Dermatol, 124권, 146~51쪽)*. 봄에 약 90% 이상의 두피 모낭이 성장기에 있음이 관찰되었고, 가을에는 약 80% 정도로 떨어졌으며 약 2배 더 두피 탈모가 진행되었다. 안드로겐 호르몬에 영향을 받는 턱수염의 경우 여름에 더 많이 성장함을 관찰하였다. 테스토스테스 호르몬은 유럽 남성의 경우 여름에 더 많이, 겨울에 더 적게 분비된다는 연구결과를 토대로, 안드로겐 호르몬에 영향을 받는 턱수염과 허벅지 털은 여름에 더 많이 성장할 수 있고, 그 반대로 그 호르몬에 취약한 두피 모낭은 여름에 퇴행기나 휴지기 상태로 유도되어 가을쯤 되어 두피 탈모가 진행될 수 있지 않을까 추정해 본다.

7. 요점

1) 휴지기 탈모란 한꺼번에 많은 수의 머리카락 모낭이 휴지기에 빠져 들고 이로 인해 탈모가 유발되는 탈모유형을 말한다. 일반적으로 출산 후 탈모, 피임약 관련 탈모, 임신 중 탈모, 계절변화에 의한 탈모 또는 열병을 앓았다거나, 수술, 심한 정신적 충격, 탈모를 유발하는 일반 약제 복용, 갑상선 호르몬 분비 이상, 철분과 같은 영양분 부족, 다이어트성 탈모 또는 암 치료를 위한 항암제 복용 등으로 휴지기 탈모가 야기 된다.

많은 모낭 세포가 세포자멸사에 빠지기 때문이다. 하지만 휴지기 탈모에 대해 너무 걱정할 필요는 없다. 휴지기 탈모는 다른 원인으로 인한 탈모가 복합적으로 진행되지 않는 한 자연스럽게 치료되거나 또는 원인이 규명되어 적절히 의학적 치료를 받으면 비교적 손쉽게 치료될 수 있는 발모를 위한 탈모이다.

2) 임산부의 약 90%는 출산 후 탈모를 경험한다. 임신을 유지하는 에스트로겐과 같은 호르몬은 정상적으로 휴지기에 들어갈 모낭을 방해하여 계속 성장기로 지속시켜 준다. 즉, 휴지기에 들어가 빠져야 할 머리카락이 빠지지 않고 있다가 출산 후 임신유지 호르몬 분비가 급격히 떨어지면 지금까지 빠지지 못했던 머리카락이 서서히 또는 한 번에 모두 빠지기 때문에 출산 후 탈모를 경험한다. 앞서 언급한 바와 같이 이런 유형의 탈모는 자연적으로 발모가 이루어지기 때문에 너무 걱정하지 하지 않아도 되는 탈모라 사료된다.

3) 피임약을 복용하다가 임신을 위해 피임약 복용을 중단할 경우에 탈모를 경험할 수 있다. 피임약에는 많은 양의 에스트로겐 호르몬이 존재하여 정상적으로 휴지기에 빠져야 할 모낭을 계속 성장기로 유지시키고 있기 때문이다. 출산 후 탈모와 비슷하다.

4) 임신 초기에 탈모를 경험할 수 있다. 보통 임신 3개월 후에 발생된다. 이 탈모 역시 임신으로 인한 생체의 새로운 호르몬 변화에 임산부 모낭이 적응하는 과정에서 경험하는 탈모이다. 또 피임약 중단으로 인한 영향이 임신 후에 나타나는 경우일 수도 있다. 이런 유형의 탈모도 자연적으

로 발모가 이루어지기 때문에 너무 걱정하지 하지 않아도 되는 탈모라 사료된다.

5) 일반적으로 임산부의 머리카락 상태는 임신 전의 상태와 비교해 볼 때, 머리카락 숱이 더 많고 머릿결 상태도 더 좋다. 그 이유는 에스트로겐과 같은 임신 유지 호르몬이 모낭 주기의 성장기를 유지시켜 주기 때문이라 알려져 있다.

6) 일반적으로 추운 지방에 사는 동물은 생존을 위해 털갈이가 필요하다. 일 년에 두 번 정도 털갈이를 하며 겨울에는 보온을 위한 털이 여름에는 체온을 방출할 수 있는 가벼운 털이 요구된다. 동물 털갈이를 조절하는 생체리듬 경우 빛이 짜이트게버로 작용하고 있는 것으로 알려져 있다. 빛은 멜라토닌 호르몬 분비를 유도하고 멜라토닌 호르몬은 프로락틴 호르몬을 분비를 유도하여 가을에 털갈이를 유도한다고 알려져 있다.

7) 1991년 영국의 랜달 연구진은 사람의 계절탈모 연구를 위해 영국 쉐필드 지역에 거주하는 백인 14명을 상대로 18개월간 털과 모낭을 관찰하였다. 봄에 약 90% 이상의 두피 모낭이 성장기에 있음이 관찰되었고, 가을에는 약 80% 정도로 떨어졌으며 약 2배 더 두피 탈모가 진행되었다. 이 현상은 백인의 경우 테스토스테스 호르몬이 여름에 더 많이 분비되어 그 영향으로 가을에 탈모가 더 많이 유도되지 않을까 추정해 본다.

샴푸에 사용되는 비누성분의 유해성 여부

요즘 바이러스에 의한 신종플루가 또 유행이라 한다. 겨울철만 되면 신종플루는 이제 연례행사처럼 찾아오는 불청객이 되어 버렸다. 독감 예방에는 면역력을 높이는 것도 중요하지만 뭐니 뭐니 해도 가장 손쉬운 방법 중 하나는 청결 유지이다. 외출 후 귀가하였을 때 비누로 손을 씻는 것만으로도 독감 발생률을 많이 낮춘다고 하니 독감예방에 가장 손쉬운 방법 중 하나가 아닐까 생각된다.

우리는 일상생활에서 비누 없이 살 수 없다. 비누는 간단히 말해 피부에 오염된 바이러스와 같은 미생물, 피부노화로 생긴 각질 때, 피지와 같은 기름기 또는 외부 환경으로부터 유래된 오염 물질 등을 피부로부터 말끔히 없애준다. 물론 아침이나 저녁에 머리를 감을 경우에도 비누의 일종인 샴푸를 이용하여 머리카락의 청결을 유지한다.

비누 생성과정

$$\begin{array}{l} CH_2-O-\overset{O}{\overset{\|}{C}}-(CH_2)_{14}-CH_3 \\ | \\ CH-O-\overset{O}{\overset{\|}{C}}-(CH_2)_{14}-CH_3 \\ | \\ CH_2-O-\overset{O}{\overset{\|}{C}}-(CH_2)_{14}-CH_3 \end{array} + 3\,NaOH \longrightarrow \begin{array}{l} CH_2-OH \\ | \\ CH-OH \\ | \\ CH_2-OH \end{array} + 3\ NaO-\overset{O}{\overset{\|}{C}}-(CH_2)_{14}-CH_3$$

중성지방 수산화나트륨 글리세롤 나트륨팔미테이트 (비누성분)

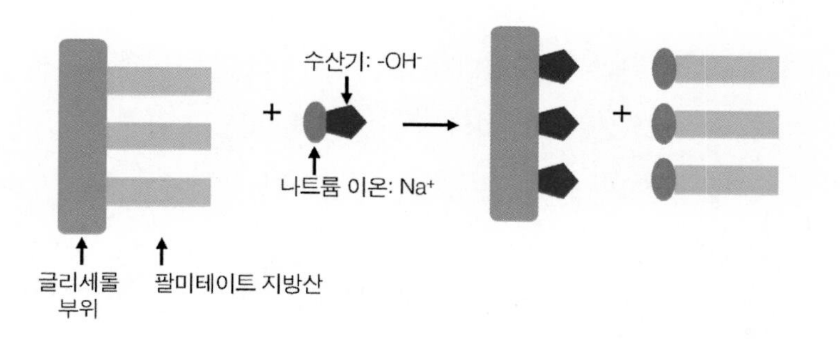

그림 1 중성지방은 글리세롤에 지방산이 세 개 연결되어 있는 구조로 되어 있다. 수산화나트륨은 나트륨 이온과 수산기가 연결되어 있는 화학물질이다. 이 두 가지를 혼합할 경우 화학반응이 일어난다. 식용유인 팜유에 포함되어 있는 중성지방 중 글리세롤 부위는 수산화나트륨의 수산기와 결합하여 완전한 글리세롤로 분리되고, 나머지 팔미테이트 지방산은 수산화나트륨의 나트륨 이온과 결합하여 비누성분인나트륨팔미테이트가 생성된다. 아래 그림은 비누 생성과정을 그림으로 간단하게 표시한 것이다.

1. 비누와 비누성분

비누나 샴푸는 세정력을 가지고 있는 물질을 함유하고 있다. 예를 들어 보자. 우리 주위에서 폐식용유를 이용하여 비누를 만들곤 한다. 물론 폐식용유에 수산화나트륨을 첨가해야 한다. 수산화나트륨은 나트륨 이온과 수산기가 연결되어 있는 화학물질이다. 가성소다라고도 하고 예전에는 태운 재를 물에 녹여 만든 양잿물 속에도 이 성분이 함유되어 있어 비누로 사용되곤 하였다. 여기서 폐식용유의 주성분은 사실상 중성지방이다. 중성지방은 글리세롤에 지방산이 세 개 연결되어 있는 구조로 되어 있다. 여기에 수산화나트륨을 첨가하면 화학반응이 일어난다. 중성지방 중 글리세롤 부위는 수산화나트륨의 수산기와 결합하여 완전한 글리세롤로 분리되고, 나머지 남은 지방산은 수산화나트륨의 나트륨 이온과 결합하여 비누성분인 나트륨팔미테이트가 생성된다. 여기서 폐식용유는 팜유를 의미하며 팜유의 대다수 중성지방에 지방산으로 팔미테이트가 있을 경우이다.

2. 비누의 마이셀 형성과 세정력

비누성분인 나트륨팔미테이트 중 팔미테이트는 지방산이기 때문에 물을 매우 싫어하는 성질을 가지고 있지만 나트륨 이온과 그 결합부위는 전기 극성을 띄고 있고 물 또한 전기 극성을 띄고 있어 서로가 매우 좋아한다. 따라서 비누성분인 나트륨팔미테이트는 나트륨 이온과 그 결합부위로 말미암아 물에 쉽게 용해된다.

나트륨팔미테이트와 같은 비누성분은 매우 중요한 특징을 하나 가지고 있다. 만약 물에 용해된 나트륨팔미테이트의 농도가 상대적으로 높을 경우 똘똘 뭉쳐 조그만 구슬 또는 미립자로 변하게 된다. 이 구조를 그림2에서 보는 바와 같이 마이셀micelle이라 한다. 마이셀이 형성되는 이유는 지방산인 팔미테이트가 물을 매우 싫어하기 때문에 마이셀 내부로 자신들끼리 럭비선수 마냥 스크럼을 짜 물과의 접촉을 최소화하는 구조를 만들고 반면에 나트륨 이온과 그 결합부위는 물을 좋아하기 때문에 마이셀 표면에 포진하려 하기 때문이다.

이제 비누성분의 마이셀 기능과 세정력에 대해 간단하게 알아보기로 하자. 예로 얼굴 피부의 피지는 일종의 기름이기 때문에 물을 매우 싫어한다. 이런 이유로 비누 없이 물만 이용하여 얼굴 피부로부터 피지를 세정해낸다는 것은 매우 어려운 일이다. 그러나 비누를 이용하면 피지는 비누성분의 팔미테이트 지방산과 서로 엉겨 붙어 마이셀이 형성된다. 서로가 물을 싫어하기 때문에 서로 좋다고 껴안기 때문이다. 결국 피지는 자연스럽게 비누성분의 마이셀 속으로 들어가 피부로부터 효율적으로 제거된다.

3. 삼푸의 비누세정 성분: SLS

요즘은 가격이 매우 저렴하고 세정력이 좋은 비누성분들이 많이 개발되었다. 그 중 하나가 샴푸에 많이 사용되고 있는 SLSsodium lauryl sulfate이다. SLS는 그림3에서 보는 바와 같이 황산기에 코코넛 오일에서 추출한 라우릭 지방산이 한 개 그리고 탄산나트륨에서 얻은 나트륨 이온 한 개가 결합되어 있는 일종의 비누세정 성분이다(*http://en.wikipedia.org/wiki/Sodium_lauryl_sulfate*). SLS 역시 물을 싫어하는 라우릭 지방산과 물을 좋아하는 나트륨 이온을 동시에 함유하고 있기 때문에 앞에서 언급한 나트륨팔미테이트와 마찬가지로 물에서 마이셀을 형성하여 기름기 등을 제거하는 세정력을 띠게 된다.

마이셀 생성과정

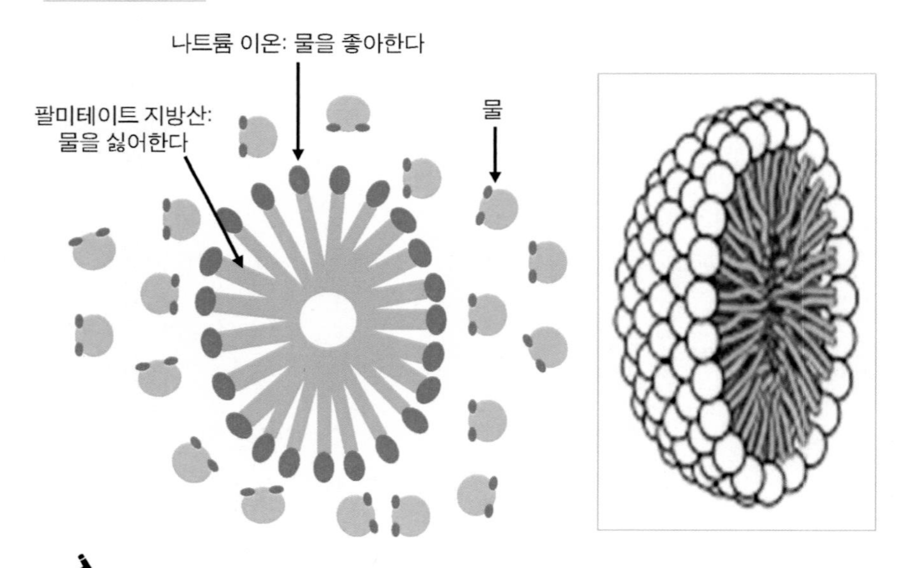

그림 2 물에 용해된 비누성분은 똘똘 뭉쳐 마이셀이라는 조그만 구슬이 형성된다. 마이셀이 형성되는 이유는 지방산이 물을 매우 싫어하기 때문에 마이셀 내부로 자신들끼리 럭비선수 마냥 스크럽을 짜 물과의 접촉을 최소화하는 구조를 만들고 반면에나트륨 이온과 그 결합부위는 물을 좋아하기 때문에 마이셀 표면에 포진하려 하기 때문이다. 오른쪽 패널은 전형적인 마이셀을 절단하여 마이셀 내부를 보여 주는 그림이다. 비누를 이용하여 얼굴 피지를 제거할 경우 피지는 비누성분의 지방산과 서로 엉겨 붙는다. 결국 피지는 자연스럽게 비누성분의 마이셀 속으로 들어가 피부로부터 효율적으로 제거된다.

4. SLS는 팔방미인

SLS는 샴푸 비누성분으로 많이 사용되고 있지만 소량으로 사용될 경우 유화제 등과 같은 식품첨가물로 사용된다. 또 세정력이 매우 강하기 때문에 자동차 윤활제인 그리스grease와 같은 강력한 기름기를 제거하는 경우에도 사용된다. 이뿐만 아니다. 제초제로도 사용된다(*Technical Evaluation Report compiled by ICF consulting for the USDA National Organic Program, 2006, 1~10쪽*). 예로 SLS 용액을 식물 잎에 뿌렸을 경우 식물 세포조직을 파괴하여 탈수를 야기하고 결국 고사하게 된다. 이와 같이 SLS는 식품첨가물뿐만 아니라 제초제로도 사용되는 극과 극을 달리는 팔방미인으로 대접받고 있다.

5. SLS의 유해성

현재 시판되고 있는 SLS 샴푸는 SLS를 약 10~30% 함유하고 있다. 물론 값도 싸고 강력한 세정력으로 인해 매우 인기리에 사용되고 있지만, 그 반대로 장점인 강한 세정력 때문에 인체에 유해할 수 있다는 가능성이 대두되어 왔다. 이에 대해 미국의 여러 관련 단체에서 샴푸의 SLS가 인체에 유해한지 여부에 대해 조사하였다. 앞으로 많은 추가 연구가 필요하지만 일반적으로 인체에 암 발생과 같은 큰 악영향이 미치지 않는다는 결론과 또 적절하게 사용하면 인체에 무해할 가능성이 있다는 결론을 내렸다(*Int J Toxicol, 1983, 2권, 127~81쪽*). 다만, 눈과 피부의 따끔거림irritation을 유발할 수 있기 때문에 SLS가 함유된 샴푸를 자주 사용하지 말 것, 만약 사용할 경우, 짧게 사용하고 말끔히 헹구어 낼 것을 권고하고 있다. 1983년 Journal of The American College of Toxicology에 발표된 논문에 따르면 0.5%의 아주 낮은 SLS 함량에도 따끔거림이 유발될 수 있다고 보고되었다*[2(7)권, 1~2쪽]*.

세정력이 강한 비누성분의 SLS 기본구조

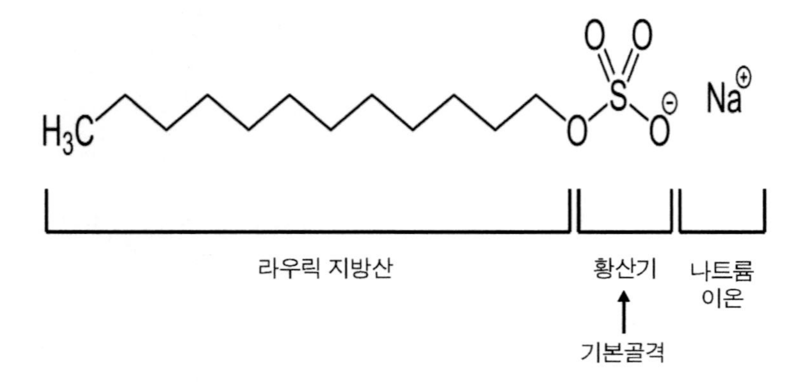

그림 3 요즘은 가격이 매우 저렴하고 세정력이 좋은 비누성분들이 많이 개발되었다. 그 중 하나가 샴푸에 많이 사용되고 있는 SLS이다. SLS는 그림에서 보는 바와 같이 황산기에 코코넛 오일에서 추출한 라우릭 지방산이 한 개 그리고 탄산나트륨에서 얻은 나트륨 이온 한 개가 결합되어 있는 일종의 비누세정 성분이다. SLS 역시 물을 싫어하는 라우릭 지방산과 물을 좋아 하는 나트륨 이온을 동시에 함유하고 있기 때문에 앞에서 언급한 나트륨팔미테이트와 마찬가지로 물에서 마이셀을 형성하여 기름기 등을 제거하는 강력한 세정력을 띠게 된다.

6. SLS는 세포를 파괴하는 세포독성을 가지고 있다

사실상 SLS는 강한 세정력으로 인해 생명의 기본단위인 세포의 세포벽도 파괴하는 성질을 가지고 있고 또 단백질을 변성하는 성질도 가지고 있다(*http://en.wikipedia.org/wiki/Sodium_lauryl_sulfate* 또는 *Cell_disruption*). 이러한 성질 때문에 필자를 포함한 세포를 연구하는 모든 연구진에게는 세포연구에 SLS가 필수불가결한 물질로 되어 버렸다. 이렇게 SLS는 세포를 파괴할 능력이 있기 때문에, 세포 내용물을 추출하여 연구할 경우, 약 2% 또는 그 이하의 SLS가 함유된 용액을 이용하여 세포를 파괴한다.

필자는 세포연구를 위해 가루 형태의 SLS를 구매하곤 하였다. 그리고 물로 10% SLS 수용액을 만들어 필요에 따라 희석하여 쓰기도 하였다. 이러한 과정에서 만약 부주의로 SLS 가루가 눈으로 또는 기도로 흡입될 경우 눈과 기도가 매우 따끔거리는 느낌을 받곤 하였다. 아마도 눈과 기도를 이루는 세포의 세포막 또는 구성단백질에 나쁜 영향을 미치지 않았나 추측해 본다. 또 기도에 노출되어 있는 면역세포를 자극할 수 있다. 이런 이유 때문에 필자는 환기가 잘 유지되는 후드hood에서 SLS 수용액을 만들거나 또는 그림4에서 보는 바와 같이 이미 만들어진 수용액을 구매하여 세포연구에 사용하곤 하였다.

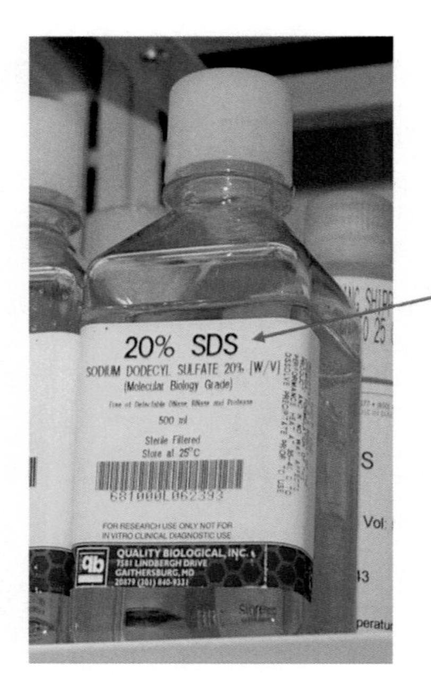

그림 4 SLS는 샴푸 비누성분으로 많이 사용되고 있지만 소량으로 사용될 경우 유화제 등과 같은 식품첨가물로도 사용된다. 또 세정력이 매우 강하기 때문에 자동차 윤활제인 그리스와 같은 강력한 기름기를 제거하는 경우에도 사용된다. 제초제로도 사용된다. 이에 더해 SLS는 강력한 세정력으로 인해 생명의 기본단위인 세포의 세포벽도 파괴하는 성질을 가지고 있다. 또 단백질을 변성하는 성질도 가지고 있다. 세포 내용물을 추출하여 연구할 경우, 약 2% 또는 그 이하의 SLS가 함유된 용액을 이용하여 세포를 파괴한다. 그림은 세포실험에 사용되는 농축된 20% SLS 수용액이다. 여기에 표기된 SDS는 SLS의 또 다른 이름이다.

7. SLS 샴푸와 탈모

아직까지 SLS 샴푸와 탈모에 대해 그리 많은 연구가 이루어지지 않은 것으로 사료되지만 그 중 2005년 사우디아라비아 연구진인 와단Wadaan 등에 의해 발표된 논문을 하나 소개하고자 한다(*J Med Sci, 5권, 320~3쪽*). 토끼 피부에 두 달 동안 5% SLS 수용액을 바르고 빗질한 후 관찰한 결과 탈모는 물론 피부가 부식되어 있음을 관찰하였다. 이 실험에서는 5% SLS 수용액을 바르고 난 후 매일 헹구어야 하는 과정이 생략되어 있는 실험상의 문제점은 있으나 만약 SLS 샴푸로 머리를 감고 난 후에 말끔하게 헹구지 않을 경우, 잔존하고 있는 SLS가 탈모를 유발할 가능성을 시사해 주는 실험결과이다. 물론 앞으로 어느 정도 잔존해야 탈모가 유발될 것인가에 대한 의문점은 연구로 해결해야 할 문제점이다.

앞으로 SLS 샴푸와 탈모와의 관계에 대해 많은 추가연구가 반드시 이루어져야 하겠지만 필자는 "장기적으로 SLS 샴푸를 사용할 경우 모낭에 영향을 주어 탈모를 유발할 가능성이 매우 크고 잔존하고 있는 SLS가 두피에 염증을 야기할 수 있다"에 한 표를 던지고자 한다. 그 이유는 현실적으로 사용하고 난 샴푸를 완전하게 헹궈 낼 수 있느냐 이다. 사실상 샴푸 후 객관적으로 완전히 헹구었다는 것을 증명할 수 있는 방법이 없기 때문이다. 주관적 판단에 의해 헹구는 정도를 판단하기 때문에 가능성이 그대로 존재한다. 이런 이유로 탈모에 취약한 안드로겐성 탈모 성향을 가지고 있는 사람은 SLS 샴푸 사용을 자제하거나 또는 사용할 경우 말끔하게 헹구어 내는 것을 잊지 말아야 하겠다. 만약 SLS가 잔존하여 있다면 어떤 식으로든 모낭 속으로 들어가 머리카락을 만드는 각종 세포를 괴롭히고 파괴할 수 있기 때문이다. 앞에서 언급한 바와 같이 SLS가 피부의 따끔거림을 유발할 수 있다고 하였는데 이는 최소한 피부세포나 면역세포 또는 신경세포를 이래저래 자극하고 있다는 증거이다. 이 결과만으로도 추가연구 없이 SLS의 장기적 사용은 탈모에 부정적 영향을 미칠 가능성이 있다는 결론에 도달할 수 있다. 더 나아가 안드로겐성 탈모의 경우 제13장 그림3에서 보는 바와 같이 더말파필라세포가 모낭 세포의 증식 등을 방해하고 있는 상황이기 때문에 여기에 SLS가 추가로 괴롭힌다면 머리카락 세포는 더 어려운 시간을 경험할 수 있다는 가능성을 잊지 말자.

SLS의 강력한 세정력에 대한 또 하나의 문제점은 피부나 두피의 피지를 왕성하게 제거할 가능성이 있기 때문에 피부 또는 두피가 건조해 질 수 있고 장기간 방치된다면 피부 또는 두피의 방어벽 파괴로 가려움증과 염증 유발이 유도될 수 있다. 따라서 SLS가 함유된 샴푸를 사용할 경우 이것저것 고려하여 매우 각별한 주의가 요구될 것으로 사료된다.

8. SLS의 다른 이름

참고로 SLS의 다른 이름을 소개하고자 한다. 영문으로는 sodium dodecyl sulfate, monododecyl ester, 또는 sodium salt of lauryl sulfate 등 여러 개의 영문 이름을 가지고 있다. 국문으로는 라우릴 황산나트륨 또는 도데실 황산나트륨 등으로 표기된다. 이 이외에도 다른 많은 이름이 있다.

여기서 주목해야 할 단어는 최소한 sulfate(황산기)가 샴푸 성분표에 표기되어 있는지 여부이다. 그 이유는 앞서 언급한 바와 같이 SLS는 건물의 기본골격과 같은 황산기에 지방산 한 개와 나트륨 이온 한 개가 결합되어 있는 구조로 되어 있기 때문에 SLS를 표기할 경우 sulfate(황산기)가 대부분 언급되어 표기된다. 또 성분표에 lauryl(라우릴) 또는 dodecyl(도데실)이란 이름이 표기되어 있는지도 관찰해 볼 필요가 있다. 종종 라우렛(laureth)이라는 표기를 발견할 수 있는데 이는 세정제로 sodium laureth sulfate를 함유하고 있다는 것을 의미할 수 있으며 SLS의 사촌이라 생각하면 그리 틀리지 않을 것이다*(http://en.wikipedia.org/wiki/Sodium_laureth_sulfate)*.

9. SLS 샴푸 사용 시 주의사항

시중에는 적지 않은 브랜드의 샴푸가 SLS 또는 유사 SLS가 함유되어 있다. 따라서 탈모 특히 안드로겐성 탈모 성향을 가지고 있는 사람은 이런 종류의 샴푸를 사용할 경우 다음 사항을 고려하는 것이 바람직하지 않을까 필자는 생각한다.

① 가급적 SLS 샴푸를 사용하지 않는다.
② 만약 사용할 경우 자주 사용하지 말고, 관련 단체에서 권고한 대로, 사용한다면 짧게 사용하고 반드시 말끔히 헹구어 낸다.
③ 강한 세정력이 때때로 필요할 경우, 일주일에 다섯 번 정도는 SLS가 없는 샴푸를, 두 번 정도는 SLS 샴푸를 사용한다.
④ 이것이 번거로울 경우는 SLS 농도가 상대적으로 낮은 샴푸를 사용한다. 세정력보다는 세포를 먼저 보호해야 한다.

이 모든 조치는 말끔히 헹구지 못해 잔존하는 SLS 또는 샴푸 중 SLS가 어떤 식으로든 모낭 속으로 들어가 머리카락을 만드는 각종 세포를 파괴하여 탈모를 유발할 가능성을 최소한 줄이기 위해 구상된 것이다. 마지막으로 SLS 샴푸를 사용하는 도중 두피가 따끔거린다거나 또는 염증이 유발되면 SLS를 한번 의심해 볼 필요가 있다. 그리고 만약 두피에 염증이 있을 경우 SLS 샴푸 사용을 자제해야 한다고 사료된다. 그 이유는 두피에 염증이 발생되면 피부장벽이 파괴되었을 가능성이 있고, 그렇다면 샴푸의 SLS는 조직으로 쉽게 침투해 조직의 모든 세포와 아무 방해 없이 접촉할 수 있기 때문에 염증 악화는 물론 모낭 파괴도 쉽게 유도될 수 있다고 판단되기 때문이다.

10. 요점

1) 비누나 샴푸는 세정력을 가지고 있는 성분을 함유하고 있다.

2) 폐식용유에 양잿물을 섞어 비누를 만들듯이 이렇게 비교적 간단한 비누를 만들기 위해서 중성지방과 수산화나트륨이 필요하다. 중성지방은 글리세롤에 지방산이 세 개 연결되어 있는 구조로 되어 있다. 수산화나트륨은 나트륨 이온과 수산기가 연결되어 있는 화학물질이다. 이 두 가지를 혼합할 경우 화학반응이 일어난다. 식용유인 팜유에 포함되어 있는 중성지방 중 글리세롤 부위는 수산화나트륨의 수산기와 결합하여 완전한 글리세롤로 분리되고, 나머지 팔미테이트 지방산은 수산화나트륨의 나트륨 이온과 결합하여 비누성분인 나트륨팔미테이트가 생성된다.

3) 비누성분인 나트륨팔미테이트 중 팔미테이트는 지방산이기 때문에 물을 매우 싫어하는 성질을 가지고 있지만 나트륨 이온은 전기 극성을 띄고 있고 물 또한 전기 극성을 띄고 있어 서로가 매우 좋아한다. 따라서 나트륨팔미테이트는 나트륨 이온과 그 결합부위로 말미암아 물에 쉽게 용해된다.

4) 물에 용해된 나트륨팔미테이트의 농도가 높을 경우, 이 비누성분은 똘똘 뭉쳐 마이셀이라는 조그만 구슬이 형성된다. 마이셀이 형성되는 이유는 지방산인 팔미테이트가 물을 매우 싫어하기 때문에 마이셀 내부로 자신들끼리 럭비선수 마냥 스크럼을 짜 물과의 접촉을 최소화하는 구조를 만들고 반면에 나트륨 이온과 그 결합부위는 물을 좋아하기 때문에 마이셀 표면에 포진하려 하기 때문이다.

5) 비누를 이용하여 얼굴 피지를 제거할 경우 피지는 비누성분의 팔미테이트 지방산과 서로 엉겨 붙어 마이셀이 형성된다. 서로가 물을 싫어하기 때문에 서로 좋다고 껴안기 때문이다. 결국 피지는 자연스럽게 비누성분의 마이셀 속으로 들어가 피부로부터 효율적으로 제거된다.

6) 요즘은 가격이 매우 저렴하고 세정력이 좋은 비누성분들이 많이 개발되었다. 그 중 하나가 샴푸에 많이 사용되고 있는 SLS이다. SLS는 황산기를 기본골격으로 코코넛 오일에서 추출한 라우릭 지방산이 한 개 그리고 탄산나트륨에서 얻은 나트륨 이온 한 개가 결합되어 있다.

7) SLS는 샴푸 비누성분으로 많이 사용되고 있지만 소량으로 사용될 경우

유화제 등과 같은 식품첨가물로 사용된다. 또 세정력이 매우 강하기 때문에 자동차 윤활제인 그리스와 같은 강력한 기름기를 제거하는 경우에도 사용된다. 제초제로도 사용된다.

8) 현재 시판되고 있는 SLS 샴푸에는 SLS가 약 10~30% 함유되어 있다. 물론 값도 싸고 강력한 세정력으로 인해 샴푸의 비누성분으로 매우 인기리에 사용되고 있지만, 그 반대로 강한 세정력 때문에 인체에 유해할 수 있다는 가능성이 대두되어 왔다. 일반적으로 적절하게 사용하면 인체에 무해할 가능성이 있다는 결론을 내렸다. 다만, 눈과 피부의 따끔거림을 유발할 수 있기 때문에 SLS를 함유한 샴푸를 자주 사용하지 말 것, 만약 사용할 경우, 짧게 사용하고 말끔히 헹구어 낼 것을 권고하고 있다.

9) 사실상 SLS는 강력한 세정력으로 인해 생명의 기본단위인 세포의 세포벽도 파괴하는 성질을 가지고 있다. 또 단백질을 변성하는 성질도 가지고 있다. 세포 내용물을 추출하여 연구할 경우, 약 2% 또는 그 이하의 SLS가 함유된 용액을 이용하여 세포를 파괴한다.

10) 2005년 사우디아라비아의 와단 등은 토끼 피부에 두 달 동안 매일 5% SLS 수용액을 바르고 빗질한 후 관찰한 결과 탈모는 물론 피부가 부식되어 있음을 관찰하였다. 만약 SLS 샴푸로 머리를 감고 난 후에 말끔하게 헹구지 않을 경우, 잔존하고 있는 SLS가 탈모를 유발할 가능성을 시사해 주는 실험결과이다.

11) SLS의 강력한 세정력으로 인해 두피의 피지를 거의 모두 제거할 가능

성이 있다. 이로 인해 두피가 건조해질 수 있고 장기간 방치된다면 가려움증과 염증 유발로 이어질 수 있다.

12) 시중에는 적지 않은 브랜드의 샴푸가 SLS 또는 유사 SLS가 함유되어 있다. 따라서 탈모 특히 안드로겐성 탈모 성향을 가지고 있는 사람은 이런 종류의 샴푸를 사용할 경우 고려해야 할 사항이 본문에 언급되어 있다.

백발 형성

머리카락과 피부색 형성은 거의 동일한 과정에 의해 이루어진다. 여기서 머리카락보다는 피부색 형성 과정에 대해 더 많은 연구가 이루어졌기 때문에 후자에 대해 먼저 알아보고 그 다음 전자에 대해 알아보기로 하자.

전 세계적으로 피부색은 크게 세 가지 존재한다. 황색, 흑색 그리고 백색이다. 젊음을 상징하는 초록색 풀잎은 식물세포에 엽록소라는 색소가 존재하기 때문에 초록으로 보이는데 이와 마찬가지로 피부 역시 피부 표면을 이루는 세포, 즉, 피부세포 또는 각질세포에 멜라닌melanin이라는 색소가 존재하여 그 색소의 양과 종류에 따라 여러 가지 피부색이 결정된다.

1. 피부색을 결정짓는 멜라닌색소 역할

피부세포의 멜라닌색소는 햇빛의 자외선을 흡수하기 때문에 자외선에 의해 발생되는 피부암 생성을 억제하는 매우 중요한 역할을 한다. 또 이런 경우도 있다. 제1장에서 언급한 머리카락 색처럼 피부색도 상대방으로 하여금 개개인의 이미지 형성과 인식에 매우 중요한 역할을 한다. 극단적인 예를 들어 보자. 미국에 거주하는 흑인African American의 검은 피부색의 정도, 즉, 흑색, 커피색 또는 옅은 브라운 색이냐에 따라 상대방으로 하여금 개개인의 이미지 형성과 인식에 매우 중요한 역할을 하며, 이로 인해 사회적 차별을 야기하여 사회적 모임 또는 직장에서의 따돌림, 이성간의 매력 발산에 매우 부정적 영향을 줄 수 있다는 많은 연구결과가 보고되었다. 옅은 브라운 색보다는 흑색을 가진 흑인이 피부색으로 인해 사회적 차별을 더 많이 받고 상대 이성에게 덜 매력적으로 보인다는 보고이다. 이 모든 것을 고려해 볼 때, 피부세포의 멜라닌색소는 양면성을 가지고 있다. 예로 멜라닌색소는 피부세포의 암 발생을 억제하는 매우 중요한 역할도 하지만, 한편으로는 색소가 많을 경우 개개인의 사회생활과 상대방으로 하여금 개개인의 이미지 형성 및 인식 등에 부정적 역할을 미칠 수 있다는 것이다.

다양한 피부색깔

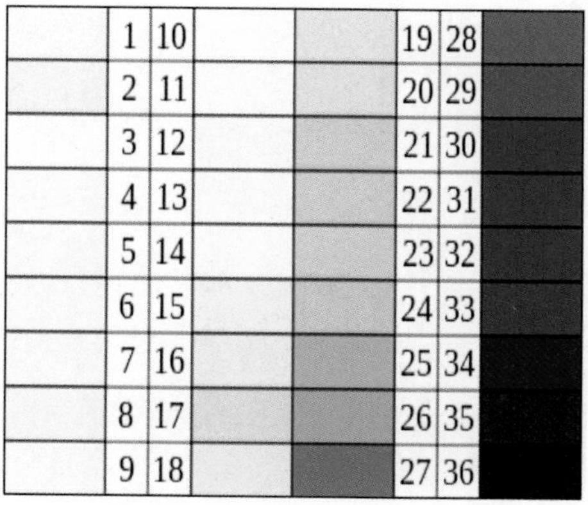

	1	10			19	28	
	2	11			20	29	
	3	12			21	30	
	4	13			22	31	
	5	14			23	32	
	6	15			24	33	
	7	16			25	34	
	8	17			26	35	
	9	18			27	36	

그림 1 식물세포는 자신이 엽록소 색소를 만들어 색깔을 결정짓는다. 우리 피부색깔을 결정하는 것은 멜라닌색소이다. 이 색소의 종류와 양에 따라 다양한 피부색깔을 만들어 낸다. 오스트리아 의사인 펠릭스 폰 루스챤Felix von Luschan에 의해 피부색깔을 36가지로 분류하였다(http://en.wikipedia.org/wiki/Felix_von_luschan). 현재 피부색깔 분류에 많이 사용되고 있는 분류표 중 하나이다.

2. 멜라닌색소를 생산하는 세포와 그 과정

여기서 피부세포의 멜라닌색소가 어떻게 생성되는 알아보기로 하자. 앞서 언급한 바와 같이 식물세포는 자신이 엽록소 색소를 만들어 자신의 색깔을 결정짓는다. 그러나 신기하게도 피부세포는 자신이 멜라닌색소를 만들지 않는다. 멜라닌색소를 만드는 세포는 그 이웃인 멜라닌세포melanocyte가 만들고, 그 다음 그것을 피부세포에 공급한다. 여기서 또 신기한 점은 멜라닌세포 자신이 마음대로 멜라닌색소를 만들어 피부세포에 공급하지는 않는다. 멜라닌세포는 피부세포로부터 멜라닌색소를 생산하라는 명령을 받아야만 비로소 멜라닌색소를 만들기 시작한다. 즉, 소통에 의해 이루어진다.

이 과정을 분자생물학적 관점에서 다시 한 번 알아보기로 하자. 제일 처음 멜라닌색소 생성을 유도하는 것은 햇빛의 자외선이다. 제일 먼저 자외선이 피부세포에 투과할 때 피부세포에 존재하는 p53 전사인자를 활성화하여 MSH 호르몬 유전자를 발현한다. 이렇게 발현된 MSH 호르몬은 피부세포로부터 분비되어 인근의 멜라닌세포를 활성화하여 멜라닌색소 생산을 명령한다. 사실상 MSH 호르몬의 명령을 받은 멜라닌세포는 그 즉시 세포

내 MITF 전사인자를 활성화한다. 그 다음 MITF 전사인자는 멜라닌색소를 만드는 효소인 타이로시네이즈tyrosinase 효소 유전자를 발현한다. 발현된 타이로시네이즈 효소는 단백질의 구성 성분의 하나인 타이로신tyrosine 아미노산을 이용하여 멜라닌색소를 만들게 된다.

지금 우리 주위에서 판매되는 기능성 미백 화장품 또는 검버섯 등을 없애주는 의약품 중 하나인 도미나 크림에는 이 효소를 억제하는 하이드로퀴논hydroquinone 또는 코직산Kojic acid 등의 성분이 함유되어 있다. 이로 인해 멜라닌세포의 멜라닌합성 합성이 억제되고 결국 기미, 검버섯 또는 칙칙한 얼굴 색조형성이 억제된다. 또는 다른 방법이 존재한다. 멜라닌색소 합성효소 작용을 억제하는 대신 아예 그 효소를 만들지 못하게 하는 것이다. 즉, 자외선 차단제를 이용하여 햇빛의 자외선을 차단하고, 이로 인해 피부세포의 MSH 호르몬 생성을 억제한다. 결국 멜라닌세포의 멜라닌색소 합성이 억제된다.

피부 색 형성을 위한 피부세포와 멜라닌세포의 소통

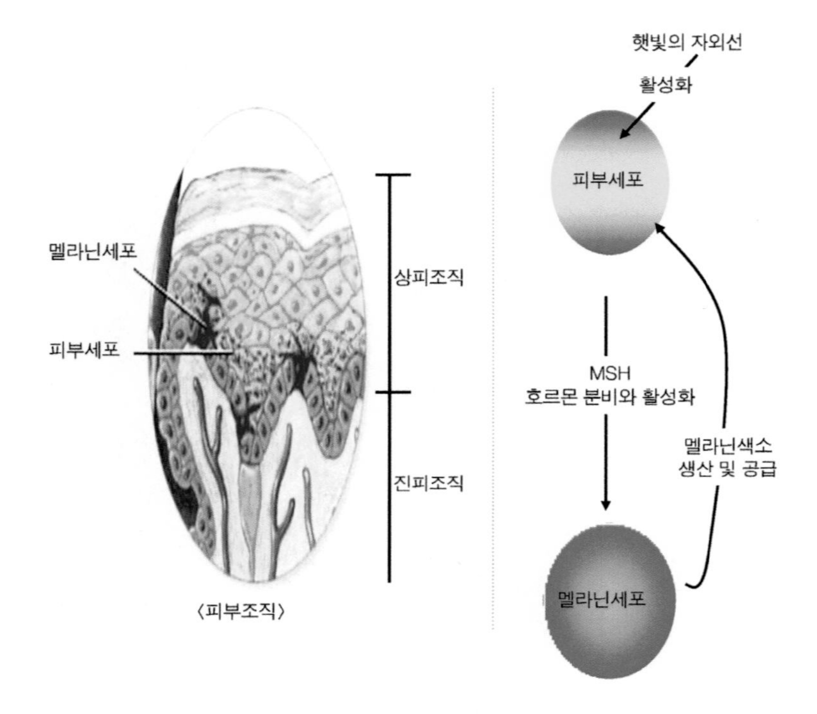

그림 2 피부세포는 멜라닌색소를 만들지 못한다. 그 이웃인 멜라닌세포가 만들어 공급한다. 하지만 멜라닌세포 마음대로 멜라닌색소를 만들어 피부세포에 공급하지는 않는다. 멜라닌세포는 피부세포로부터 멜라닌색소를 생산하라는 명령을 받아야만 비로소 멜라닌색소를 만들시 시작한다. 제일 먼저 자외선은 피부세포에 투과할 때 피부세포에 존재하는 p53 전사인자를 활성화하여 MSH 호르몬 유전자를 발현한다. 이렇게 발현된 MSH 호르몬은 피부세포로 부터 분비되어 인근의 멜라닌세포를 활성화하여 멜라닌색소 생산을 명령한다. 사실상 MSH 호르몬의 명령을 받은 멜라닌세포는 그 즉시 세포 내 MITF 전사인자를 활성화한다. 그 다음 MITF 전사인자는 멜라닌색소를 만드는 효소인 타이로시네이즈 효소 유전자를 발현한다. 발현된 타이로시네이즈 효소는 단백질의 구성성분의 하나인 타이로신 아미노산을 이용하여 멜라닌색소를 만들고 인근에 존재하는 피부세포에 그 색소를 공급한다.

3. 피부세포로 멜라닌색소를 전달하는 과정

멜라닌세포는 멜라닌색소를 만들고 인근 세포인 피부세포에 전달하는 것은 분명하지만 어떻게 그 과정이 이루어지는 아직 정확하게 학문적으로 규명되지 않았다. 이에 대해 여러 가지 가설이 존재하지만 그 중 하나만 알아보기로 하자. 그림3에서 보는 바와 같이 멜라닌세포는 인근에 멜라닌색소를 공급하기 위하여 손가락과 같은 가지dendrite를 형성하여 피부세포를 파고들어 간다. 또는 접촉을 시도한다. 일종의 색소의 통로이기도 한다. 이 통로를 이용하여 멜라닌색소는 멜라닌세포로부터 피부세포로 이동하게 된다. 이 이동과정에서 멜라닌세포와 피부세포 사이에 어떤 대화가 오고 가는지에 대해서는 연구가 아직 초기 상태이기 때문에 앞으로 더 많은 연구가 요구되는 분야 중 하나라 판단된다.

멜라닌세포의 멜라닌색소가 피부세포에 공급되는 과정

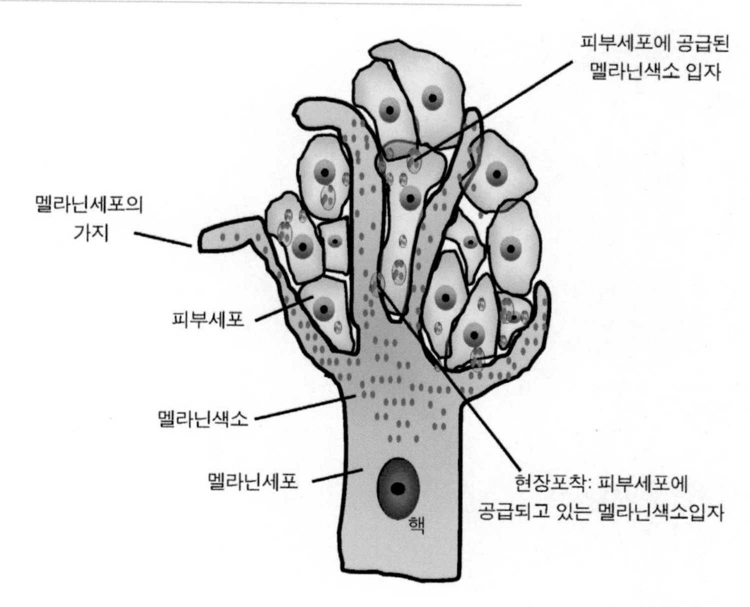

그림 3 멜라닌세포는 멜라닌색소를 만들고 피부세포 사이로 뻗은 가지를 통해 멜라닌색소를 피부세포에 전달한다. 가지에 접해 있는 피부세포는 많은 멜라닌색소 입자가 공급되어 있음을 관찰할 수 있다. 그러나 그 공급과정이 정확하게 학문적으로 규명되지 않았다.

4. 머리카락 색을 결정짓는 멜라닌색소: 유멜라닌과 피오멜라닌

머리카락 색 형성 역시 피부와 비슷한 과정을 통해 이루어진다. 머리카락 세포와 피부세포의 조상은 같다. 제1장에서 언급한 바와 같이 상피줄기세포이다. 이렇게 동일 조상의 상피줄기세포로부터 분화되었기 때문에 억지를 조금 부린다면 사실상 머리카락 세포는 피부세포와 거의 동일한 각질세포이다.

머리카락 세포 역시 멜라닌세포로부터 멜라닌색소를 공급받는다. 그러나 피부의 경우 자외선은 피부세포를 통해 멜라닌세포로 하여금 멜라닌색소 생성을 유도하지만, 머리카락의 경우, 멜라닌세포는 자외선이 아닌 모낭주기와의 밀접한 관계를 통해 멜라닌색소를 만들고 머리카락 세포에 전달하는 것으로 현재 추정하고 있다.

전 세계적으로 매우 많은 종류의 머리카락 색이 관찰된다. 물론 멜라닌색소에 의해 결정된다. 여기서 멜라닌색소에 대해 더 자세하게 표현하면 크게 두 가지가 존재한다. 유멜라닌eumelanin과 피오멜라닌pheomelanin이다. 그림4에서 보는 바와 같이 이들 색소의 초기 생성과정에서 타이로신아미노산에 타이로시네이즈 효소가 작용하여 색소가 만들어지기 시작하지만 색소 완성 후기과정에서 서로 다른 효소가 가미되어 결국 두 가지의 색소가 만들어진다. 머리카락 색은 이 두 가지 색소의 각각 또는 혼합에 의해 매우 많은 종류의 머리카락 색이 탄생된다.

우리나라 사람의 머리카락 색은 대다수 흑갈색 또는 흑색을 띠게 된다. 유멜라닌색소를 가지고 있기 때문이다. 이 색소가 아주 적을 경우 잿빛을 띠고, 중간은 갈색, 조금 더 많을 경우 흑갈색, 아주 많을 경우 흑색을 띠게 된다. 한편 피오멜라닌색소의 경우, 아주 적을 때 금색을 띠는 블론드를 가지게 된다. 일반적으로 남성이 선호하는 머리카락 색이다. 만약 이 색소가 아주 많을 경우 빨간색을 띠게 된다. "빨간머리 앤" 소설에 등장하는 주인공인 소녀 앤의 머리카락도 피오멜라닌색소가 많이 함유되어 빨간 색을 띠지 않았나 추측된다.

머리카락 멜라닌색소: 유멜라닌과 피오멜라닌

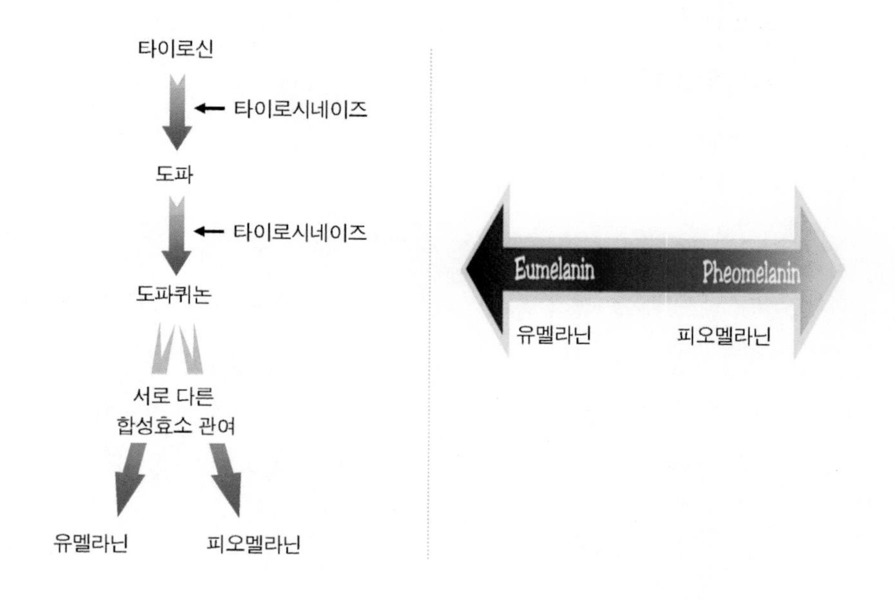

그림 4 머리카락세포 역시 멜라닌세포로부터 멜라닌색소를 공급받는다. 멜라닌색소는 크게 두 가지가 존재한다. 유멜라닌과 피오멜라닌이다. 이들 색소의 초기 생성과정에서 타이로신 아미노산에 타이로시네이즈 효소가 작용하여 색소가 만들어지기 시작하지만 색소 완성 후기과정에서 서로 다른 효소가 가미되어 결국 두 가지의 색소가 만들어진다. 머리카락색깔은 이 두 가지 색소의 각각 또는 혼합에 의해 매우 많은 종류의 머리카락 색깔이 탄생된다. 유멜라닌색소가 아주 적을 경우 잿빛을 띠고, 중간은 갈색, 조금 더많을 경우 흑갈색, 아주 많을 경우 흑색을 띠게 된다. 한편 피오멜라닌색소의 경우, 아주 적을 때 금색을 띠는 블론드를 가지게 된다. 만약 이 색소가 아주 많을 경우 빨간색을 띠게 된다.

5. 흰색과 회색의 머리카락 형성

머리카락의 경우, 멜라닌세포는 머리카락 세포의 대부분을 차지하고 있는 코르텍스세포로 거의 모든 색소를 보낸다. 물론 메둘라세포에도 색소의 조금은 보내지만, 머리카락의 껍데기세포인 큐티클세포에는 거의 색소를 보내지 않는다. 따라서 머리카락 색은 코르텍스세포로 보내진 색소 때문에 결정된다고 볼 수 있다.

만약 멜라닌색소가 전혀 만들어지지 못할 경우 머리카락 색은 하얀색을 띠게 된다. 즉, 백발로 변하게 된다. 이것이 실제 머리카락의 색깔이다. 백발형성 과정의 초기에는 머리카락을 이루는 세포 중 몇 개는 아직까지 색소를 공급받을 수 있지만 다른 몇 개는 색소를 공급받지 못할 경우가 발생되어 머리카락은 회색을 띠게 될 수 있다. 또 백발과 검은머리가 서로 섞여 있다면 우리 눈에는 회색으로 비쳐질 수 있다. 물론 머리카락을 이루는 모든 세포가 멜라닌색소를 전혀 공급받지 못하면 당연히 백발인 하얀색을 띠게 된다.

6. 멜라닌세포의 줄기세포

머리카락 세포의 줄기세포가 벌지구역에 있듯이 멜라닌세포의 줄기세포도 그곳에 존재한다. 모낭주기 중 휴지기 때 벌지구역에 있는 머리카락 세포 줄기세포와 함께 그 구역을 나와 이차헤어점세포를 형성하고 성장기가 시작되면 머리카락 세포 줄기세포와 함께 모낭 아래쪽으로 내려와 완전한 멜라닌세포로 분화하며 결국 인근의 머리카락 세포에 멜라닌색소를 공급한다. 퇴행기 때에는 머리카락 세포와 마찬가지로 멜라닌세포 역시 세포자멸사를 거쳐 멜라닌색소 생산이 중단된다.

7. 백발형성 이유

머리카락은 백인의 경우 대략적으로 약 30살을 전후해서 백발이 형성되기 시작하고 흑인의 경우 약 40살을 전후해서 백발이 형성되는 것으로 알려져 있다. 황인종은 그 중간 정도에서 백발이 형성되기 시작한다. 현재까지 머리카락의 백발형성 이유에 대해 학문적으로 정확하게 규명되지 않았지만 가설은 여러 개 존재한다. 그 중 최근에 연구된 결과를 토대로 이루어진 가설에 대해 간단하게 알아보기로 하자.

일반적으로 줄기세포는 잃어버린 줄기세포 양 만큼 다시 채우는 증식능력이 있다. 예로 곶감 꼬챙이에 꿰어 있는 곶감을 꼬챙이로부터 빼내어 수정과를 만들면 그 수만큼 꼬챙이에서 곶감은 없어진다. 하지만 벌지구역에 존재하는 줄기세포는 머리카락 세포 생성으로 인해 없어진 만큼 다시 재생되어 항상 일정한 수의 줄기세포를 유지한다. 이런 이유 때문에 머리카락 세포를 계속 공급받을 수 있고 특별한 이유가 없는 한 생을 마감할 때까지 우리는 머리카락을 가질 수 있다.

그림5에서 보는 바와 같이 머리카락 세포에 색소를 제공하는 멜라닌세포의 줄기세포는 어느 시점에서 부터 재생능력을 잃게 되어 멜라닌세포의 줄기세포 수가 차츰 차츰 적어지는 것으로 추정하고 있다*(Cell Stem Cell, 2010, 6권, 130~40쪽)*. 그 이유는 벌지구역에 존재하는 멜라닌세포의 줄기세포가 재생되지 않고 분화만 하기 때문이다. 일단 줄기세포가 분화되면 재생할 수 있는 증식능력을 잃어버리게 되므로 멜라닌세포의 줄기세포 수가 차츰 차츰 적어질 수밖에 없다. 만약 이 가설이 정설로 인정된다면 멜라닌세포의 줄기세포가 재생능력을 잃어버리는 시기는 아마도 백인의 경우 30살 전후이고, 흑인 경우에는 40살 전후가 아닐까 추측해 볼 수 있다.

백발형성 이유에 대한 유력가설

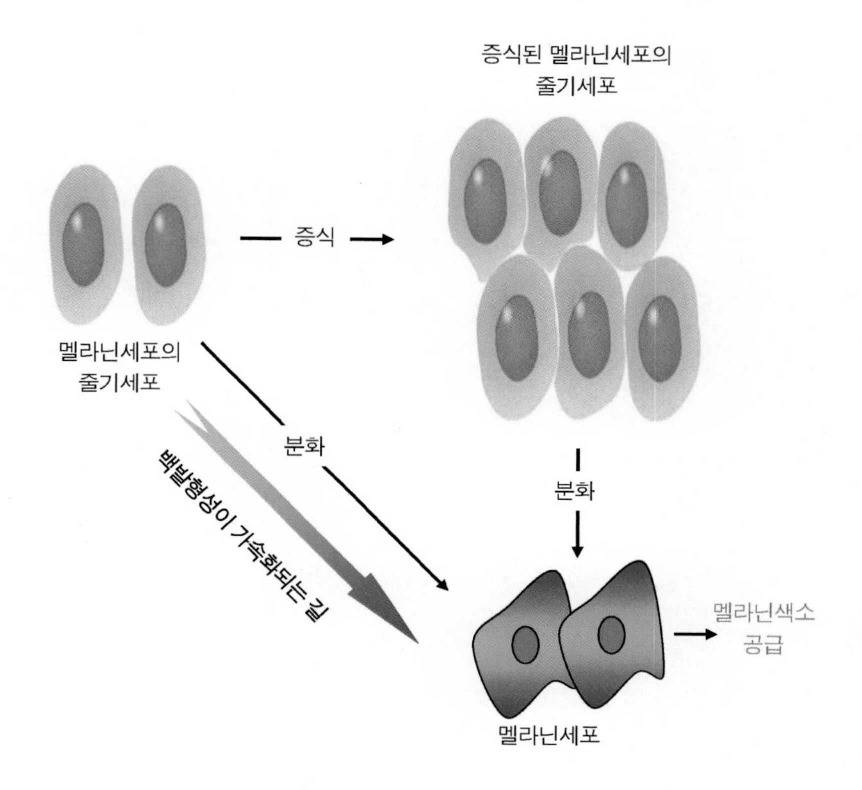

그림 5 머리카락세포에 색소를 제공하는 멜라닌세포의 줄기세포는 어느 시점에서부터 재생능력을 잃게 되어 멜라닌세포의 줄기세포 수가 차츰 차츰 적어져 백발이 유도되는 것으로 추정하고 있다. 그 이유는 벌지구역에 존재하는 멜라닌세포의 줄기세포가 재생되지 않고 분화만 하기 때문이다. 일단 줄기세포가 분화되면 재생할 수 있는 증식능력을 잃어버리게 되므로 그 결과 멜라닌세포의 줄기세포 수가 차츰 차츰 적어질 수밖에 없다.

8. 정신적 스트레스 및 흡연과 백발형성과의 관계

바로 앞에서 언급한 바와 같이 멜라닌세포의 줄기세포가 증식되지 못해 백발이 야기될 수 있다. 이에 더해 정신적 스트레스와 흡연 역시 백발형성에 매우 큰 일조를 할 것이라 학계에서는 의심하고 있다. 제16장에서 다룬 바와 같이 정신적 스트레스의 경우 많은 신경인자가 분비되고 또 이로 인해 면역세포도 많은 염증 유발인자를 분비하게 된다. 이러한 인자들이 멜라닌세포 세포자멸사, 멜라닌색소의 생산과 이동, 색소를 만드는 타이로시네이즈 효소 활성화 등에 나쁜 영향을 미칠 수 있다고 학계는 추정하고 있다. 이 분야도 앞으로 많은 연구가 이루어지기를 희망한다.

최근 스트레스성 백발형성에 대해 미국 오바마 대통령의 취임 전과 후의 사진이 공개되었다. 취임 후의 사진에서 매우 많은 백발이 관찰되었다. 물론 나이도 고려대상이지만 미국은 물론 지구상에 일어나는 모든 대소사에 신경을 써야 하는 것이 자의든 타의든 간에 미국 대통령 직무 중 하나이기 때문에 미국 대통령으로서 오바마의 백발생성은 쉽게 예견할 수 있는 현상이 아닐까 생각해 본다.

흡연의 경우 제17장에서 언급한 바와 같이 탈모는 물론 백발형성에도 일조를 할 것이라 학계에서는 의심하고 있다. 예로 흡연으로 인해 모낭에 신선한 산소와 영양분을 공급하는 모세혈관의 수축, 멜라닌세포의 DNA 변이 유도, 흡연으로 발생되는 산화물질로 인해 야기되는 염증과 섬유화로 멜라닌세포 기능의 이상, 멜라닌세포 세포자멸사 또는 줄기세포 증식 감소 등으로 인해 멜라닌색소의 생산과 이동 등에 나쁜 영향을 미칠 수 있다고 학계에서는 의심하고 있다.

9. 요점

1) 머리카락과 피부색 형성은 거의 동일한 과정에 의해 이루어진다.

2) 피부세포는 멜라닌색소의 양과 종류에 따라 여러 가지 피부색이 결정된다.

3) 피부세포의 멜라닌색소는 그 이웃인 멜라닌세포가 생산하고, 그 다음 피부세포에 공급한다. 여기서 신기한 점은 멜라닌세포 마음대로 멜라닌색소를 만들어 피부세포에 공급하지는 않는다. 멜라닌세포는 피부세포로부터 멜라닌색소를 생산하라는 명령을 받아야만 비로소 멜라닌색소를 만들기 시작한다.

4) 제일 먼저 자외선은 피부세포에 투과할 때 피부세포에 존재하는 p53 전사인자를 활성화하여 MSH 호르몬 유전자를 발현한다. 이렇게 발현된 MSH 호르몬은 피부세포로부터 분비되어 인근의 멜라닌세포를 활성화하여 멜라닌색소 생산을 명령한다. 사실상 MSH 호르몬의 명령을 받은 멜라닌세포는 그 즉시 세포 내 MITF 전사인자를 활성화한다. 그 다음 MITF 전사인자는 멜라닌색소를 만드는 효소인 타이로시네이즈 효소 유전자를 발현한다. 발현된 타이로시네이즈 효소는 단백질의 구성성분의 하나인 타이로신 아미노산을 이용하여 멜라닌색소를 만들게 된다.

5) 멜라닌색소에는 유멜라닌과 피오멜라닌색소가 있다. 이들의 각각 또는 혼합에 의해 매우 많은 종류의 머리카락 색이 탄생된다. 유멜라닌색소가 아주 적을 경우 잿빛을 띠고, 중간은 갈색, 조금 더 많을 경우 흑갈색, 아주 많을 경우 흑색을 띠게 된다. 한편 피오멜라닌색소는 아주 적을 때 금색을 띠는 블론드를, 아주 많을 경우 빨간색을 띠게 된다.

6) 멜라닌세포와 머리카락 세포 줄기세포는 벌지구역에 존재한다. 모낭주기 중 휴지기 때 전자는 후자와 함께 그 구역을 나와 이차헤어점세포를 형성하고 성장기가 시작되면 후자와 함께 모낭 아래쪽으로 내려와 완전한 멜라닌세포로 분화되며 결국 인근의 머리카락 세포에 멜라닌색소를 공급한다. 퇴행기 때에는 머리카락 세포와 마찬가지로 멜라닌세포 역시 세포자멸사를 겪어 멜라닌색소 생산이 중단된다.

7) 머리카락은 백인의 경우 대략적으로 약 30살을 전후해서 그리고 흑인의 경우 약 40살을 전후해서 백발이 형성되는 것으로 알려져 있다. 황인종은 그 중간 정도에서 백발이 형성되기 시작한다.

8) 다른 종류의 줄기세포와는 달리 멜라닌세포의 줄기세포는 어느 시점에서부터 재생능력을 잃게 되어 멜라닌세포의 줄기세포 수가 차츰 차츰 줄어들고 이로 인한 멜라닌세포 결핍으로 백발형성이 야기되는 것으로 추정하고 있다.

미국 케네디 우주센터에 대기하고 있는 우주 왕복선 디스커버리호 사진

탈모치료제의 현재와 미래

> 우주왕복은 이제 미래가 아닌 현실이듯이 탈모치료 한계를 극복하는 세포치료제 투여도 곧 현실로 되리라 판단된다

자료제공: Bill Inglais/미항공우주국[National Aeronautics and Space Administration(NASA)]

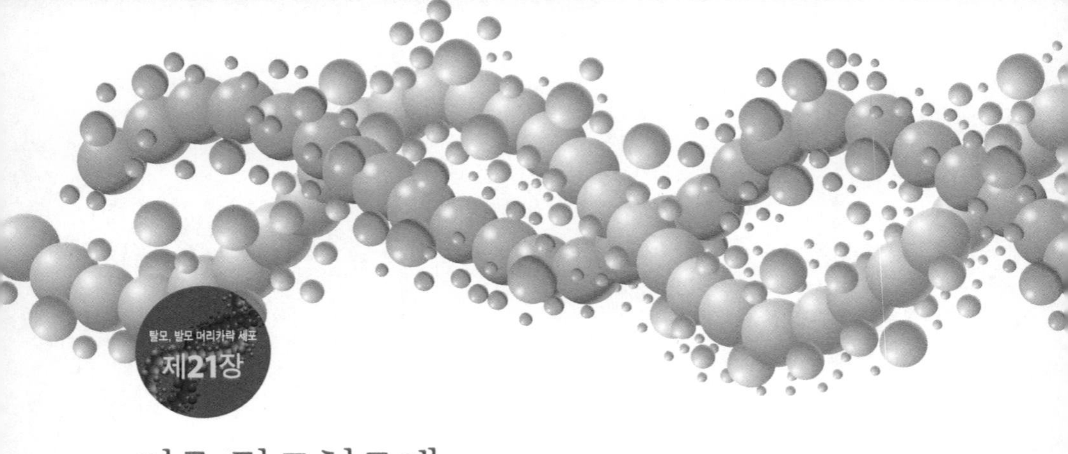

기존 탈모치료제

이 책에서 다룬 주요 탈모유형 이외에도 발생빈도는 매우 낮지만 임상학적으로 수없이 많은 종류의 탈모가 존재한다. 불행하게도 지금까지 개발된 탈모치료제 수가 매우 적어 이 모든 유형의 탈모를 치료하기란 매우 어려운 실정이다. 이 장에서는 일반적으로 탈모클리닉에서 사용되는 공인된 또는 미공인된 탈모치료제 소개와 대다수 탈모를 차지하고 있는 남성형과 여성형 탈모, 휴지기 탈모에 속하는 산후 탈모와 스트레스성 탈모 그리고 원형탈모에 어떤 탈모치료제가 사용되는지에 대해 간단하게 알아보기로 하자.

1. 주요 안드로겐 수용체 관련 치료제

1) 피나스터라이드finasteride: 제2형 환원효소에 결합하여 테스토스테론으로부터 디하이드로테스토스테론 합성을 억제한다. 탈모치료제로 미국식품의약청인 FDA에서 공인한 두 개의 약제 중 하나이다.

2) 스피로노락톤spironolactone: 안드로겐 수용체에 결합하여 테스토스테론 또는 디하이드로테스토스테론 결합을 억제한다. 난소에서 테스토스테론 합성을 저해한다. 미국의 경우 여성형 탈모 치료에 가장 많이 사용되는 약이다.

3) 시프로테론 아세테이트ciproterone acetate: 안드로겐 수용체에 결합하여 테스토스테론 또는 디하이드로테스토스테론 결합을 억제한다. 호주의 경우 가임여성의 여성형 탈모 치료에 치료효과의 극대화를 위해 경구피임약인 다이안느-35와 함께 사용된다.

4) 플루타마이드flutamide: 안드로겐 수용체에 결합하여 테스토스테론 또는 디하이드로테스토스테론 결합을 강력하게 억제한다. 일반적으로 전립선 암이나 조모증 치료에 많이 사용된다.

탈모 클리닉에서 사용되는 공인된 또는 미공인된 주요 탈모치료제 종류

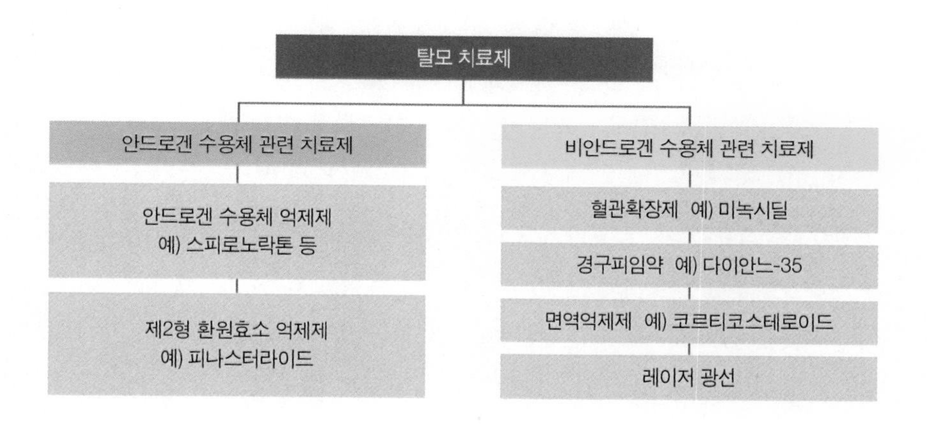

그림 1 탈모 클리닉에서 사용되는 공인된 또는 미공인된 탈모치료제는 크게 안드로겐 수용체 관련 치료제와 비안드로겐 수용체 관련 치료제로 나눌 수 있다. 여기서 남성형 탈모 치료에 미국 FDA에서 공인한 치료제는 피나스테라이드와 미녹시딜뿐이고 여성형 탈모에는 미녹시딜만 존재한다. 만약 기존의 탈모치료제에 반응하지 않을 경우 결국 가발착용 또는 모낭이식으로 이어지게 된다.

2. 주요 비안드로겐 수용체 관련 치료제

1) 미녹시딜minoxidil: 제일 처음 고혈압과 같은 심혈관 질환을 개선하는 혈관확장제로 개발되었으나 임상시험 중 발모 효과를 관찰하여 발모제로도 개발되었다. 현재 혈관 확장효과 이외에 추가 효과도 보고되었지만 학계에서 탈모방지에 대한 추가효과의 효능에 대해 아직 정립되어 있지 않은 상태이다. 탈모치료제로 미국 FDA에서 공인한 두 개의 약제 중 하나이다.

2) 다이안느-35Diane-35: 경구피임약이다. 시프로테론 아세테이트와 에스트로겐 호르몬인 에티닐 에스트라디올ethinyl estradiol이 함유되어 있어 여성형 탈모치료제로 사용된다. 프랑스에서는 여드름 치료제로도 사용되는데 혈전증 부작용으로 사망 사례가 보고되어 최근에 프랑스에서 판매가 금지된 약물이다(*http://www.medscape.com/viewarticle/778499*).

3) 코르티코스테로이드corticosteroids: 면역 억제제이다. 아토피 피부염 치료제로도 유명하다. 원형탈모치료제로 사용된다.

4) 안쓰랄린anthralin: 피부 염증을 유발하여 발모효과를 기대한다. 아마도 면역환경을 바꾸어 발모효과가 기대되지만 아직까지 기전은 명확하게 규명되지 않았다. 원형탈모치료제로 사용된다.

5) 디펜시프론diphencyprone: 피부 알러지를 유발하여 면역환경을 바꾸어 주는 면역조절 약제이다. 원형탈모치료제로 사용된다.

6) 레이저 광선laser: 일부에서는 특정 파장의 레이저 광선이 발모를 촉진한다고 주장하고 있으나 아직까지 신뢰할 수 있는 임상시험 결과가 국제 학계에 보고된 바가 없는 것으로 판단된다. 이런 이유로 현재 미국의 대다수 탈모클리닉에서 주요 발모촉진 방법으로 아직 채택되지 않은 실정이다. 앞으로 신뢰성을 위해 추가연구가 필요할 것으로 사료된다.

주요 탈모유형 치료를 위한 탈모치료제 선택

탈모유형	선택되는 치료제 종류	비고
남성형 탈모	피나스터라이드, 미녹시딜	효과적인 탈모치료 효과를 거두지 못하면 그것이 의학적 탈모치료 한계의 끝이며 민간요법으로 이어질 수 있음
여성형 탈모	피나스터라이드, 스피로노락톤, 피임약, 미녹시딜 등	효과적인 탈모치료 효과를 거두지 못하면 그것이 의학적 탈모치료 한계의 끝이며 민간요법으로 이어질 수 있음
원형탈모	코르티코스테로이드, 안쓰랄린 등	약 90%는 자연치유되며 나머지는 악화 또는 재발함
계절성탈모	없음	자연치유됨
산후탈모	없음	자연치유됨
스트레스성 탈모	없음	스트레스 해소로 탈모극복
그 외 휴지기 탈모	원인만 밝혀진다면 치료제 또는 치료방법 존재함	자연치유 또는 원인만 제거된다면 비교적 손쉽게 치료됨

그림 2 가장 치료하기 어려운 탈모 유형은 안드로겐성 탈모인 남성형 탈모 또는 여성형 탈모 그리고 원형탈모이다. 효과적인 탈모치료 효과를 거두지 못하면 민간요법으로 쉽게 이어진다. 원형탈모의 경우 민간요법이 존재하지 않는다. 그 외의 탈모는 자연적으로 치유되거나 또는 원인만 적절하게 제거된다면 비교적 손쉽게 치료될 수 있다. 여기에 출산 후 탈모, 피임약 관련 탈모, 임신 중 탈모, 계절변화에 의한 탈모 또는 열병을 앓았다거나 수술, 심한 정신적 충격, 탈모를 유발하는 일반 약제 복용, 갑상선 호르몬 분비 이상, 철분과 같은 영양분 부족, 다이어트성 탈모 또는 암치료를 위한 항암제 복용 등으로 야기된 탈모 등이 속한다.

3. 가발과 모낭이식 수술

기존 치료제로 치료가 되지 않아 탈모가 계속 진행될 경우 마지막 선택은 가발착용과 모낭이식 수술이다. 가발착용은 탈모극복의 일시적인 방편으로 고려될 수 있지만 장기적 사용을 고려할 때 현실적으로 매우 불편하다. 모낭이식의 경우 숙련된 시술자의 이식 성공으로 탈모를 극복할 수 있지만 이식실패와 이식될 모낭 수가 부족할 경우 만족할 만한 효과를 기대하기란 매우 어려운 실정이다. 따라서 기존의 마지막 탈모 극복방법에도 한계가 있기 때문에 새로운 패러다임의 탈모치료술 개발이 시급하다. 제23장에서 기존의 탈모치료의 한계를 극복할 수 있는 세포치료제에 대해 토론하였다.

4. 남성형 탈모 치료

남성형 탈모의 주요 원인은 디하이드로테스토스테론 호르몬이다. 이 호르몬을 합성하는 제2형 환원효소의 작용을 억제하는 피나스테라이드와 혈관 확장제인 미녹시딜과 함께 미국 FDA에서 남성형 탈모치료제로 허가를 받았다. 이 두 가지뿐이다. 그 외에 안드로겐 수용체 작용을 억제하는 스피로노락톤, 시프로테론 아세테이트, 플루타마이드는 정자생산의 이상, 발기불능, 성욕감퇴 등과 같은 매우 심한 부작용 발생으로 사용을 금하고 있다. 피나스테라이드 치료제도 발기불능과 성욕감퇴 등 부작용 호소가 보고된 바 있어 이 치료제를 구매하기 위해선 의사의 처방전이 요구된다.

5. 여성형 탈모 치료

여성형 탈모의 경우 오직 미녹시딜만 여성형 탈모치료제로 미국 FDA에서 허가를 받았다. 하지만 피나스테라이드, 스피로노락톤, 시프로테론 아세테이트, 플루타마이드, 다이안느-35과 함께 여성형 탈모치료에 처방된다. 여기서 피나스테라이드는 임신여성일 경우 처방될 수 없다. 그 이유는 태아가 남아일 경우 내부생식기 발생에 제2형 환원효소 작용이 반드시 요구되기 때문에 임신여성이 피나스테라이드를 복용할 경우 제2형 환원효소의 작용을 억제하여 남아의 내부생식기 기형을 초래할 가능성이 있기 때문이다.

6. 원형탈모 치료

제15장에서 언급한 바와 같이 자가면역질환인 원형탈모 발생의 정확한 원인이 학문적으로 아직 규명되지 않았기 때문에 근본적으로 원인을 제거하는 치료제는 아직 개발되지 않았다. 원형탈모의 증상과 진행을 억제하기 위해 코르티코스테로이드와 같은 면역 억제제와 면역환경을 바꾸어주는 안쓰랄린 등이 사용된다. 원형탈모의 90%는 자연적으로 다시 발모된다고 학계에 보고되어 있기 때문에 대다수 치료 없이도 쉽게 치유될 수 있다. 낙관적인 희망을 가지고 치료에 임한다면 이래저래 좋은 결과가 있으리라 사료된다. 원형탈모 치료는 반드시 전문의의 도움이 필요하다. 민간요법이 존재하지 않는다.

7. 계절성 탈모 치료

계절성 탈모치료제는 없다. 따라서 탈모클리닉에 가서 계절성 탈모를 호소한다 할지라도 특별난 치료제가 없을 것으로 판단된다. 사실상 계절성 탈모는 환경과 호르몬 등의 복합요인으로 인해 모낭주기의 생체리듬이 변화되었기 때문에 발생되는 것이라 의심하고 있기 때문에 이를 조절하는 치료제 개발은 거의 불가능한 실정이라 판단된다. 하지만 계절성 탈모는 일종의 휴지기 탈모이기 때문에 스스로 치유될 수 있다고 학계에서는 보고 있다. 너무 걱정하지 말고 대자연의 섭리Mother of Nature에 따르자.

8. 산후 탈모 치료

산후 탈모치료제도 없다. 하지만 제18장에서 언급한 바와 같이 이 유형의 탈모는 임신으로부터 정상적인 생리복귀의 일환으로 발생되는 것이고 다른 복합적인 원인이 작용하지 않을 경우 스스로 치유된다고 학계에서는 보고 있다. 너무 걱정하지 말고 산후 몸조리와 몸 상태가 임신 전으로 잘 복귀될 수 있도록 규칙적인 요가나 운동에 힘쓰자. 또 Mother of Nature가 있지 않은가?

9. 스트레스성 탈모 치료

아직 스트레스성 탈모를 치료하는 치료제가 없는 실정이다. 앞으로 치료제 개발에 많은 연구와 시간이 필요할 것으로 사료된다. 가까운 미래에 스트레스성 탈모를 개선할 수 있는 치료제가 개발되기를 희망해 본다. 그 때까지 제16장에서 언급하였듯이 스트레스를 극복할 수 있는 긍정적인 자세와 규칙적인 운동 또는 취미생활 등으로 스트레스를 극복해 보자. 또 충분한 수면으로 육체적인 스트레스도 함께 날려 보내자.

10. 그 외의 탈모 치료

여성의 경우 갑상선 호르몬 분비 이상과 철분 결핍으로 탈모를 경험할 수 있다. 갑상선 호르몬의 경우 탈모클리닉을 이용하여 해결하고 철분 결핍은 철분제 복용으로 해결될 수 있다. 다이어트에 의한 탈모는 일종의 영양 섭취의 불균형, 즉, 영양실조에서 오는 탈모이기 때문에 골고루 음식을 섭취하면 쉽게 해결될 수 있을 것으로 사료된다. 제9장에서 언급한 바와 같이 머리카락은 곧 단백질이다. 다이어트 이유로 충분한 단백질을 섭취하지 않을 경우 건강한 머리카락은 결코 생성될 수 없다. 사실상 이런 유형의 탈모 치료는 난치성 탈모의 대다수를 차지하는 남성형과 여성형 탈모 그리고 원형탈모에 비하면 탈모치료에 상대적으로 식은 죽 먹기가 아닐까 사료된다.

11. 요점

1) 탈모클리닉에서 사용되는 공인된 또는 미공인된 탈모치료제는 크게 안드로겐 수용체 관련 치료제와 비안드로겐 수용체 관련 치료제로 나눌 수 있다.

2) 주요 안드로겐 수용체 관련 치료제로는 피나스터라이드, 스피로노락톤, 시프로테론 아세테이트, 플루타마이드 등이 있다. 피나스터라이드를 제외하곤 모두 안드로겐 수용체에 결합하여 안드로겐 호르몬이 수용체에 결합할 기회를 박탈한다. 이로 인해 안드로겐 호르몬의 탈모작용을 억제한다. 피나스터라이드는 제2형 환원효소에 결합하여 테스토스테론으로부터 안드로겐성 탈모의 주원인인 디하이드로테스토스테론 합성을 억제한다.

3) 주요 비안드로겐 수용체 관련 치료제로는 혈관 확장으로 발모효과를 기

대하는 미녹시딜, 에스트로겐 호르몬이 함유되어 있는 다이안느-35 경구피임약, 원형탈모치료제인 코르티코스테로이드, 안쓰랄린, 디펜시프론 등이 있다. 특정 파장의 레이저 광선이 발모를 촉진한다는 주장도 이 부류의 치료제로 포함되어 있다.

4) 기존 탈모치료제로도 치료가 되지 않아 탈모가 계속 진행될 경우 마지막 선택은 가발착용과 모낭이식 수술이다. 가발착용은 탈모극복의 일시적인 방편으로 고려될 수 있지만 장기적 사용을 고려할 때 현실적으로 매우 불편하다. 모낭이식의 경우 숙련된 시술자의 이식성공으로 탈모를 극복할 수 있지만 이식실패와 이식될 모낭 수가 부족할 경우 만족할 만한 효과를 기대하기란 매우 어렵다.

5) 남성형 탈모를 야기하는 주요물질은 디하이드로테스토스테론으로 알려져 있기 때문에 이 호르몬을 합성하는 제2형 환원효소의 작용을 억제하는 피나스터라이드와 혈관 확장제인 미녹시딜과 함께 남성형 탈모치료제로 미국 FDA에서 허가를 받았다. 그 외에 안드로겐 수용체 작용을 억제하는 스피로노락톤, 시프로테론 아세테이트, 플루타마이드는 정자생산의 이상, 발기불능, 성욕감퇴 등과 같은 매우 심각한 부작용 발생으로 사용을 금하고 있다.

6) 여성형 탈모의 경우 오직 미녹시딜만 여성형 탈모치료제로 미국 FDA에서 허가를 받았다. 하지만 피나스터라이드, 스피로노락톤, 시프로테론 아세테이트, 플루타마이드, 다이안느-35 등과 함께 여성형 탈모치료에 처방된다.

7) 원형탈모의 증상과 진행을 억제하기 위해 코르티코스테로이드와 같은 면역 억제제와 면역환경을 바꾸어주는 안쓰랄린 등이 사용된다.

8) 스트레스성 탈모를 치료하는 치료제는 아직 없다.

9) 일반적으로 휴지기 탈모는 제18장에서 언급한 바와 같이 다른 원인으로 인한 탈모가 복합적으로 진행되지 않는 한 자연스럽게 치료되거나 또는 원인이 규명되어 적절히 의학적 치료를 받으면 비교적 손쉽게 치료될 수 있는 발모를 위한 탈모이다. 출산 후 탈모, 피임약 관련 탈모, 임신 중 탈모, 계절변화에 의한 탈모 또는 열병을 앓았다거나 수술, 심한 정신적 충격, 탈모를 유발하는 일반 약제 복용, 갑상선 호르몬 분비 이상, 철분과 같은 영양분 부족, 다이어트성 탈모 또는 암 치료를 위한 항암제 복용 등으로 야기된 탈모가 여기에 속한다.

탈모치료제 개발 방향

이 장에서 탈모치료제 개발 방향에 대해 자세하게 토론한다는 것은 사실상 탈모전문가 수준을 훨씬 상회하기 때문에 토론에 약간 주저하게 된다. 하지만 탈모를 겪고 있는 일반인에게도 탈모치료제 개발의 전체적 윤곽이 올바르게 제시될 수 있다면, 탈모를 또 다른 각도로 이해할 수 있으리라 판단된다. 또 앞으로 탈모치료 효과가 만족스러운 치료제 개발에 많은 시간이 걸릴 수 있음을 감안해 볼 때, 그 동안 탈모극복에 절실한 탈모인은 지금 우리 주위에 매우 많이 소개되어 있는 민간요법에 의지할 수밖에 없는 실정이고 이럴 경우에도 탈모치료제 개발의 올바른 윤곽 제시가 민간요법에 대한 탈모인의 현명한 선택을 유도해 주지 않을까 사료된다.

1. 탈모치료를 위한 신약개발의 어려움

전 세계의 탈모시장의 규모는 막대하다. 따라서 치료제개발에 머르크

Merck, 로레알L'Oreal 또는 글락소스미스클라인GlaxoSmithKline 등과 같은 다국적 기업에서 많은 연구비를 투자하여 연구하지만, 대다수 난치성 탈모의 경우 환경과 다수의 탈모유전자가 작용되기 때문에 올인원all-in-one의 탈모치료 효과가 있는 매우 만족스러운 치료제 개발은 사실상 매우 어려운 일이다. 다시 말한다면 합성신약개발로 인해 기존 탈모치료방법의 한계를 극복하기란 막대한 연구비와 시간이 소요될 수밖에 없다. 이 견해에 대해 대다수 동의할 것으로 판단된다. 이 때문에 새로운 패러다임의 탈모치료방법이 대두되어야한다는 것이 전 세계의 탈모치료 연구진의 염원이다.

탈모 치료제 주요 개발방향

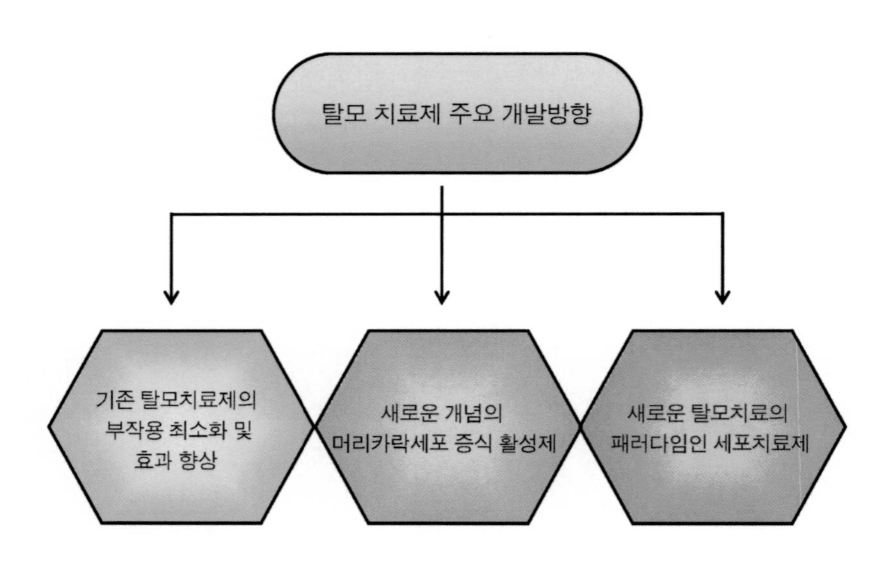

그림 1 전 세계적인 탈모시장의 규모는 막대하다. 따라서 치료제 개발에 머르크와 같은 다국적 기업에서 많은 연구비를 투자하여 연구하지만, 대다수 난치성 탈모의 경우, 환경과 다수의 탈모유전자가 작용되기 때문에 올인원의 탈모치료 효과가 있는

> 매우 만족스러운 치료제 개발은 사실상 매우 어렵다. 그럼에도 불구하고 보다 나은 탈모 치료제를 개발하기 위해 여러 방향으로 연구되고 있고 기존의 탈모치료 한계를 극복하기 위해 새로운 탈모치료의 패러다임인 세포치료제가 연구 개발되고 있다.

2. 주요 탈모치료제 개발 방향

필자의 짧은 식견을 통해 앞으로 가능한 탈모치료제 개발 방향에 대해 간단하게 정리하여 보았다.

1) 현재 시판되고 있는 주요 탈모치료제는 대다수 안드로겐성 탈모 치료제이다. 이에 대해 안드로겐 수용체의 억제제와 부수적으로 혈관확장제를 예로 들을 수 있다. 이러한 기존 치료제보다 효과가 더 좋은 약제가 개발되고 있는 중이다. 예로 제2형 환원효소 작용을 억제하는 피나스테라이드보다 효과가 더 좋은 듀타스테라이드dutasteride는 임상시험 중에 있으며 제2형뿐만 아니라 제1형 환원효소 작용도 억제하기 때문에 보다 나은 치료효과를 기대하고 있다(*http://en.wikipedia.org/wiki/Dutasteride*). 앞으로 안드로겐 수용체의 작용을 보다 효과적으로 억제하는 방향이 미래의 탈모치료제 개발에 주요 타겟 중 하나라 사료된다. 현재까지 합성신약, 핵산, 식물추출물 등을 이용하여 적지 않은 신약이 개발되고 있는 중이다.

2) 미녹시딜을 통해 혈관확장이 발모효과를 줄 수 있다는 가능성 때문에 앞으로 효과가 더 좋은 혈관확장제 또는 신생혈관을 유도하는 탈모치료제가 개발될 것으로 판단된다.

3) 사용의 편리성과 효과의 극대화를 위해 안드로겐 수용체 억제제와 혈관 확장제의 복합제가 개발될 것이라 쉽게 예측할 수 있다.

4) 현재 매우 뜨거운 탈모치료제 개발 타겟 중 하나는 사실상 머리카락을 구성하는 머리카락 세포의 증식이다. 기존의 치료제는 아직 전무하나 최근 많은 연구로 인해 좋은 결과가 적지 않게 축적되었다. 예로 제2장과 제10장에서 다룬 윈트 경로, 쉬 경로, TGF-beta/BMP 경로가 머리카락 세포 증식에 매우 중요한 역할을 하는데 이 경로를 조절하여 머리카락 세포 증식을 유도하는 치료제를 여러 각도로 개발하고 있다. 2012년 우리나라에서도 발프로익 산valproic acid이 윈트 경로에 작용하고 이로 인해 발모가 관찰되었다는 연구결과가 발표되었다*[PLoS ONE 7(11): e48791. doi:10.1371/journal.pone.0048791]*. 발프로익산은 그림2에서 보는 바와 같이 윈트 경로에서 매우 중요한 역할을 하는 글리코겐합성효소 인산화효소3glycogen synthase kinase3(GSK-3)의 기능을 억제하는데, 사실상 발프로익산 이외에도 이 효소의 기능을 억제하는 다른 많은 합성신약이 개발되었고 현재 차기 탈모치료제 개발 가능성에 대해 추가 연구 중에 있다.

5) 또 하나의 타겟은 세포자멸사 억제로 인한 모낭주기의 생체리듬 조절이다. 예로 제18장에서 언급한 에스트로겐과 같은 기능을 가진 물질 등으로 조절하는 것이다. 사실상 계절성 탈모, 산후 탈모, 스트레스성 탈모인 휴지기 탈모는 모낭주기의 생체리듬에 영향을 주어 발생되는 탈모라 해도 과언이 아니다. 사실상 세포자멸사를 유도하는 방향이 여러 각도로 이루어지기 때문에 한 번에 다 잡기란 매우 어렵다. 이런 생체리듬

을 조절할 수 있다면 모낭주기의 성장기를 연장시켜 휴지기 탈모뿐만 아니라 난치성 탈모의 대다수를 차지하는 안드로겐성 탈모의 성장기도 충분히 연장할 수 있다. 하지만 머리카락 생성에 관여하는 세포의 세포자멸사나 모낭주기의 생체리듬의 짜이트게버에 대한 연구가 아직 초기 상태이기 때문에 실제로 모낭주기의 생체리듬 조절을 통한 탈모방지 및 발모제 개발은 관련 연구결과의 미흡으로 아직 요원한 희망사항이 아닐까 사료된다.

윈트경로를 통한 새로운 개념의 머리카락세포 증식 활성제

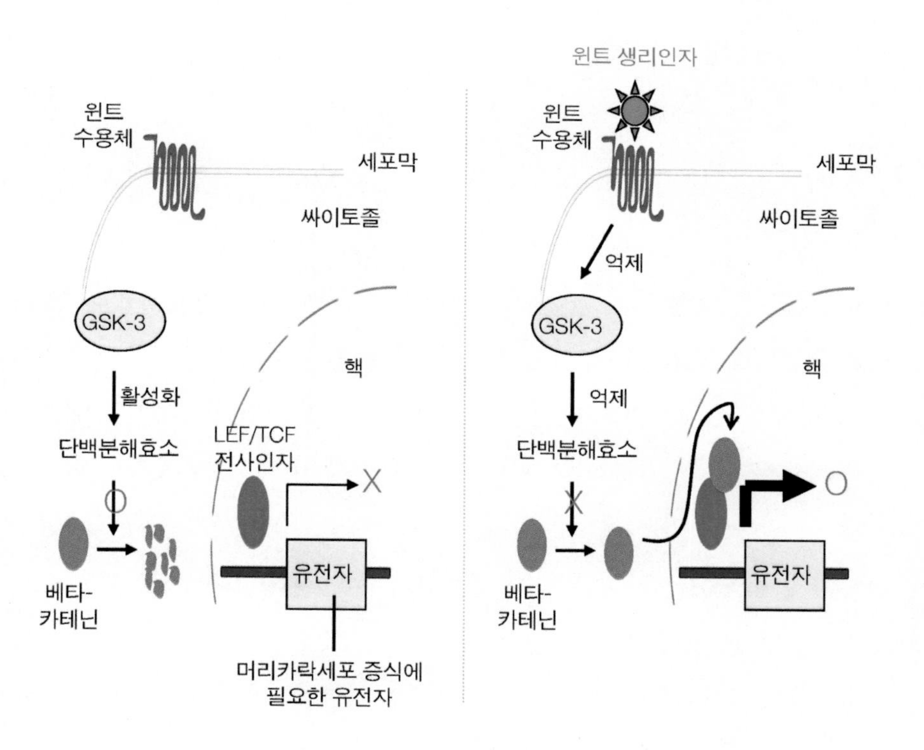

그림 2 모낭형성과 머리카락 생성에 가장 중요한 윈트 생리인자가 없을 경우 GSK-3 효소는 단백분해효소를 활성화하여 베타-카데닌 단백질을 분해한다. 그러나 오른쪽 그림에서 보는 바와 같이 윈트가 존재할 경우 GSK-3효소는 억제되어 이로 인해 분해되지 않은 베타-카데닌은 핵으로 들어가 LEF/TCF 전사인자와 결합한 후 머리카락세포 증식에 필요한 유전자를 강력하게 발현한다. 만약 윈트 생리인자를 대신하여 GSK-3효소를 억제하는 물질을 개발할 수 있다면 이런 식으로 머리카락 세포 증식을 유도할 수 있다. 최근 우리나라에서 발프로익산이 GSK-3효소를 억제하여 발모를 유도할 수 있다는 연구결과를 발표하였다. 사실상 발프로익산 이외에도 이 효소의 기능을 억제하는 다른 많은 합성신약이 개발되었고 현재 차기 탈모 치료제 개발 가능성에 대해 추가 연구 중에 있다.

3. 샴푸의 화려한 유혹

우리 주위에서 쉽게 선택할 수 있는 탈모방지 및 양모 샴푸에 대해 한번 생각해 보자. 여기서 탈모방지와 양모 개념은 곧 발모 개념과 동등시 될 수 있다. 그 이유는 서로 분리하여 생각할 수 있는 그런 개념이 아니기 때문이다. 서로 물고 물리고 하여 발모가 이루어지기 때문이다. 여기서 탈모방지라 함은 환경과 여러 유전자 기능 조절 이상으로 인해 짧아진 모낭주기의 성장기를 정상화시키던가 아니면 모낭 세포의 세포자멸사를 억제하여야만 얻을 수 있는 효과이다. 사실상 학문적으로 해결하기에 매우 어려운 난제 중 난제이다. 이런 이유로 앞에서 언급한 바와 같이 적지 않은 우수한 연구진이 포진하고 있는 다국적 기업조차도 탈모를 효과적으로 해결하기가 매우 어려운 실정이다. 그러나 우리나라에서는 샴푸로 간단하게 해결될 수 있다. TV 광고에서는 인기 연예인이 번쩍거리고 매혹적이며 볼륨이 있는 머리카락을 확 풀어 제치며 샴푸의 효과에 대해 상징적으로 선전하기도 한다. 특히 TV유선방송의 홈쇼핑 쇼핑호스트의 샴푸 선전내용을 듣고 있노라면 세계적으로 최고의 연구진들이 십여 년간 피나는 연구를 통해서도 얻을 수 있을까 말까 하는 그런 결과를 스스럼없이 소비자에게 방송해 낸다. 자랑스럽다. 만약 그것이 사실이라면 매우 획기적이다. 우리나라의 탈모방지와 양모 기술력을 간단한 샴푸를 통해 얻을 수 있다면 국가적 차원에서 전 세계적으로 홍보해야 할 가치가 있을지도 모른다. 사실상 그 기술력이 발모 기술력과도 동등시되기 때문이다. 샴푸의 효과가 그 정도라면 탈모를 연구하는 기초의과학자의 학문적 호기심을 자극하기에도 충분하다. 그 이유는 학문적으로 그 효과의 기전을 규명하여 효과가 더 향상된 샴푸를 쉽게 개발할 가능성이 있기 때문이다.

샴푸의 경우 제19장에서 언급한 바와 같이 상당수 비누성분이 SLS이다. 접촉되면 머리카락 세포를 포함한 모낭 세포가 파괴될 수 있는 그런 성분이다. 이러한 성분이 함유되어 있는 샴푸에 어떤 유효성분이 포함되어 있어 환경과 여러 유전자 기능 조절 이상으로 인해 짧아진 모낭주기의 성장기가 정상화될 수 있는지, 머리카락 세포 증식이 활성화되어 양모가 유도될 수 있는지 또는 모낭 세포의 세포자멸사가 억제되어 탈모가 방지될 수 있는지에 대해 무척 의문스럽다. 설령 샴푸에 그런 성분이 존재한다 할지라도 왕성한 거품력이 있는 SLS의 비누거품 또는 비 SLS 비누성분의 거품에 휩싸여 다 씻겨 내려갈 판이다. 어떤 광고에서는 5분 정도 샴푸하고 헹구라고 추천한다. 그러면 효과를 볼 수 있다는 것이다. 효과가 보장된다면 5분이 문제이겠는가? 그래 5분 동안 유효성분이 비누의 거품을 요리조리 빠져 나와 모낭에 들어가 머리카락 세포에 작용할 수 있는 확률은 얼마나 될지 의문스럽다. 설령 모낭에 들어간다 할지라도 유효성분의 농도가 얼마나 될까? 생명현상의 생화학 반응은 반응할 생화학 물질이 있다 또는 없다에 의해 그 반응 여부가 결정되지는 않는다. 농도가 적정해야만 반응이 일어날 수 있기 때문이다. 탈모방지, 양모, 발모에 이르는 수많은 생화학 반응도 그 예외가 될 수는 없다. 그러는 와중에 특히 SLS 비누성분은 얌전하게 모두 모낭 밖에 대기하고 있다가 유효성분만 모낭으로 쏙 들어가 적정농도를 유지하여 그 효과를 발휘할 수 있을까? 상식적으로 그리고 학문적으로 이래저래 납득하기가 어려운 부분이다.

사실상 우리 주위에서 샴푸 후 발모효과를 경험하는 경우도 종종 회자되곤 한다. 매우 희망적이다. 하지만 계절성 탈모나 산후 탈모 또는 다른 유형의 휴지기 탈모를 경험하는 탈모인이 얻을 수 있는 자연적 재발모가 샴푸효과로 오인될 수 있는 가능성을 배제할 수 없다.

물론 샴푸로 인한 두피 청결은 탈모방지, 양모, 더 나아가 발모에 반드시 필요하다. 이 역할은 샴푸가 비싸든 또는 싸든 간에 유해물질이 함유되어 두피에 손상을 주지 않는 한 대다수 샴푸가 가지고 있는 지극히 당연한 역할이다. 하지만 안드로겐성 탈모를 포함한 대다수 난치성 탈모를 경험하는 탈모인의 경우 그 샴푸가 어떻게 광고되든 또 어떠한 것이 함유되었다 하더라도 그것을 믿고 샴푸에만 의존하여 탈모를 해결하려는 생각은 매우 순진한 생각이며 또 매우 위험한 발상이라 사료된다.

4. 탈모클리닉 방문과 탈모치료 한계

장기적으로 탈모를 경험하는 사람은 가능한 빨리 탈모클리닉에 방문할 것을 추천한다. 안드로겐성 탈모는 물론 휴지기 탈모라 할지라도 그 유형에 따라 그 원인이 제거되지 않으면 탈모가 계속 진행될 수 있기 때문이다. 따라서 탈모클리닉에 방문하여 탈모의 원인을 반드시 알아야 한다. 휴지기 탈모인지 안드로겐성 탈모인지 아니면 원형탈모인지 알아야 한다. 자연적으로 다시 발모가 될 수 있는 휴지기 탈모면 그리 염려하지 않아도 되지만, 갑상선 호르몬, 철분결핍 또는 다이어트 등으로 인해 발생되는 휴지기 탈모는 적절한 치료를 받아야 한다. 원형탈모의 경우 약 90% 정도 자연적으로 치유될 수 있다. 하지만 나머지 10%는 재발과 두피 또는 몸 전체의 탈모로 이어질 수 있기 때문에 긴장하여 전문가의 지시에 따라 치료에 임해야 할 것으로 판단된다. 마지막으로 난치성 탈모의 대다수를 차지하는 안드로겐성 탈모이다. 그것이 남성형 또는 여성형 탈모일 수 있다. 사실상 탈모클리닉에서도 허가된 치료제의 종류가 한정되어 있어 치료제 선택 폭이 그리 넓지 못하다. 그나마 그 치료제마저도 효과적 탈모치료의 한계에 봉착할 수 있다. 이런 이유 때문에 탈모클리닉 나름대로의 난치성 탈모치료 방법을 고안해 임상적으로 사용되고 있는 실정이지만 문제는 검증되지 않았다는 점이다. 어쨌든 탈모클리닉에서도 효과적인 탈모치료 효과를 거두지 못하면 그것이 의학적 탈모치료 한계의 끝이다. 이로 인해 탈모치료의 공은 탈모치료 전문가에서 다시 탈모인 자신에게 넘어 올 수밖에 없다. 난치성 탈모인에게 어처구니없는 절박한 상황이 벌어지는 경우이다. 결국 울며 겨자 먹기로 난치성 탈모인이 다시 민간요법에 귀를 기울일 수밖에 없는 이유가 바로 여기에 있다.

5. What a surprise! 안드로겐성 탈모를 포함한 대다수 난치성 탈모 치료타겟은 결국 더말파필라세포였더라!

난치성 탈모의 대다수를 차지하고 있는 안드로겐성 탈모를 경험하고 있는 탈모인이여! 세상으로부터의 모든 유혹에 흔들리지 말자. 머리카락 세포 안녕도 물론 중요하지만 그보다 더 중요한 것은 더말파필라세포의 안녕이다. 두 마리 토끼, 즉, 머리카락 세포와 더말파필라세포를 모두 잡을 수 있다면 두 마리 다 잡자. 하지만 그렇지 못하다면 한 마리라도 건실한 놈을 잡자. 그것이 바로 더말파필라세포이다. 그 이유는 이 책 전반에 걸쳐 거듭 강조한 머리카락 세포의 분화와 증식 등 이 모든 것을 제어할 수 있는 청와대 대통령 격의 세포는 더말파필라세포라 하였기 때문이다. 만약 이 세포, 특히 그 속에 숨어있는 안드로겐 수용체의 기능을 완전히 제어할 수 있다면 안드로겐성 탈모 유발요소를 모두 제거할 수 있고 올인원 약제와 같은 효과를 얻을 수 있다고 사료된다.

6. 요점

1) 전 세계적인 탈모시장의 규모는 막대하다. 따라서 치료제개발에 머르크와 같은 다국적 기업에서 많은 연구비를 투자하여 연구하지만, 대다수 난치성 탈모의 경우 환경과 다수의 탈모유전자가 작용되기 때문에 올인원의 탈모치료 효과가 있는 매우 만족스러운 치료제 개발은 사실상 매우 어렵다.

2) 가까운 미래에 이루어질 수 있는 주요 탈모치료제 개발 방향은 크게 부작용이 작고 효과가 향상된 안드로겐 수용체 억제제, 제2형 환원효소 억제제, 혈관 확장제 그리고 새로운 개념의 머리카락 세포 증식 활성제 등의 개발이다. 기존 탈모치료제의 한계를 극복할 수 있는 세포치료제 개발도 여기에 포함된다. 제23장에서 그 가능성에 대해 언급하였다.

3) 탈모방지 및 양모 샴푸의 경우 탈모방지와 양모 개념은 곧 발모 개념과 동등시 될 수 있다. 그 이유는 서로 분리하여 생각할 수 있는 그런 개념이 아니기 때문이다. 서로 물고 물리고 하여 발모가 이루어지기 때문이다. 만약 샴푸만으로 탈모방지 및 양모효과를 얻을 수 있다면 획기적이다. 그러나 본문에서 다룬 샴푸의 특성을 고려해 볼 때 안드로겐성 탈모를 포함한 대다수 난치성 탈모를 경험하는 탈모인의 경우 샴푸에만 의존하여 탈모를 해결하려는 생각은 매우 순진한 생각이라 사료된다.

4) 장기적으로 탈모를 경험하는 사람은 가능한 빨리 탈모클리닉에 방문할 것을 추천한다. 안드로겐성 탈모는 물론 휴지기 탈모라 할지라도 그 유형에 따라 그 원인이 제거되지 않으면 탈모가 계속 진행될 수 있기 때문이다. 난치성 탈모의 경우 탈모클리닉에서도 허가된 치료제의 종류가 한정되어 있어 치료제 선택 폭이 그리 넓지 못하다. 그나마 그 치료제마저도 효과적 탈모치료의 한계에 봉착할 수 있다. 이런 이유 때문에 탈모클리닉 나름대로의 난치성 탈모치료 방법을 고안해 임상적으로 사용하고 있는 실정이지만 문제는 검증되지 않았다는 점이다.

5) 어쨌든 탈모클리닉에서도 효과적인 탈모치료 효과를 거두지 못하면 그

것이 의학적 탈모치료 한계의 끝이다. 이로 인해 탈모치료의 공은 탈모치료 전문가에서 다시 탈모인 자신에게 넘어 올 수밖에 없다. 난치성 탈모인에게 어처구니없는 절박한 상황이 벌어지는 경우이다.

6) 머리카락 세포 안녕도 물론 중요하지만 그보다 더 중요한 것은 더말파필라세포의 안녕이다. 그 이유는 이 책 전반에 걸쳐 거듭 강조한 머리카락 세포의 분화와 증식 등, 이 모든 것을 관장할 수 있는 청와대 대통령 격의 세포가 바로 더말파필라세포라 하였기 때문이다. 만약 이 세포 특히 그 속에 숨어있는 안드로겐 수용체의 기능을 효과적으로 제어할 수 있다면 안드로겐성 탈모 유발요소를 모두 제거할 가능성이 있어 올인원 약제와 같은 효과를 얻을 수 있으리라 사료된다.

기존 탈모치료 한계를 극복하는 세포치료제

2000년대 초반만 하더라도 세포치료란 단어가 우리에게 매우 생소하였다. 그때만 하더라도 혈액암을 치료하기 위한 조혈모세포 이식이 세포치료의 대다수를 차지하였다. 물론 제1형 당뇨병을 치료하기 위해 췌장 베타세포가 함유되어 있는 췌도 이식이 간간히 있을 뿐이었지만, 사실상 이것도 엄밀하게 말한다면 세포치료가 아닌 세포보다 한 단계 위인 일종의 조직이식에 의한 난치성질환 치료이다. 이 이외에도 화상치료를 위해 환자의 피부세포를 체외에서 배양하여 다시 이식하는 정도였다. 이것마저도 사실상 세포치료 전문가가 아니면 잘 모를 정도였다. 그러나 2000년대 초반부터 황우석 박사의 배아줄기세포 이야기와 또 이러한 배아줄기세포를 이용한다면 재생의학으로서 기존의 난치성질환 치료한계를 극복할 수 있는 세포치료제가 개발될 수 있다는 가능성 때문에 우리나라뿐만 아니라 전 세계가 열광하기도 하였다. 따라서 이 시점을 기준으로 세포치료란 용어가 재생의학의 일환으로 난치성질환 치료제로 자연스럽게 다가오기 시작하였다.

비교적 최근까지 배아줄기세포 제작과정에서 배아를 파괴하여야 하는 문제로 생명과괴 윤리문제가 대두되었지만 이를 극복하기 위해 제6장에서 언급한 바와 같이 일본 교토대학의 신야 야마나카 교수는 쥐의 일반 세포에 4개의 전사인자 유전자를 주입하여 배아줄기세포와 유사한 줄기세포(역분화 줄기세포)를 만들었다. 이로 인해 배아줄기세포 제작에서 파생되는 생명파괴 윤리문제를 원만하게 해결하여 신야 야마나카 교수는 2012년 노벨 생리의학상을 수상하기도 하였다. 앞으로 배아줄기세포 또는 역분화 줄기세포를 잘 이용하여 난치성질환 치료한계가 곧 극복되기를 희망해 본다.

최근에는 줄기세포 확보의 용이성으로 인해 배아줄기세포보다는 간엽줄기세포와 같은 성체줄기세포가 대다수 난치성 질환치료의 한계 극복에 우리나라는 물론 전 세계에서 제일 많이 사용되고 있는 실정이다. 이러한 성체줄기세포가 난치성 질환치료의 한계 극복에 이용될 수 있는 학문적 이유에 대해 최근 필자가 "지방, 골수, 제대혈 성체줄기세포(2011, 에세이퍼블리싱)"책을 집필하였다. 성체줄기세포를 이용한 난치성질환 세포치료제에 대해 많은 참고가 되기를 희망한다.

기존 탈모치료 한계를 극복할 수 있는 세포치료제의 가능성을 보여준 동물실험

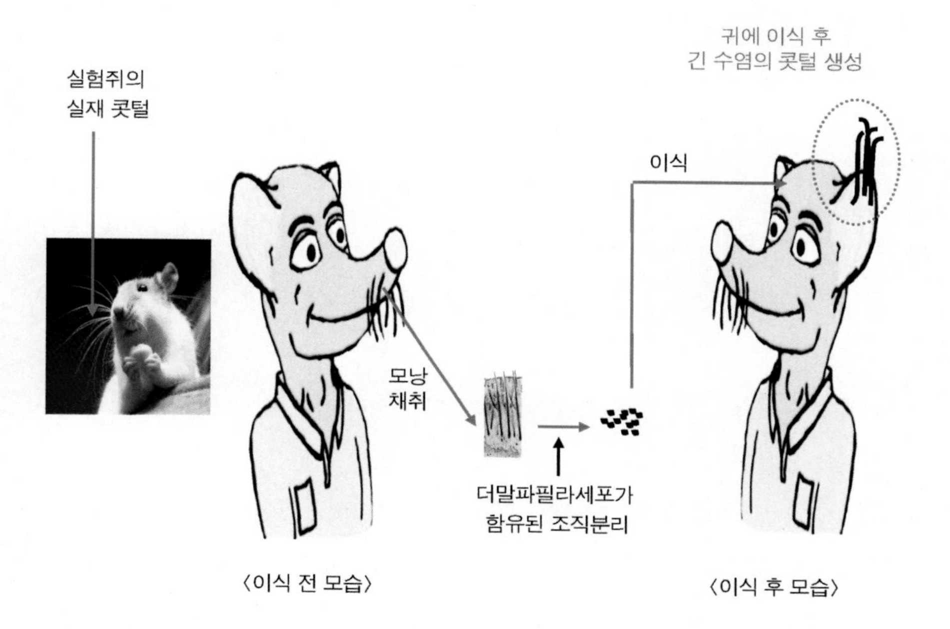

자료제공: Peter Boylan(왼쪽 사진), Jae Sharp(오른쪽 그림)
(Creative Commons Attribution-Share Alike 3.0)

그림 1 1961년 코헨은 다음과 같은 실험 결과를 발표하였다. 실험쥐의 콧등에 존재하는 긴 수염의 콧털을 생성하는 더말파필라세포의 조직을 분리하여 실험쥐 귀에 이식하였더니 귀에서 긴 수염의 콧털이 생성되었다. 현재까지 이와 비슷한 실험이 매우 많이 이루어졌고, 심지어 체외에서 증식된 더말파필라세포 이식을 통한 탈모 세포치료제 개념은 이제 학계에서 거의 완연하게 정립되어 있는 상태이다.

1. 기존 탈모치료의 한계

복잡한 현대를 살아가는 우리는 탈모로부터 해방될 수 없는가 보다. 가면 갈수록 탈모를 경험하는 인구가 늘어나기 때문이다. 다행히 탈모유형

중 휴지기 탈모는 자연적으로 또는 쉽게 의학적으로 해결될 수 있지만 난치성탈모인 안드로겐성 탈모는 만족할만한 효과를 줄 수 있는 치료약이 없는 실정이다. 현재 두 가지가 존재하지만 탈모치료에 한계가 있다는 것은 누구도 부인할 수 없는 사실이다. 애석하게도 이 탈모치료제마저 치료반응을 보이지 않는다면 민간요법에 의지할 수밖에 없게 되고 또 여기에도 반응하지 않으면 마지막으로 남는 선택은 모낭이식이다. 모낭이식은 안드로겐 호르몬에 영향을 받지 않는 머리 후두부의 모낭을 채취하여 탈모가 이루어진 머리 위쪽에 이식하는 것을 말한다. 만약 이식이 성공된다면 안드로겐 호르몬에 영향을 받지 않는 모낭을 이식하는 것이기 때문에 이식된 부위에서 탈모가 재발되지 않는다. 따라서 모낭이식을 통해 원천적으로 탈모를 치료할 수 있게 된다. 매우 다행스러운 일이다. 그러나 문제는 시술자의 숙련도에 의해 모낭이식 성공률도 매우 중요하지만, 그보다 이식할 모낭의 수가 턱없이 부족하여 모낭이식의 한계가 발생될 수 있다. 또 모낭이 채취된 후두부는 두피 절개로 커다란 반흔이 생기는 문제도 야기될 수 있다.

2. 기존 탈모치료의 한계를 극복하는 세포치료제

최근 모낭이식의 한계를 극복하기 위해 탈모 세포치료제 개념이 대두되었다. 모낭이식의 경우 최소 수 천개 또는 그 이상의 모낭이 필요하였지만 탈모 세포치료제를 이용할 경우 모낭에서 채취한 세포를 체외에서 증식할 수 있는 이점이 있기 때문에 수십 개의 모낭만 존재하더라도 탈모치료가 가능할 수 있기 때문이다.

이 책 전반에서 언급한 바와 같이 머리카락 생성에 필수 불가결한 세포는 머리카락을 이루는 머리카락 세포와 이 세포의 운명을 결정하는 더말파필라세포이다. 이 중 더말파필라세포가 제3장에서 강조한 바와 같이 머리카락 생성에 으뜸인 세포라 하였다. 이런 이유 때문에 안드로겐 호르몬 영향을 받지 않는 안드로겐성 탈모인 후두부의 모낭을 채취하여 더말파필라세포를 추출하고 증식한 다음 탈모부위에 이식한다면 안드로겐 호르몬 영향에서 벗어나 머리카락 세포를 활성화하고 이로 인해 탈모를 극복할 수 있으리라 생각하였다. 이것이 바로 난치성 탈모치료 한계를 극복할 수 있는 탈모 세포치료제 개발의 근본 이유였다.

기존 탈모치료 한계를 극복하는 세포치료제

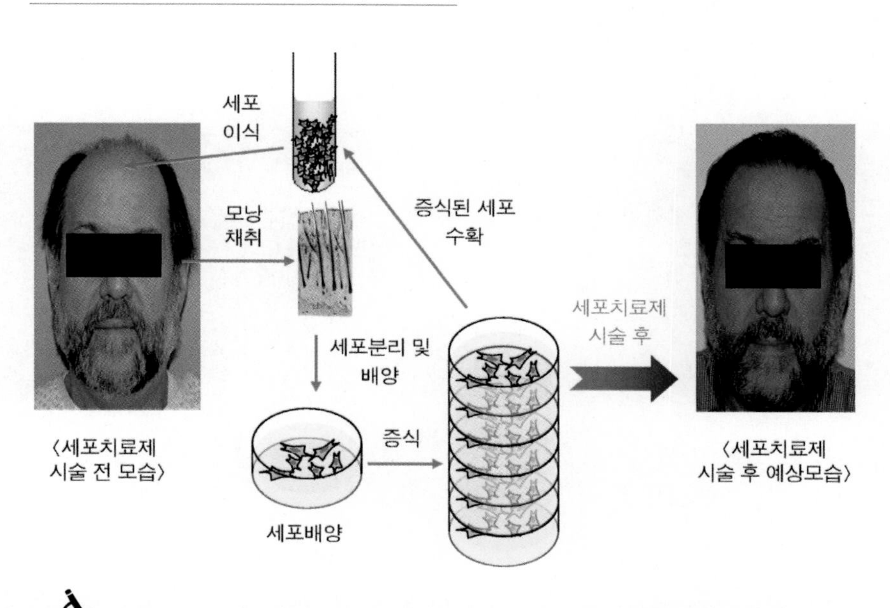

그림 2 모낭이식의 경우 최소 수천 개의 모낭이 필요하지만 탈모 세포치료제를 이용할 경우 모낭에서 채취한 세포를 체외에서 증식할 수 있는 이점이 있기 때문에 수

십 개의 모낭만 존재하더라도 탈모 세포치료제를 생산할 수 있게 되었다. 안드로겐 호르몬 영향을 받지않는 탈모인 후두부의 모낭을 채취하여 더말파필라세포를 추출하고 증식한 다음 탈모부위에 이식한다면 안드로겐 호르몬 영향에서 벗어나 머리카락이 생성되어 근본적으로 현 모낭이식의 한계를 극복할 수 있다.

3. 탈모 세포치료제 개발의 초기 동물실험 결과

탈모 세포치료제 개발에 실시된 초기 동물실험 결과에 대해 간단하게 알아보기로 하자. 1961년 코헨Cohen은 다음과 같은 실험 결과를 발표하였다(*J Embryol Exp Morphol, 9권, 117~27쪽*). 실험쥐의 콧등에 존재하는 긴 수염의 코털whisker을 생성하는 더말파필라세포의 조직을 실험쥐 귀에 이식하였더니 귀에서 긴 수염의 코털이 생성되었다. 1993년 자호다Jahoda 등은 원래 털이 나지 않는 실험쥐 발바닥에 더말파필라세포를 이식하였더니 발바닥에서도 털이 나기 시작하였다[*J Invest Dermatol, 101권(증보판), 33S~8S쪽*]. 이 실험의 경우 원래 털이 생성되지 않는 피부라 하더라도 더말파필라세포만의 이식으로 털을 생성해 낼 수 있다는 매우 상징성이 있는 실험으로 간주되었다. 현재까지 이와 비슷한 실험이 매우 많이 이루어져 체외에서 증식된 더말파필라세포 이식을 통한 탈모 세포치료제 개념은 이제 학계에서 거의 완연하게 정립되어 있는 상태이다. 현재 탈모 세포치료제의 효과를 극대화하기 위해 여러 방법이 개발되고 있다. 간단하게 요약하여 본다. 첫째, 증식된 더말파필라세포를 모낭이 없는 피부에 이식하였을 경우 모낭을 형성하여 털을 생성한다. 둘째, 증식된 더말파필라세포를 안드로겐성 탈모로 인해 축소화된 모낭 주위에 이식하면 축소화된 모낭이 활성화되어 솜털에서 다시 성모를 생성한다. 셋째, 탈모치료 효과를 극대화하기 위해 더말파필라세포뿐만 아니라 머리카락 세포도 채취하여 체외에서 증식한 다음 이 두 종류의 세포를 체외에서 혼합하여 탈모 부위에 이식한다. 이 이외에도 탈모치료 효과를 극대화하기 위해 매트릭스(세포를 지지해 주는 물질)와 함께 체외에서 증식된 세포를 탈모부위에 이식하기도 한다.

탈모 세포치료제의 효과를 극대화하기 위한 방법

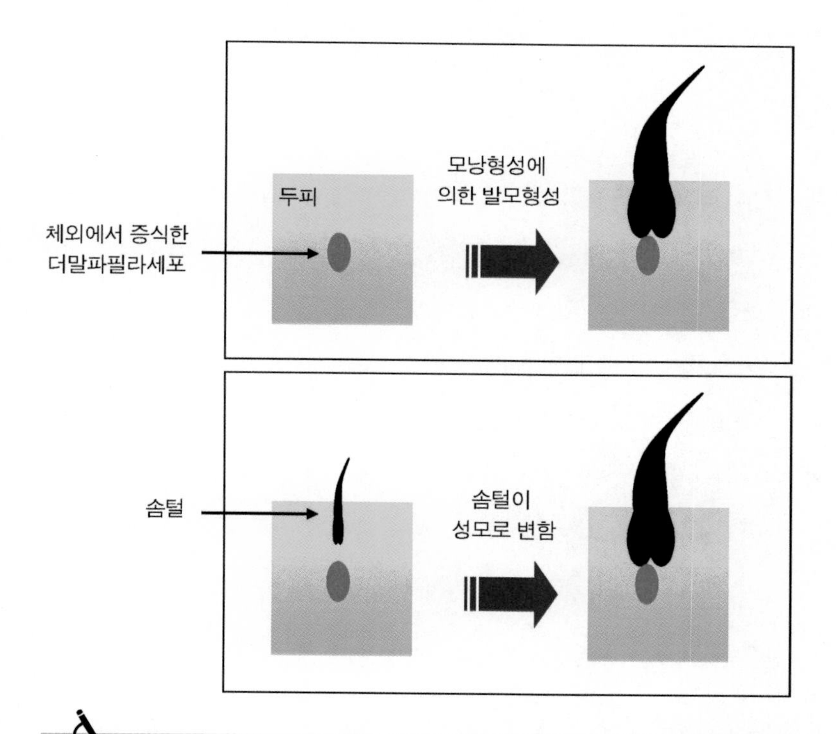

그림 3 모낭이식의 한계를 극복하기 위한 탈모 세포치료제의 효과를 극대화하기 위해 여러 방법이 개발되고 있다. 그림에서 보여주는 바와 같이 첫째, 증식된 더말파필라세포를 모낭이 없는 피부에 이식하였을 경우 모낭이 형성되어 털이 생성된다. 둘째, 증식된 더말파필라세포를 안드로겐성 탈모로 인해 축소화된 모낭 주위에 이식하면 축소화된 모낭이 활성화되어 솜털에서 다시 성모를 생성한다. 이 이외에도

셋째, 탈모치료 효과를 극대화하기 위해 더말파필라세포뿐만 아니라 머리카락세포도 채취하여 체외에서 증식한 다음 이 두 종류의 세포를 체외에서 혼합하여 탈모부위에 이식한다.

4. 탈모 세포치료제의 세계적 바이오기업

현재 이런 방법을 이용하여 탈모치료 한계를 극복하려는 바이오기업이 전 세계적으로 여러 개 존재한다. 그 중 두 곳을 소개해 보기로 하자.

레플리셀RepliCel은 유럽의 오스트리아와 북미의 캐나다에 거점을 두고 있는 탈모 세포치료제 개발 바이오기업이다(*http://www.replicel.com*). 이 기업은 제3장에서 언급한 바와 같이 더말파필라세포 사촌인 더말쉬드세포를 모낭으로부터 채취하여 체외에서 증식하고 탈모부위에 이식하여 발모에 성공한 기업이다. 예로 실험동물을 통해 실험쥐의 귀와 발바닥에 증식된 더말쉬드세포를 이식함으로서 털이 생성됨을 관찰하였다. 이 기업은 모낭채취의 경우 약 30분, 채취된 모낭으로부터 세포를 추출하여 증식하는 과정이 약 3개월 그리고 증식한 세포를 탈모부위에 이식하는데 소요되는 시간은 약 1시간 정도 소요될 수 있다고 발표하였다. 만약 이것이 사실이라면 탈모인이 소요하는 시간은 처음 방문하여 모낭채취에 최대 1시간, 나중 증식된 세포 이식에 최대 1시간 정도이므로 매우 편리할 수 있다. 물론 모낭이식에 반하여 세포 추출에 수십 개의 모낭만 요구되므로 모낭채취로 인해 후두부의 반흔을 거의 남기지 않는 것이 또 하나의 특징이다. 현재 제1상 임상시험이 완료되었고 제2상 및 제3상을 2013년 후반까지 완료하겠다는 것이 그들의 계획이다.

아데란스 연구소Aderans Research Institute는 미국의 애틀랜타와 필라델피아에 거점을 두고 2002년에 설립된 탈모 세포치료제 개발 바이오기업이다(*http://www.aderansresearch.com*). 이 기업은 모낭에서 머리카락 세포와 더말파필라세포를 추출하여 체외에서 배양한 후 혼합하여 탈모부위에 이식함으로서 발모효과를 기대하는 기업이다. 영국에서 제1상 임상시험을 완료하였으며 현재 미국 전역에서 약 350명을 상대로 제2상 임상시험이 이루어지고 있다. 2014년부터 상업화를 목표로 하고 있다.

5. 탈모 세포치료제의 상업적 대성공을 이루기 위한 필수조건: 더말파필라세포의 털생성유도능력 유지

세포치료제를 이용하여 탈모를 원천적으로 치료하려는 레플리셀이나 아데란스 연구소의 임상시험은 탈모치료의 새로운 패러다임을 제시하는 상징적 의미를 지니고 있다. 앞으로 탈모 세포치료제의 상업적 대성공을 이루기 위해서는 두 가지의 기술적 문제가 반드시 해결되어야 할 것으로 사료된다. 첫째, 세포배양 과정 중 더말파필라세포는 머리카락 세포가 머리카락을 잘 생성할 수 있도록 유도하는 능력을 그대로 유지해야 한다. 이를 더말파필라세포의 털생성유도능력trichogenicity이라 한다. 일반적으로 더말파필라세포 배양 과정 중 이 능력이 소실되기 때문이다. 둘째, 자연스런 모발형태가 재현될 수 있도록 세포이식이 이루어져야 한다. 즉, 효율적인 이식기술이 필요하다. 이 중 가장 중요한 것은 뭐니뭐니해도 세포배양 과정 중 더말파필라세포의 털생성유도능력을 잃어버리지 않도록 잘 유지시키는 일이다. 아마도 현재 필자를 포함해 전 세계적으로 바로 여기, 즉, 세포배양 과정 중 더말파필라세포의 털생성유도능력 유지에 보다 나은 기술을 선점하기 위해 밤낮을 가리지 않고 연구에 매진할 것임에 틀림없다. 그 능력을 유지할 수 있는 지금의 세포배양 기술수준이 컴퓨터 CPU의 그것과 비교해 볼 때 초기의 팬티엄이 아닌 팬티엄 III 정도라 희망해 본다. 앞으로 팬티엄 IV를 거쳐 곧 듀얼코어 수준에 도달하지 않을까 기대해 본다. 조만간 난치성 탈모로 심한 스트레스를 겪고 있는 탈모인에게 좋은 소식이 올 수 있으리라, 세포의 됨됨이를 연구하고 또 난치성 질환의 세포치료제를 개발하는 기초의과학자로서의 필자는 매우 긍정적으로 낙관해 본다.

마지막으로 이 책에서 탈모와 발모에 대해 토론한 모든 것을 종합해 볼 때 난치성 탈모의 대다수를 차지하는 안드로겐성 탈모의 치료타겟은 결국 더말파필라세포였더라는 결론에 도달하게 된다. 만약 안드로겐 호르몬으로 시들시들해진 더말파필라세포를 여러 약제를 통해 효과적으로 다스릴 수 없다면 안드로겐 호르몬에 영향을 받지 않는 후두부 모낭 또는 안드로겐 호르몬에 긍정적으로 영향을 받는 턱수염 모낭의 더말파필라세포를 과감하게 이용하여 탈모를 치료하는 것이다. Why not? 물론 그것을 개발하여 탈모 세포치료제로서 따끈따끈하게 탈모인에게 대령하는 임무는 탈모인 자신이 아닌 임상연구에 관심이 있는 탈모클리닉의 임상의사와 더불어 필자와 같은 세포과학의 기초의과학자의 몫이다. 이제는 탈모인의 관심이 머리카락 세포는 물론 더말파필라세포에 더욱 재조명되고 또 전 세계적으로 탈모연구에 묵묵히 매진하는 세포과학의 기초의과학자들에 의해 앞으로 탈모극복의 획기적 해결방법이 세포치료제를 통해 곧 나오기를 희망해 본다. 더말파필라세포 파이팅!

6. 요점

1) 최근 모낭이식의 한계를 극복하기 위해 새로운 패러다임의 탈모 세포치료제 개념이 대두되었다. 모낭이식의 경우 최소 수 천개의 모낭이 필요하였지만 탈모 세포치료제를 이용할 경우 모낭에서 채취한 세포를 체외에서 증식할 수 있는 이점이 있기 때문에 수십 개의 모낭만 존재하더라도 탈모세포치료제를 생산할 수 있게 되었다.

2) 이 책 전반에서 언급한 바와 같이 머리카락 생성에 필수 불가결한 세포는 머리카락을 이루는 머리카락 세포와 이 세포의 운명을 결정하는 더말파필라세포이다. 이 중 더말파필라세포가 제3장에서 강조한 바와 같이 머리카락 생성에 으뜸인 세포라 하였다. 그러나 이 세포는 모낭분포부위에 따라 안드로겐 호르몬에 부정적인 영향을 받아 탈모를 야기할 수 있다. 만약 안드로겐 호르몬 영향을 받지 않는 탈모인 후두부의 모낭을 채취하여 더말파필라세포를 추출하고 증식한 다음 탈모부위에 이식한다면 안드로겐 호르몬 영향에서 벗어나 머리카락 세포를 계속 활성화하여 발모를 촉진하고 유지할 가능성이 있다. 결국 이 가설의 타당성이 많은 동물실험을 통해 증명되었다.

3) 탈모 세포치료제의 효과를 극대화하기 위한 방법은 다음과 같다. 첫째, 증식된 더말파필라세포를 모낭이 없는 피부에 이식하였을 경우 모낭을 형성하여 털을 생성한다. 둘째, 증식된 더말파필라세포를 안드로겐성 탈모로 인해 축소화된 모낭 주위에 이식하면 축소화된 모낭이 활성화되어 솜털에서 다시 성모를 생성한다. 셋째, 탈모치료 효과를 극대화하기

위해 더말파필라세포뿐만 아니라 머리카락 세포도 채취하여 체외에서 증식한 다음 이 두 종류의 세포를 체외에서 혼합하여 탈모 부위에 이식한다. 이렇게 더말파필라세포 이식을 통한 탈모 세포치료제 개념은 이제 학계에서 거의 완연하게 정립되어 있는 상태이다.

4) 레플리셀은 유럽의 오스트리아와 북미의 캐나다에 거점을 두고 있는 탈모 세포치료제 개발 바이오기업이다. 더말파필라세포 사촌인 더말쉬드세포를 모낭으로부터 채취하여 체외에서 증식하고 탈모부위에 이식하여 발모에 성공한 기업이다. 현재 제1상 임상시험이 완료되었고 제2상 및 제3상을 2013년 후반까지 완료하겠다는 것이 그들의 계획이다.

5) 아데란스 연구소는 미국의 애틀랜타와 필라델피아에 거점을 두고 2002년에 설립된 탈모 세포치료제 개발 바이오기업이다. 이 기업은 모낭에서 머리카락 세포와 더말파필라세포를 추출하여 체외에서 배양한 후 혼합하여 탈모부위에 이식함으로서 발모효과를 기대하는 기업이다. 영국에서 제1상 임상시험을 완료하였으며 현재 미국 전역에서 약 350명을 상대로 제2상 임상시험이 이루어지고 있다. 2014년부터 상업화를 목표로 하고 있다.

6) 앞으로 탈모 세포치료제의 상업적 대성공을 이루기 위해서는 두 가지의 기술적 문제가 반드시 해결되어야 할 것으로 사료된다. 첫째, 세포배양 과정 중 더말파필라세포는 머리카락 세포가 머리카락을 잘 생성할 수 있도록 유도하는 능력을 그대로 유지해야 한다. 이를 더말파필라세포의 털생성유도능력이라 한다. 일반적으로 더말파필라세포 배양 과정 중 이

능력이 소실되기 때문이다. 둘째, 자연스런 모발형태가 재현될 수 있도록 세포이식이 이루어져야 한다. 즉, 효율적인 이식기술이 필요하다. 이 중 가장 중요한 것은 뭐니뭐니해도 세포배양 과정 중 더말파필라세포의 털생성유도능력을 잃어버리지 않도록 잘 유지시키는 일이다.

7) 마지막으로 이 책에서 탈모와 발모에 대해 토론한 모든 것을 종합해 볼 때 안드로겐성 탈모를 포함한 대다수 난치성 탈모 치료타겟은 결국 더말파필라세포였더라는 결론에 도달하게 된다. 즉, 안드로겐 호르몬으로 시들시들해진 더말파필라세포를 여러 약제를 통해 효과적으로 다스릴 수 없다면 안드로겐 호르몬에 영향을 받지 않는 후두부 모낭 또는 안드로겐 호르몬에 긍정적으로 영향을 받는 턱수염 모낭의 더말파필라세포를 과감하게 이용하는 것이다. 이제는 탈모인의 관심이 머리카락 세포는 물론 더말파필라세포에 더욱 재조명되고 또 전 세계적으로 탈모연구에 묵묵히 매진하는 세포과학의 기초의과학자들에 의해 앞으로 탈모극복의 획기적 해결방법이 세포치료제를 통해 곧 제시되리라 기대해 본다.

맺음말

우리는 이 책에서 유전자, 호르몬 그리고 세포의 기능을 통해 새로운 패러다임의 탈모와 발모개념에 대해 만만치 않게 많은 것을 맛보았다. 특히 유전형질 결정에 피수불가결한 역할을 하는 유전자의 발현과 그 발현을 제어하는 전사인자는 사실상 탈모와 발모의 시작이자 끝이었다. 이런 과정들이 깊숙이 전제되어 제일먼저 털을 생산하는 모낭의 발생과정에 대해 알아보았고 이 과정 중 상피조직 줄기세포와 그 세포의 운명을 결정하는 간엽조직의 더말파필라세포와의 소통이 절대적으로 요구되며 여기서 후자의 세포가 모낭 세포 중 왕중왕 세포라 하였다. 이 세포는 제2형 환원효소를 가지고 있어 안드로겐 호르몬인 테스토스테론을 디하이드로테스토스테론으로 변환시켜 게으른 전사인자인 안드로겐 수용체를 더 강력하게 활성화함을 배웠고, 이로 인해 모낭이 존재하는 부위에 따라 탈모와 발모에 관여하는 TGF-beta 또는 IGF-1 유전자를 더 강력하게 발현하여 대머리 탈모 또는 그 반대로 숫이 많고 굵직한 턱수염 발모를 유도할 수 있음을 배웠으며 이를 털생성 파라독스라 하였다. 이것은 아마도 각각의 모낭을 통치하는 더말파필라세포의 출신지 또는 안드로겐 호르몬에 대한 반응이 서로 다를 수 있기 때문이라 하였다.

모낭에서 털이 자라고 빠지는 주기를 평생 반복한다. 자라는 시기를 성장기, 탈모를 야기하기 위해 모낭 세포가 죽는 즉, 세포자멸사하는 시기를 퇴행기 그리고 다음 성장기를 도모하기 위해 휴식을 취하는 시기를 휴지기라 하였고 모낭주기는 생체리듬의 일종인 인프라디언리듬에 속하지만 아직까지 모낭주기를 결정하는 싸이트게버는 아직 학문적으로 규명되지 못하였다고 하였다. 여기서 만약 퇴행기가 정상보다 빨리 도래되면 휴지기 탈모가 야기되고 출산 후 탈모, 피임약 관련 탈모, 임신 중 탈모, 계절변화에 의한 탈모 또는 열병을 앓았다거나 수술, 심한 정신적 충격, 탈모를 유발하는 일반 약제 복용, 갑상선 호르몬 분비 이상, 철분과 같은 영양분 부족, 다이어트성 탈모 또는 암 치료를 위한 항암제 복용 등으로 야기된 탈모가 여기에 속한다고 하였다. 우리 주위에서 흔히 접할 수 있는 탈모유형이며 다른 원인에 의해 탈모가 복합적으로 진행되지 않는 한 자연스럽게 치료되거나 또는 원인이 규명되어 적절히 의학적 치료를 받으면 비교적 손쉽게 치료될 수 있는 발모를 위한 탈모라 하였다. 하지만 난치성탈모의 대다수를 차지하는 안드로겐성 탈모는 조기 퇴행기 도래와 성장기의 모낭세포가 증식되지 않아 야기되는 탈모이며 현재 미국 식품의약청인 FDA에 의해 파나스터라이드와 미녹시딜이 치료제로 허가를 받아 사용되고 있지만 만족할만한 효과를 얻는데 한계가 있다고 하였고 또 자가면역질환인 원형탈모 역시 자연스럽게 치유되지 않는 한 치료가 매우 어려운 탈모로 분류된다고 하였다. 현대 경쟁사회 속에서 살아가는 우리는 스트레스성 탈모에 항상 노출되어 있지만 치료약은 아직 개발되지 않았다고 하였다. 여기

서 강조하고 싶은 것이 있다. 탈모라 해서 모두 치료가 어려운 것은 아니라는 것이다. 난치성 탈모인 안드로겐성 탈모와 원형탈모를 제외하곤 휴지기 탈모의 경우 자연적으로 다시 발모가 이루어지거나 또는 적절한 의학적 치료를 받으면 상대적으로 쉽게 발모가 이루어진다는 점을 한 번 더 강조하고 싶다.

탈모방지 및 양모 샴푸의 경우 탈모방지와 양모 개념은 곧 발모 개념과 동등시 될 수 있기 때문에 만약 샴푸만으로 탈모방지 및 양모효과를 얻을 수 있다면 발모제의 효과와 동등시될 수 있기 때문에 획기적일 수 있지만 비누성분으로서 양면성을 가진 SLS를 함유하고 있고 또 일반적인 샴푸의 특성을 고려해 볼 때 난치성 탈모를 경험하는 탈모인의 경우 샴푸에만 의존하여 탈모를 해결하려는 생각은 매우 순진한 생각이라 사료된다.

현재 그리고 가까운 미래에 가능한 주요 탈모치료제 개발 방향은 크게 부작용이 작고 효과가 향상된 안드로겐 수용체 억제제, 제2형 환원효소 억제제, 혈관 확장제 그리고 새로운 개념의 머리카락 세포 증식 활성제 등의 개발이 있지만 대다수 난치성 탈모의 경우 환경과 다수의 탈모유전자가 관련되어 야기되기 때문에 올인원의 탈모치료 효과가 있는 치료제 개발은 사실상 매우 어렵다. 최근 탈모치료 마지막 수단인 모낭이식을 포함한 탈모

치료의 한계를 극복하기 위해 새로운 탈모치료 패러다임의 세포치료제 개념이 대두되었고 이 책 전반에서 강조한 더말파필라세포를 건강한 모낭에서 분리하여 체외에서 증식한 후 안드로겐성 탈모로 인해 축소화된 모낭 주위에 이식하면 축소화된 모낭이 활성화되어 성모가 다시 생성될 수 있는 가능성을 알아보았다. 현재 전 세계적으로 오스트리아와 캐나다의 레플리셀 바이오기업과 미국의 아데란스 연구소는 더말쉬드세포 또는 더말파필라세포를 건강한 모낭으로부터 채취하여 체외에서 증식하고 탈모부위에 이식하여 발모에 성공한 기업이다. 초기 임상시험을 거치고 지금 후기 임상시험의 마무리 단계에 있기 때문에 머지않아 상업화되리라 사료된다.

마지막으로 이 책에서 다룬 탈모와 발모개념 모두를 종합해 볼 때 난치성 탈모의 대다수를 차지하는 안드로겐성 탈모의 치료 타겟은 결국 더말파필라세포였더라는 결론에 도달하게 되었고, 특히 그 세포 속에 숨어있는 게으른 전사인자인 안드로겐 수용체의 기능을 효과적으로 제어할 수 있다면 안드로겐성 탈모 유발요소를 모두 제거할 가능성이 있어 올인원 약제와 같은 효과를 얻을 수 있으리라 예측하였다. 따라서 이제는 난치성 탈모를 겪고 있는 탈모인의 관심이 팔방미인의 탈모방지 및 양모샴푸가 아니라 머리카락 세포는 물론 더말파필라세포에 더욱 재조명되어 탈모와 발모에 대한 새로운 패러다임의 개념이 탈모인에 정착되고 이로 인해 탈모극복

에 일조하기를 희망하며 또 전 세계적으로 탈모연구에 매진하고 있는 모든 기초 및 임상 의과학연구자의 피땀 어린 노력으로 기존의 탈모치료 한계를 극복할 수 있는 세포치료제 상용화 날이 곧 오리라 믿는다. 앞으로 탈모클리닉의 세포치료제 시술에 앞서 탈모인은 그 세포가 더말쉬드세포인지 아니면 더말파필라세포인지, 더 나아가 자가인지 또는 친구 것이라면 동종인지 결정에 아주 즐거운 고민을 할 날이 곧 오리라 기대해 본다.